高等院校规划教材

Cimatron 13 三轴数控加工
实用教程

主　编　胡志林

参　编　杨玉玲　王东升　陈艺邦

主　审　马　钢

机 械 工 业 出 版 社

本书介绍以色列的 Cimatron 公司旗舰产品 Cimatron 13 软件的编程功能，一共分 7 章，每章主要内容如下：

第 1 章介绍软件基本知识，包括编程环境、编程流程、刀具库知识和程序管理器。第 2 章介绍软件基本加工模块，包括 2.5 轴粗加工、精加工和钻孔加工的讲解和练习。第 3 章介绍三轴加工模块，包括粗加工、精加工和清根功能。第 4 章介绍软件的局部铣削功能。第 5 章介绍型腔体积铣加工（用于对模具型板类的加工）和高效加工（用于大量体积去除的场合）。第 6 章通过一些练习让读者掌握常用三轴加工参数的应用，提高实战能力。第 7 章通过 3 个综合练习复习本书前面章节的内容，涉及大量加工参数的设置技巧。

本书提供配套的电子课件和相关电子资源（练习文档和答案、检测模块功能介绍），需要的教师可登录 www.cmpedu.com 进行免费注册，审核通过后即可下载；或者联系编辑索取（QQ：1239258369，电话：010-88379739）。

本书可作为高职高专院校、成人高校及本科院校 Cimatron 课程用书，也供企业技术人员参考。

图书在版编目（CIP）数据

Cimatron 13 三轴数控加工实用教程 / 胡志林主编. —北京：机械工业出版社，2018.12（2025.1 重印）
高等院校规划教材
ISBN 978-7-111-61185-1

Ⅰ. ①C… Ⅱ. ①胡… Ⅲ. ①数控机床—加工—计算机辅助设计—应用软件—高等学校—教材 Ⅳ. ①TG659-39

中国版本图书馆 CIP 数据核字（2018）第 239414 号

机械工业出版社（北京市百万庄大街 22 号　邮政编码 100037）
策划编辑：李文轶　　责任编辑：李文轶
责任校对：张艳霞　　责任印制：张　博

北京建宏印刷有限公司印刷

2025 年 1 月第 1 版·第 2 次印刷
184mm×260mm·20 印张·490 千字
标准书号：ISBN 978-7-111-61185-1
定价：59.90 元

电话服务　　　　　　　　　网络服务
客服电话：010-88361066　　机　工　官　网：www.cmpbook.com
　　　　　010-88379833　　机　工　官　博：weibo.com/cmp1952
　　　　　010-68326294　　金　书　网：www.golden-book.com
封底无防伪标均为盗版　　　机工教育服务网：www.cmpedu.com

前　言

以色列 Cimatron 公司是全球著名的、向模具业和机械制造业提供 CAD/CAM 软件的开发者和供应商，也是这个行业技术和产品创新的领导者。Cimatron 公司向客户提供全面和有效的解决方案，帮助客户提高生产力，协同厂家多方合作，以最大限度地缩短产品研发和交货周期。Cimatron 的 CAD/CAM 解决方案广泛应用于航空航天、汽车、医药、家用消费品、电子和其他相关领域。

以色列 Cimatron 公司成立于 1982 年，Cimatron 公司的子公司和合作代理商分布在全球超过 35 个国家和地区，向全世界的客户提供全面的技术支持和服务。更多信息请查询 http://www.cimatron.com。目前思美创（北京）科技有限公司属于 3D Systems China 公司，该公司是美国一家主营 3D 打印业务的公司，是世界打印行业的领先者。

为了更好地帮助读者学习并使用 Cimatron 软件，本书大量应用了 Cimatron 公司技术人员多年积累的应用实例，详细介绍了编程模块基本的操作过程，既有菜单一一讲解的内容，又有具体练习的题目，最终使读者达到快速掌握软件的目的。本书详细地讲解了系统的环境及基本的操作方法，循序渐进、深入浅出，通过实战练习让读者掌握并应用。

本书介绍以色列公司最新旗舰产品 Cimatron 13 软件强大的 CAD/CAM 功能，共分 7 章，每章主要内容如下：

第 1 章介绍软件的基础知识，包括软件的安装和使用环境、编程流程、刀具库和程序管理器，为后续章节的学习打基础。

第 2 章介绍基本加工模块，包括 2.5 轴粗加工和精加工参数的介绍和使用，还介绍了钻孔功能，使读者能够编制简单零件的加工程序。

第 3 章介绍 3 轴加工模块，包括粗加工、精加工和清根功能，帮助读者编制复杂零件的加工程序。

第 4 章介绍局部铣削功能，模具制造和生产中都会用到该功能，它可以较好地提升加工能力。

第 5 章介绍 Cimatron 13 的新功能——型腔体积铣加工，该模块专门用于型板类零件的加工，加工效率高。还介绍了另一个实用的功能——高效加工，它适用于大量体积去除的场合。

第 6 章通过练习帮助读者掌握常用加工参数的应用，提高其实战能力。

第 7 章通过 3 个综合练习来复习前几章内容，涉及大量加工参数的应用技巧。

本书包括大量实例，有企业用零件和全国数控大赛用零件。本书配套资源丰富，包括练习用文档及其答案、电子课件和实用的检测功能介绍的文档。

思美创（北京）科技有限公司高级工程师胡志林担任本书主编，思美创（北京）科技有限公司杨玉玲、王东升、陈艺邦工程师参与编写，辽宁交通高等专科学校马钢老师担任主审，本书最后介绍的两个零件是在该校车间加工的，在此表示衷心感谢！

由于时间有限，难免有疏漏和不妥之处，请各位读者不吝赐教。如需 Cimatron 13 安装包也请与编者联系：Hu.zhilin@3DSystems.com.

编　者

目　录

第1章　Cimatron 编程基础

1.1　Cimatron 编程环境

1.1.1　进入编程环境

双击桌面上 Cimatron 图标或选择桌面左下角"开始"|Cimatron| Cimatron 命令，进入 Cimatron 窗口，如图 1-1 所示。

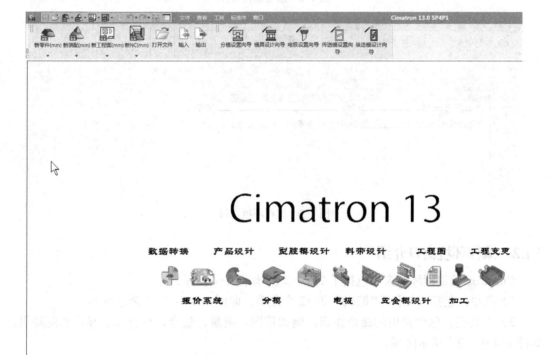

图 1-1　Cimatron 窗口

从图 1-1 所示的菜单栏中打开"文件"菜单，单击图 1-2 所示的按钮，或直接在图 1-1 所示的工具栏中单击按钮，即可进入编程环境。

图 1-3 所示为 Cimatron 编程环境窗口，创建的编程文件名默认为"NC_Setup"，注意其使用的坐标系是"MODEL"。如果不希望以默认方式创建，可选择"工具"|"预设定"|"常规"命令进行设置。

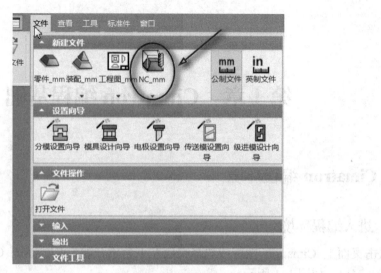

图1-2　新建编程文件

图1-3　编程环境窗口

1.1.2　编程环境窗口介绍

Cimatron的编程环境窗口包括了7个区域，如图1-4所示：

1）菜单。包括"文件""编辑"等12个菜单，即图1-4中"1"所示区域。

2）工具栏。包含常用的命令按钮，例如草图、测量、集合、坐标系、显示和隐藏等，如图1-4中"2"所示区域。

3）程序管理区。用于对程序进行管理，例如复制程序、删除程序、轨迹显示、修改轨迹颜色、添加程序注释等，如图1-4中"3"所示的区域。

4）交互区。用于修改模型、测量数据以及对轨迹进行线框模拟等，如图1-4中"4"所示区域。

5）信息输出区。用来显示一些信息，可以通过选择菜单"查看"|"面板"|"输出面板"命令来控制此窗口的打开和关闭，如图1-4中"5"所示区域。

6）计算监视区。用来对后台计算程序的进度进行监视，如图1-4中"6"所示区域。

7）编程向导。按照向导提供的命令就可以完成程序的设计，如图1-4中"7"所示区域。

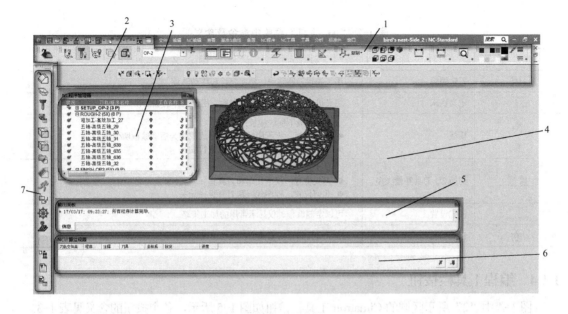

图 1-4　编程环境窗口的各个区域

1.1.3　编程菜单介绍

图 1-4 中"1"所示区域的编程菜单常用的有"NC 程序"和"NC 工具","NC 程序"菜单中命令及含义见表 1-1,"NC 工具"菜单中命令及含义见表 1-2。

表 1-1　"NC 程序"菜单中命令及含义

按　　钮	名　　称	含　　义
	读取模型	调入用来编程的模型
	型腔管理器	用于型板上型腔轮廓的生成和编辑等
	NC 设置	定义用于加工的坐标系统、机床、后处理和机床最大转速等
	刀具和夹持	定义铣削程序、钻孔和检测程序所需要的刀具
	刀轨	刀轨是刀具路径的简称,它是在给定的加工轴数下完成的程序系列
	零件	零件代表的是最终加工结果,用于模拟后做加工结果的比对
	毛坯	毛坯代表的是模型在加工之前的状态,创建毛坯可以优化刀路,可以做加工模拟和校验
	程序	程序是通过定义加工策略、加工对象、刀具和加工参数而生成的一组刀具移动轨迹,一个或多个程序构成刀轨
	计算	对程序或者刀具路径计算出加工轨迹,常用于对所保存程序的计算
	全局过滤器	对轨迹进行显示或隐藏进行管理,也可以定义轨迹颜色
	导航器	对轨迹进行查看,查看进退刀、层间连接、进给和转速等
	机床模拟	用于机床对加工过程的实际模拟,可以模拟出过切、碰撞以及加工结果等
	后处理	对已经计算过的程序或者刀具路径输出 G 代码文件
	NC 报告	对 NC 文件创建一个含有各种加工信息的报表
	工作管理器	对工作过程进行管理,例如程序生成代码文件路径,使用哪个后处理及后处理参数如何设置等

表 1-2 "NC 工具"菜单中命令及含义

按　钮	名　称	含　义
	刀轨编辑	手工编辑刀路轨迹，例如删除和移动轨迹
	定义机床	定义机床结构、各个轴的参数，用于机床的加工模拟
	模板	可以完成下面的模板选项。 ● 存为模板，把程序或者刀轨存成模板为后面编程所使用， ● 应用模板，选择合适的模板进行编程
	切换 2D 刀具补偿类型	可以更改刀具补偿类型。 ● 刀尖位置，程序代码和刀具直径相关， ● 几何位置，程序代码和刀具直径无关
	模式设置	可以定制编程时仅显示常用的加工策略
	自动钻孔	用于对孔的自动化编程，自动生成孔组以及加工工艺

1.1.4　编程工具栏按钮

图 1-4 中"2"所示区域的 Cimatron 工具栏按钮如图 1-5 所示，各个按钮的含义见表 1-3。

图 1-5　工具栏按钮

表 1-3　工具栏按钮的命令及含义

按　钮	名　称	含　义
	切换到 CAM（NC）模式	把当前的 CAD 模式切换到 CAM 编程模式
	切换到 CAD 模式	把当前的 CAM 模式切换到 CAD 模式，对模型进行编辑
MODEL	坐标系切换	为刀路轨迹（TP）或者当前程序选择坐标系
	切换到向导模式	把当前编程窗口切换到向导编程窗口
	切换到高级模式	把当前编程窗口切换到高级编程窗口
	输入面板	打开或关闭输出面板
	折叠所有	把所有刀路轨迹（TP）下的程序进行折叠隐藏
	展开所有	把所有程序进行展开显示，与上面操作相反
	集合	打开或关闭集合窗口
	切换刀轨显示	可以对程序进行显示和隐藏切换
	刀具显示	对程序使用的刀具进行显示
	隐藏所有程序轨迹	把显示的轨迹全部隐藏
	隐藏毛坯	对当前显示的毛坯进行隐藏
	显示和隐藏边	对模型的棱边进行隐藏或显示
	程序管理器	对程序管理器进行隐藏或显示
	计算监视器	在对程序进行后台计算时，可以通过它显示或隐藏计算的进度

按　　钮	名　　称	含　　义
	编程助手	当输入尺寸参数时，打开编程助手，可以显示参数的图示说明
	标注	在三维零件上标注零件长、宽、高等制造信息
	加工属性	定义零件的技术要求，例如公差、精度等
	M 视图	在 NC 环境下显示 M 视图信息

1.1.5　常用的编程子菜单

进入 NC 模块后，在绘图区或者 NC 程序管理器上右击即可弹出快捷菜单，快捷菜单弹出的选项与当时的任务状态有关，可以得到的快捷菜单有以下 5 种：

（1）定制 NC 程序管理器快捷菜单

在 NC 程序管理器上右击（例如在图 1-6 中"注释"位置处右击），则可以弹出定制 NC 程序管理器快捷菜单，可以对栏目进行定制（图 1-7）选中的命令即可在管理器上显示。

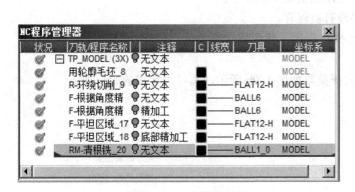

图 1-6　NC 程序管理器

图 1-7　定制 NC 程序管理器快捷菜单

（2）通用 NC 快捷菜单

在绘图区或者 NC 程序管理器上任意区域右击，弹出的就是通用 NC 快捷菜单，如图 1-8 所示。其中各个参数的含义如下。

1）"新建"：新建 NC_设置、TP 和程序。

2）"编辑"：对 NC_设置、TP 和程序参数进行编辑。

3）"剪切程序"：是对已经生成的程序的操作，同 Word 相关操作。

4）"复制程序"：是对已经生成的程序的操作，同 Word 相关操作。

5）"粘贴程序"：是对已经生成的程序的操作，同 Word 相关操作。

6）"删除程序"：是对已经生成的程序的操作，同 Word 相关操作。

7）"选择所有程序/刀轨"：可以把所有 TP 全部选中（去模拟或者生成 G 代码等）。

8）"运动&毛坯显示"：用于对毛坯和刀路轨迹的显示或隐藏操作。

9）"计算"：对设置好加工参数的程序进行计算。

10）"显示计算日志"：显示程序计算的时间和坐标的最大值与最小值。

11）"控制"：控制对毛坯的计算，可以中断程序的计算。

12）"NC 向导命令"：对程序进行轨迹模拟、查看、后处理和生成报表操作。

13）"模版"：生成和调用加工模板。

14）"改变注释"：改变程序的注释。

15）"改变火花间隙"：可以快速进入程序里的电极参数，方便对其修改。

16）"改变刀具"：更改程序的刀具。

17）"清除"R"和"D"符号"：清除程序前面的 R&D 字母符号（由于几何参数等的改变，去掉符号不影响程序计算结果）。

（3）程序参数快捷菜单

当创建或者编辑程序参数时，可以根据情况弹出下面两个快捷菜单。

在绘图区右击弹出的快捷菜单如图 1-9a 所示，其中各个参数的含义如下。

1）"显示毛坯"：显示当前的毛坯。

2）"保存并关闭"：保存但不计算程序轨迹。

3）"保存并计算"：在后台计算程序轨迹，然后保存并关闭该程序，刀路轨迹将会被计算出来。

4）"保存原始"：在刀路轨迹下复制当前编辑的程序。

5）"取消"：关闭程序，但程序没有被保存。

6）"保存并立即计算"：在前台执行程序，然后保存并关闭该程序，同时刀路轨迹将会被计算出来。

在刀路参数输入区右击弹出的快捷菜单如图 1-9b 所示，其可以完成的操作如下。

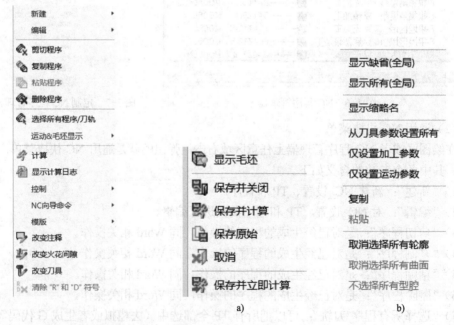

a)   b)

图 1-8　通用 NC 快捷菜单　　　　图 1-9　程序参数快捷菜单

1）"显示缺省（全局）"：不显示隐藏的参数（单击参数前面灯泡可以对参数进行显示或隐藏设置）。

6

2）"显示所有（全局）"：显示所有加工参数。

3）"显示缩略名"：显示加工参数变量，可以通过输入变量进行编程。

4）"从刀具参数设置所有"：把在创建刀具时设置的加工参数导入到程序里。

5）"仅设置加工参数"：仅把加工参数导入到程序里。

6）"仅设置运动参数"：仅把刀具的运动参数加载到机床参数里。

7）"复制"和"粘贴"：把输入的值进行复制和粘贴操作。

8）"取消选择所有轮廓"：把选择的轮廓全部取消。

9）"取消选择所有曲面"：把选择的曲面全部取消（注意：灰色说明当前没有选择曲面）。

10）"不选择所有型腔"：取消对所有型腔轮廓的选择（注意：灰色说明当前没有选择型腔轮廓）。

（4）曲面选择快捷菜单

当给 NC 程序选择加工对象时，例如选择零件表面或者检查面时，在绘图区的任意区域右击，则可弹出图 1-10 所示的快捷菜单，其中各个参数的含义如下。

1）"选择所有显示的曲面"：选择绘图区显示的所有曲面。

2）"根据规则选取曲面"：使用规则选择曲面，例如通过颜色、集合等选择加工曲面。

3）"重置规则"：取消定义的规则。

4）"重置手动选择图素"：取消手动选择的曲面。

5）"重置所有"：取消所有选择的曲面，将重新选取曲面。

6）"从另一组移动曲面"：把某一组里的曲面移到另一组曲面里。

7）"完成选择"：结束曲面的选择，退出选择界面。

（5）轮廓选择快捷菜单

当给 NC 程序选择轮廓时，在绘图区的任意区域右击，则可弹出图 1-11 所示的快捷菜单，其中各个参数的含义是如下。

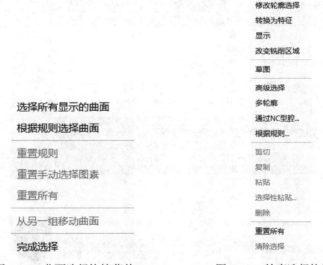

图 1-10　曲面选择快捷菜单　　　图 1-11　轮廓选择快捷菜单

1）"修改轮廓选择"：对轮廓进行修改，例如修改轮廓间隙、轮廓的圆角等。

2）"转换为特征"：把选择的轮廓变成一个特征，例如变成组合曲线。

3)"显示"：控制轮廓标签的显示，在轮廓管理器选中"使用标签"选项时才能激活这个功能。

4)"改变铣削区域"：改变轮廓的功能，例如允许加工或者禁止加工，或者改变刀具位置等。

5)"草图"：通过草图生成加工轮廓。

6)"高级选择"：进入到选择轮廓的高级模式，可以通过自动串联、单个、沿开放边等方式选择加工轮廓。

7)"多轮廓"：可以通过框选方式来快速选择多个轮廓。

8)"根据规则"：使用规则选择加工轮廓，例如通过颜色或者线条粗、细等规则选择加工轮廓。

9)"剪切"：把轮廓从一个程序中剪切掉。

10)"复制"：从一个程序中复制轮廓（要先选择一个轮廓）。

11)"粘贴"：把所复制的轮廓粘贴到另一个程序里。

12)"选择性粘贴"：对所复制轮廓的参数可以有选择地粘贴。

13)"删除"：删除所选择的轮廓。

14)"重置所有"：取消所有选择的轮廓。

15)"清除选择"：取消轮廓的选择状态。

1.1.6 编程模式的选择

Cimatron 软件提供了两种编程模式，一种是向导模式，一种是高级模式，两种模式可以通过以下两种方法进行切换：

① 选择"查看"|"面板"命令，如图 1-12 所示。向导模式的窗口如图 1-13 所示，高级模式的窗口如图 1-14 所示。

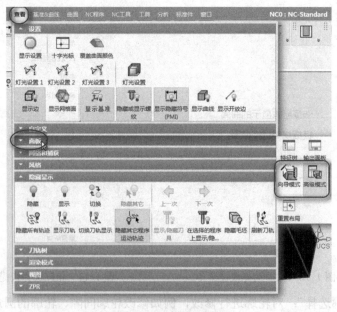

图 1-12　编程模式选择

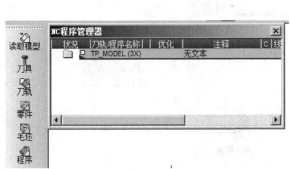

图 1-13　向导模式窗口　　　　　　　　　　图 1-14　高级模式窗口

② 也可以在工具栏中单击相应按钮进行切换，单击按钮 🔲 会切换到向导模式，单击按钮 🔲 会切换到高级模式。

使用向导模式编程时，系统将以对话框的形式引导编程者进行操作，绘图区的区域较大，操作过程中弹出的对话框是悬浮在屏幕上的，不占用交互区域的空间。

使用高级模式编程时，NC 程序管理器和程序参数表将在屏幕的左边显示，进行程序的创建时，各种参数的设置与操作将在程序区和程序参数表中直接进行，不会弹出向导窗口。

建议初学者使用向导模式进行编程，有 Cimatron 编程基础的用户使用高级模式进行编程。

1.2　Cimatron 编程流程

Cimatron 软件的编程流程根据编程者的经验和零件的复杂程度会稍有不同，下在将详细介绍完成零件的编程步骤。

1.2.1　读取模型

读取模型就是将一个完整的 CAD 模型调入到编程环境，对模型（加工对象）进行程序的编制，读取的模型可以是单个零件也可以是一个包含多个零件的组件，但无论是单个零件还是组件均要求是 Cimatron 格式，如果不是 Cimatron 格式，需要使用导入功能转换为 Cimatron 格式。

按照本书 1.1 节中介绍的方法，进入到图 1-3 所示的编程环境窗口后，单击"编程向导"栏上的"读取模型"按钮 📂读取模型，系统将打开 Cimatron 浏览器（图 1-15），选择文件路径和文件名，单击"选择"按钮，或者双击"飞机模型"即可将模型调入到编程环境。

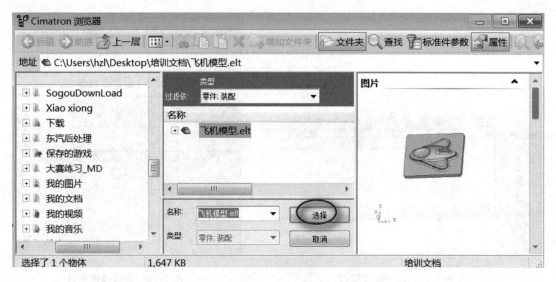

图 1-15　调入模型

模型调入到编程环境后，可以指定模型的放置位置，系统默认设置是直接放置到当前坐标系的原点，同时不做旋转。在"特征向导"栏中有两个可选项，如图 1-16 所示，可以对模型重新定位或者根据要求进行旋转。

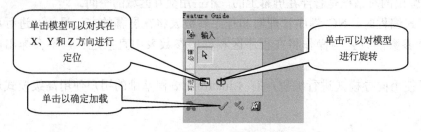

图 1-16　"特征向导"栏

模型加载完毕，会在图 1-4 中"4"所示的交互区域出现零件模型，如图 1-17 所示。

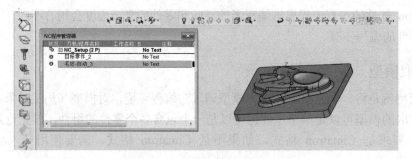

图 1-17　模型加载到交互区域

1.2.2　NC_Setup 设置

双击图 1-17 中 NC 程序管理器里的"NC_Setup"，可以设置的参数包括零件材料、参考坐标系、使用的机床和后处理等（图 1-18），用于后续各种 NC 操作的默认选项数据。详细的设置见第 7 章的练习。

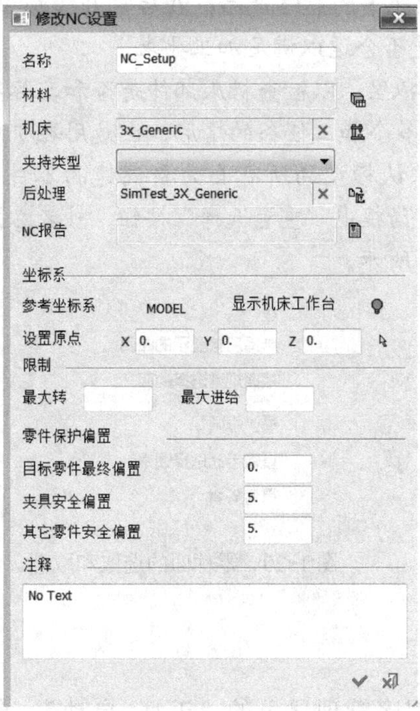

图 1-18　将模型加载到交互区域

1.2.3　创建零件

　　单击图 1-17 中 NC 程序管理器里的"目标零件",会弹出"零件"对话框,同时窗口上显示的所有曲面自动被选中用来创建零件,如图 1-19 所示。在"零件"对话框可以显示出选择曲面的数量、最大和最小位置的尺寸,这些信息可以通过单击对话框"收起"按钮隐藏起来,单击"确定"按钮 ✓,即可完成零件的创建。

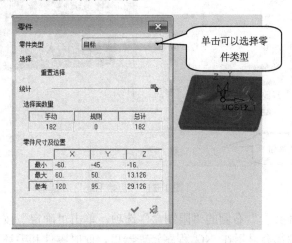

图 1-19　"零件"对话框

提示：1）零件类型有以下 3 种。

①"目标"：表示理想情况下的最终产品，在后期的模拟中用来与实际加工结果进行比较，从中可以发现程序编制是否合适以满足加工要求。

②"夹具"：用在机床模拟里。以检查机床部件是否和实际夹具干涉。

③"其他"：表示机床有多个加工任务的情形，也是用在机床模拟里。

2）创建零件时，系统默认模型的所有面为要创建的零件面，如果打算取消选择的所有面，则可以单击图 1-19 对话框中"重置选择"按钮，或者右击后在弹出的快捷菜单中选择"重置所有"命令，如图 1-20 所示。

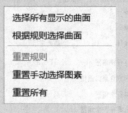

图 1-20 零件面的选取和取消

1.2.4 创建毛坯

单击图 1-17 中 NC 程序管理器里的"毛坯_自动"，会弹出"初始毛坯"对话框（图 1-21），用以定义合适的毛坯参数。

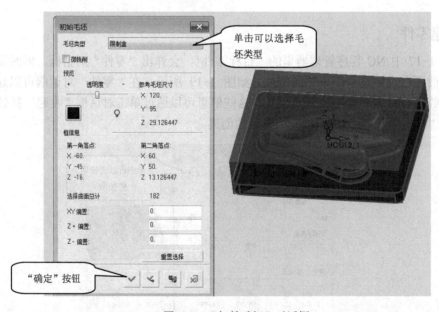

图 1-21 "初始毛坯"对话框

使用"毛坯类型"右侧的"限制盒"选项，单击"确定"按钮以完成毛坯的创建。零件和毛坯程序名称都会显示在 NC 程序管理器里，此时零件和毛坯程序名称前面的"状况"显示的是绿色对号，表示已经完成创建，如图 1-22 所示。

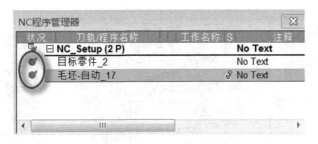

图 1-22 NC 程序管理器中显示的零件和毛坯

提示：

1）毛坯是模型在加工之前的状态，创建毛坯可以用于机床实际加工模拟，也可以优化刀具路径，提高加工效率和安全。

2）单击图 1-21 中"毛坯类型"下拉列表框可以选择创建毛坯的类型，共有 7 种方式。

① "根据曲面"：通过曲面偏移来创建毛坯，常用来创建铸件毛坯。

② "根据轮廓"：通过选择一条轮廓来创建毛坯。

③ "长方体"：通过两个角点定义矩形毛坯。

④ "限制盒"：根据选择的曲面创建一个包容盒来创建毛坯，各个方向可以再加上偏移量。

⑤ "自文件"：从 STL 格式的文件创建毛坯。

⑥ "自网格面"：从保存过的网格文件创建毛坯，只能选择网格面。

⑦ "固化残留毛坯"：在程序间创建剩余毛坯。

图 1-21 显示的是用"限制盒"毛坯类型创建毛坯的情形，是系统创建毛坯的默认方式。这种方式可以自动创建一个能包容所有曲面的长方体，毛坯的透明度可以通过拖动该对话框中的"透明度"上的导滑条来控制。

该对话框中显示出了选择的零件曲面数量以及角点的位置，如果默认的曲面不是所需要的，则可以通过单击"重置选择"按钮取消选择，再通过手动或者根据规则重新拾取曲面。

该对话框可以对 X、Y、Z 方向做偏置，Z 方向还可以有正负之分。

1.2.5 模型数据分析

模型数据指的是模型的关键尺寸、各处圆角大小以及模型的拔模角大小等，对模型进行数据分析可以帮助编程者选择刀具和制定合理的加工工艺。以下是常用的数据分析功能：

1）通过图 1-4 所示工具栏中的"测量"按钮，可以测量模型最大长度、宽度和高度，如图 1-23a 所示。

2）通过选择图 1-4 所示菜单栏中"分析"|"曲率图"命令，可以了解零件最小圆角以及其他部位的圆角大小，例如底部圆角是 R3，如图 1-23b 所示。

3）通过选择图 1-4 所示菜单栏中"分析"|"方向分析"命令，可以了解零件各处的拔模角大小，例如通过分析可以知道零件四周是垂直的面，如图 1-23c 所示。

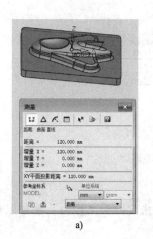
a)

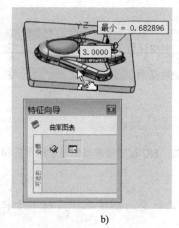
b)

c)

图 1-23　模型的数据分析

1.2.6　创建刀具

创建刀具就是创建加工程序中所需要的所有刀具，单击图 1-4 所示编程向导栏上的"刀具"按钮 ，进入到"刀具及夹持"对话框，如图 1-24 所示。

在该对话框里，可以创建各种类型和规格的刀具，定义刀具的加工参数和运动参数，定义的这些参数可以被自动输入到程序参数里。

完成图 1-24 所示的刀具定义后，单击"确定"按钮退出"刀具及夹持"对话框。

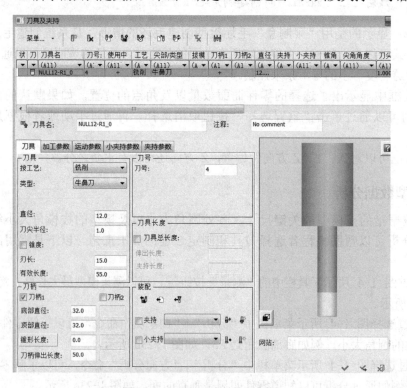

图 1-24　"刀具及夹持"对话框

14

1.2.7　创建刀轨

单击图 1-4 所示编程向导栏中的"刀轨"按钮 ，弹出"创建刀轨"对话框，如图 1-25 所示。在该对话框中完成以下内容的设置。

1）输入刀轨的名称，可以输入中文，名称一般与编程内容有关。

2）选择加工类型，类型指的是使用机床的加工轴数量，例如 3 轴，由零件的加工工艺决定。

3）微铣削：此选项加工精度可以达到 0.0001mm，可加工精度更高的零件。

4）指定加工坐标系：选择一个合适的编程坐标系，可在下拉列表中进行选择，也可以单击黄色箭头进入交互区选择坐标系。

5）指定起始点：起始点是程序最初的位置点，一般"X"为 0，"Y"为 0，"Z(安全高度)"在零件最高点上方 50mm 处，后处理中可以输出起始点的坐标值。

6）输入注释：输入刀轨注释。通过后处理，注释也可在 G 代码文件里体现出来，供操作者参考。

单击"确定"按钮完成刀轨的创建。

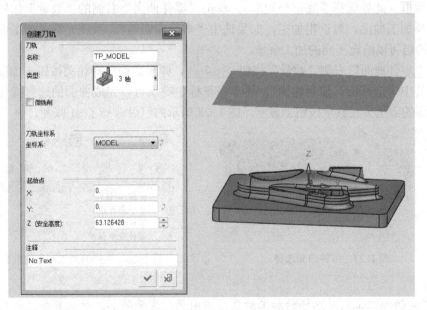

图 1-25　"创建刀轨"对话框

1.2.8 创建程序

在向导模式下（设置方法详见 1.1.6 节），单击图 1-4 所示编程向导栏中的"程序"按钮 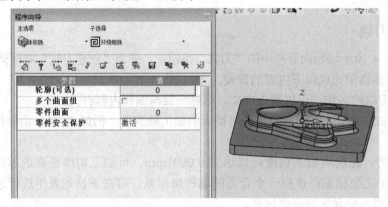，弹出"程序向导"对话框，如图 1-26 所示。

图 1-26 "程序向导"对话框

在"程序向导"对话框，按照以下步骤可完成程序的创建：

1）选择加工策略和工艺。单击"主选项"下的按钮选择"体积铣"策略，在"子选择"下选择"环绕粗铣"工艺。

2）选择加工对象。单击"轮廓（可选）"右侧的"数量"按钮 ____0____，弹出"轮廓管理器"对话框（此处选择了底部外轮廓）；单击"零件曲面"右侧的"数量"按钮，可以去交互区选择加工曲面。对于粗加工，如果选中"多个曲面组"，系统允许对加工曲面进行分组，不同的组可以给定不同的加工余量。

单击"零件曲面"右侧"数量"按钮 ____0____，弹出曲面选择相关按钮，如图 1-27 所示，单击其中"选择所有显示曲面"，再单击鼠标中键就可以完成曲面的选择操作，所选择的零件曲面的数量会在数量按钮上显示。图 1-28 所示的已经选择了 91 张面。

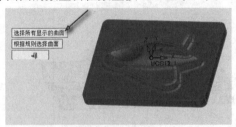

图 1-27 零件曲面选择

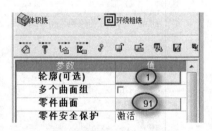

图 1-28 选择的加工对象数量显示

提示：

1）不同的加工工艺所选择的加工对象是不同的，常见的加工对象有加工轮廓、零件曲面、检查曲面等，零件曲面是加工的参考对象，检查面是用来防止干涉的。

2）使用普通 2.5 轴和普通钻孔工艺时不需要选择零件曲面，但使用 3 轴里的策略编程必须选择零件曲面，否则不能计算出轨迹。

3）加工轮廓用来确定刀具加工范围，可根据需要进行选择，加工轮廓不是必须要选择的。

3）选择刀具。完成加工对象的定义后，单击图 1-26 所示"程序向导"对话框上的"刀具"按钮，弹出"刀具及夹持"对话框，如图 1-29 所示，和 1.2.6 节中创建刀具的对话框一样。在这个对话框可以选择刀具库中已经存在的刀具，也可以创建新的刀具。

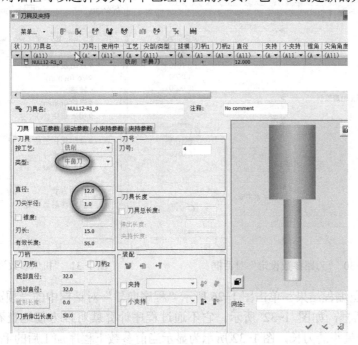

图 1-29 "刀具及夹持"对话框

选择图 1-29 显示的刀具规格，在右边显示的模型上任意点处单击可以显示要加载的刀具，这样便于查看所使用的刀具是否合适，单击该对话框上的"确定"按钮 ✓ 完成刀具的选择。

4）设置刀路参数。单击图 1-26 "程序向导"对话框中的"刀路参数"按钮，弹出"刀路参数设定"对话框（图 1-30），设定刀路的各种参数，例如进、退刀方式，曲面余量和步距等。

提示：

1）在该对话框中，左侧显示的是参数名称，右侧列出了参数数值，单击参数组名称前面的"+"可以展开该组参数，单击"-"可以收起该组参数，不同的加工工艺，显示的参数是不同的。

2）在参数输入时，对话框上方会显示参数的含义，参数含义部分的显示和隐藏由工具栏上的"编程助手"按钮来控制。

5）设置机床参数。单击图 1-26 所示"程序向导"对话框中的"机床参数"按钮，弹出"机床参数设定"对话框，设定主轴转速、进给、切入和插入进给率等，可按图 1-31 所示的参数设置。

图 1-30 "刀路参数设定"对话框

图 1-31 "机床参数设定"对话框

6）快速预览编程结果。单击图 1-26 所示"程序向导"对话框中的"预览"按钮 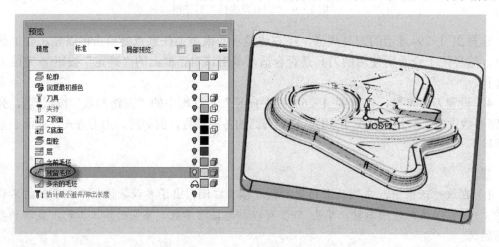，弹出"预览"对话框，如图 1-32 所示。它不通过程序计算就可以方便地查看剩余毛坯的大小，也可以计算最小的刀长，图 1-32 所示为显示当前参数下程序加工后的毛坯剩余情况。

图 1-32 快速预览编程结果

> **提示：**"6）快速预览编程结果"可以在"5）设置机床参数"之前进行。

7）保存程序。完成各种参数设定后，即可退出图 1-26 所示"程序向导"对话框并保存程序，退出的方式有以下两种：

① 保存并关闭 。用以保存参数设置并退出参数设置状态，程序并不立刻进行计算，程序状态显示的是黄色"　"号，表示程序的参数设定完毕，但尚未执行计算，它是不能用来进行后处理操作的，多个保存并关闭的程序会在后面一起进行计算。

18

② 保存并计算 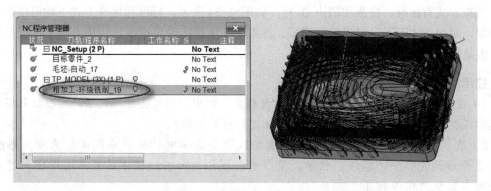。用以对设置的程序参数进行计算，计算完成后，会在编程窗口交互区显示刀路轨迹，并在 NC 程序管理器中显示刚生成的加工程序。

单击"保存并计算"按钮，可得到图 1-33 所示的结果，在 NC 程序管理器的"状况"中显示绿色的，说明程序已经完成计算。

图 1-33　保存并计算后的 NC 程序管理器和刀路轨迹

1.2.9　模拟程序

单击图 1-4 所示编程向导栏中的"机床模拟"按钮，弹出"机床模拟"对话框，如图 1-34 所示。需要完成以下参数的设置。

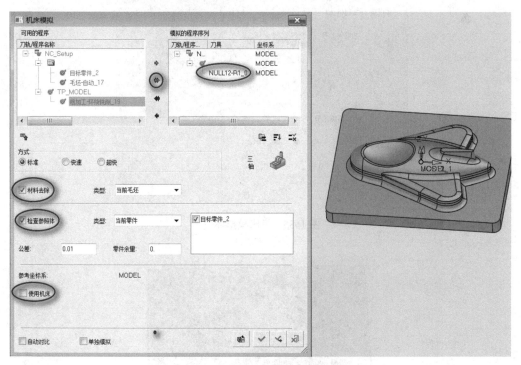

图 1-34　"机床模拟"对话框

1）选择要模拟的程序。

图 1-34 中的绿色按钮 是把选择的单个程序添加到右侧"模拟的程序序列"， 是把左

侧所有程序添加到右侧"模拟的程序序列"进行模拟。按钮 ← 和 ← 是把在"模拟的程序序列"里的单个程序或者所有程序取消。

此处选择 ← 即可把左侧程序导入到"模拟的程序序列"里。

2）选择模拟方式。

模拟方式有标准、快速和超快 3 种，如图 1-34 所示。标准和快速方式下均可以带着机床模拟，超快方式下不可以带机床模拟。标准方式下模拟得更准确，快速方式下模拟得比较快，但是精度不高。

> **提示：**
>
> 1）在图 1-34 所示的"机床模拟"对话框里，选中"材料去除"选项，可以把毛坯加载到模拟环境中，刀具会按照刀路轨迹对毛坯进行模拟切削。
>
> 2）在"机床模拟"对话框里，系统默认设置是选中"检查参照体"选项，参照体就是最开始做的那个"零件"程序，用以发现模拟的加工过程中是否产生碰撞和过切，便于为实际加工提供指导。

在"机床模拟"对话框的"方式"中选择默认的"标准"选项，不选中"使用机床"选项，单击"确定"按钮 ✓ 可进入到图 1-35 所示模拟环境。单击图中箭头所指的"播放"按钮，即可进行实时模拟。图 1-36 所示是模拟铣削加工的结果。

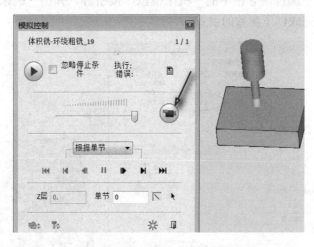

图 1-35　机床模拟环境

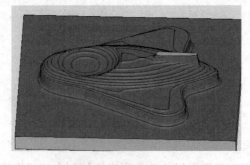

图 1-36　模拟结果

1.2.10 后置处理

单击图 1-4 所示"编程向导"栏中的"后处理"按钮 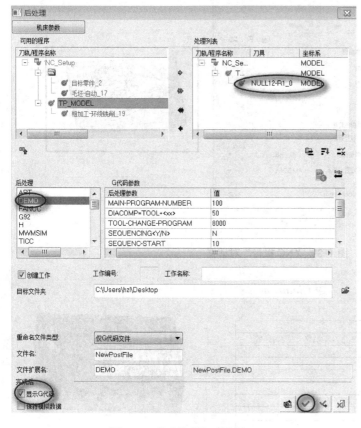，弹出"后处理"对话框（图 1-37），按照图中所示进行设置后再单击"确定"按钮，即可弹出 G 代码文件，如图 1-38 所示。

图 1-37 "后处理"对话框

```
%
00100
T02
G90 G80 G00 G17 G40 M23
G43 H02 Z70.126 S6000 M03
G00 X-7.896 Y56.607 Z70.126 M08
Z21.147
G01 Z19.327 F750
X-7.205 Y55.785 F2581
X-6.514 Y54.963 F2158
X-5.823 Y54.142 F1716
X-5.132 Y53.32 F1507
X-4.441 Y52.499 F1123
X-3.75 Y51.677 F953
X-3.059 Y50.855 F800
X-2.763 Y50.56
X-2.421 Y50.321 F953
X-2.042 Y50.144 F1309
X-1.638 Y50.036 F1507
X-1.222 Y50. F1934
X-0.611 F2158
X55.
X55.523 Y49.973 F2500
X56.04 Y49.891 F2948
X56.545 Y49.755
X57.034 Y49.568
X57.5 Y49.33
X57.939 Y49.045
X58.346 Y48.716
```

图 1-38 G 代码

1.2.11 生成加工报告

单击图 1-4 所示"程序向导"栏中的"NC 报告"按钮 📄，弹出"NC 报告"对话框，如图 1-39 所示。该对话框用以选择输出格式和模板名称。先将零件拖动至矩形框中间以复制图片并将其自动输出到报表里。

单击"确定"按钮就可以得到一张加工报告，如图 1-40 所示。

> **提示：**
>
> 1）加工报告便于车间的管理，可以根据不同客户的要求来定制，可以输出.xls、.mht、.pdf 等格式的文件。
>
> 2）报告使用的模板需要放到 Cimatron 软件安装目录\date\nc\ Customized Reports 下，否则无法生成报告。

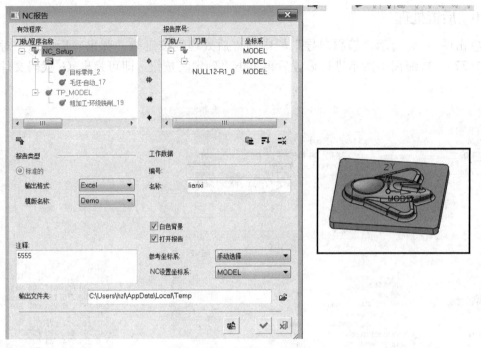

图 1-39 "NC 报告"对话框

编程流程练习

Cimatron文件名:	飞机模型-编程流程
文件路径:	F:\zhubei-shujia1\e13教程\练习结果\第一章练习结果
程序路径:	c:\NC
日期:	26/6/2017
时间:	8:30
编程者:	陈
设计部门:	工艺室
程序名:	粗加工
程序注释:	lx

程序列表

序号	刀具名称	直径	刀尖圆角	刀长	刀号	垂直步距	转速	进给	余量	Z最小	Z最大	加工时间	加工部位	注释
1	NULL12-R1	12	1	48	2	0.8	6000	2500	0.3	0.3	70.13	00:32:52	No Text	

图 1-40 加工报告

综上所述，Cimatron 软件的编程流程为：加载模型→NC_Setup 设置→创建零件→创建毛坯→数据分析→创建刀具→创建刀轨→创建程序→模拟程序→后处理→生成加工报告。

1.3 Cimatron 刀具及夹持管理器

创建刀具是编程过程中必须要做的一项内容，本节将详细介绍这方面的知识。

在编程环境里，单击图 1-4 所示"编程向导"栏中的"刀具"按钮，打开"刀具及夹持"对话框，如图 1-41 所示。该对话框的按钮分 4 部分："1"区域中包括工具栏按钮，

"2"区域中包括刀具参数展开和收起按钮，"3"区域中包括夹头伸出参数设置按钮，"4"区域中包括确定和退出按钮。

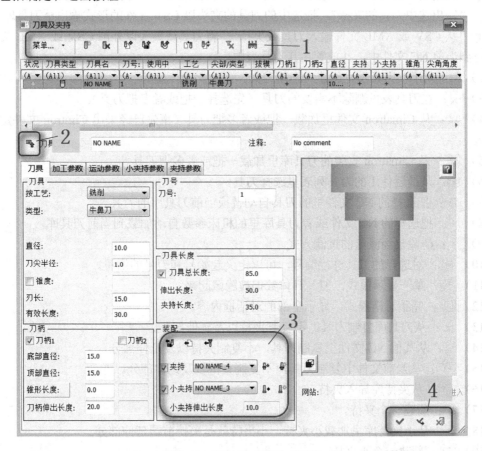

图 1-41 "刀具及夹持"对话框

1.3.1 "刀具及夹持"对话框的操作按钮

图 1-41 中对话框上的各个按钮功能如下所示。

1）菜单... ▾：单击"菜单"按钮会显示图 1-42 所示下拉菜单。

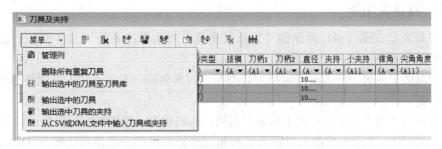

图 1-42 "菜单"的下拉菜单

① "管理列"。定制刀具库的列表，并可安排列的左右顺序。

② "删除所有重复刀具"。删除刀具表中类型、尺寸规格、加工参数相同的刀具。

③ "输出选中的刀具至刀具库"。把选中的刀具以 CHL 文件的形式输出至刀具库。

④ "输出选中的刀具"。把选中的刀具以 CSV 刀具库文件的形式输出至刀具库。

⑤ "输出选中刀具的夹持"。把选中的刀具的夹头以 CSV 文件的形式输出至刀具库。

⑥ "从 CSV 或 XML 文件输入刀具或夹持"。将刀具或夹头以外部 CSV 或 XML 文件形式输送到当前 NC 文件中，并放置在其刀具表中。

2） ：用于在刀具表里创建一把新刀具。

3） ：在刀具表里删除不需要的刀具（先选择一把或者多把刀具）。

4） ：从 Cimatron 文件里加载一把或者多把刀具（事先已经采用 Cimtron 文件定义了刀具）。

5） ：从 Cimatron 安装的刀具库里加载一把或者多把刀具。

6） ：从最近使用的刀具列表里选择刀具。

7） ：把选择的 NC 文件里的刀具自动替换当前刀具库的刀具。

8） ：把选择的 NC 文件或者刀具库里的机床参数自动加载到当前刀具库。

9） ：清除已经激活的过滤方式。

10） ：对选择的刀具进行编号，可以定义起始号和刀号的增量。

11） ：单一显示模式，刀具具体数据被隐藏起来。

12） ：完整对话模式，显示全部的对话框内容。

13） ：从刀具库复制刀具，不复制夹持以及延伸部分。

14） ：从其他 NC 文件里复制刀具，不复制夹持以及延伸部分。

15） ：从当前文件中复制刀具，不复制夹持以及延伸部分。

16） ：从夹持库导入夹持。

17） ：新建一个夹持。

18） ：从小夹持库里加载小夹持，小夹持就是夹持前端延伸部分。

19） ：新建一个小夹持。

20） ：删除未使用的夹持。

21） ：确认对刀具库的修改并退出对话框。

22） ：同意对刀具库的修改但不退出对话框，可以继续创建刀具。

23） ：删除对刀具库的修改并退出对话框。

1.3.2 刀具表功能

刀具表是在图 1-41 所示的"刀具及夹持"对话框或者是"刀具库"上显示的刀具表格，如图 1-43 所示的表格框区域。

刀具表里的每一把刀具都包括刀具类型、刀具名称、刀具号和刀具规格等参数。刀具表可以定制。

刀具表中的"状况"一栏用来显示当前刀具的状态，根据情况可以显示以下 3 种按钮：

1） 。表示当前的刀具在刀具表里已经被编辑但是还没有被保存，单击该对话框上的"确定"或者"应用"按钮可以取消其显示。

2） 。表示一把新的刀具被创建，但刀具参数还没有被保存，单击该对话框上的"确定"或者"应用"按钮可以取消其显示。

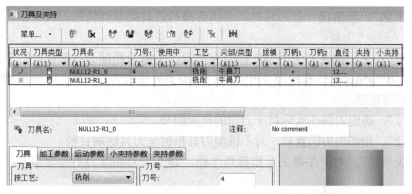

图 1-43　刀具表

3）　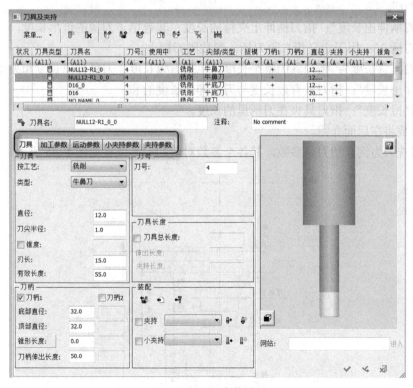。表示之前创建的刀具有问题，一定要修改参数才能使用。

刀具表各项目栏下都有一个过滤选项，默认的是 ALL（全部显示），单击"ALL"后的下三角按钮可展开下拉菜单选择需要过滤的内容。

1.3.3　刀具参数设置

与刀具相关的参数在图 1-44 中矩形框所示区域里设定，包括刀具、加工参数、运动参数（钻头是循环参数）、夹持参数、小夹持参数。

图 1-44　刀具参数设置

1. 刀具

图 1-44 中刀具选项卡主要包括刀具类型、规格和长度等，各个参数的含义如下。

1）"按工艺"：当新建一把刀具时，可供选择的刀具类型有铣削刀具、钻孔刀具、特殊刀具和探针。

2）"类型"：用于指定刀尖类型，铣刀有平刀、牛鼻刀和球刀（探针）3 个选项，钻孔刀具有钻头、中心钻、丝锥和铰刀 4 个选项，成型刀有棒铣刀、槽铣刀、燕尾槽铣刀、沉头刀和仿形刀具等选项。

3）"刀号"：确定刀具在实际机床刀库的位置编号。

4）"直径"：指切削刃的直径，对于锥型刀具指的是刀具底端直径。

5）"刀尖半径"：对于牛鼻刀是指圆角半径，对于平刀和球刀不需要输入，采用默认设置即可。

6）"锥度"：指刀具切削刃外轮廓母线与回转轴的夹角。

7）"刃长"：指可进行切削部分的长度。

8）"有效长度"：指刀杆以下部分的长度，其包括了刃长。

9）"刀柄 1"：用以定义刀具的刀柄尺寸。

10）"底部直径"：指刀柄底部的直径。

11）"顶部直径"：指刀柄顶部的直径，如果顶部直径不等于刀柄的底部直径，则刀柄是锥形的，需要指定锥形部分的长度。

12）"锥形长度"：指刀柄锥形部分的长度，如果底部直径等于顶部直径，则锥形长度设置为"0"。

13）"刀柄伸出长度"：指刀柄伸出夹持的长度，其包括了刀柄的锥形长度。

14）"刀柄 2"：用于定义第二阶刀柄，参数同刀柄 1。

15）"刀具总长度"：指刀具的整个长度，包括有效长度、刀柄伸出长度和夹持长度。

16）"伸出长度"：指刀具有效长度与刀柄伸出长度的和。

17）"夹持长度"：指刀具夹在刀柄里的长度。

夹持参数将在后面介绍。

以锥形铣刀为例介绍刀具参数，其各个参数对应的刀具位置如图 1-45 所示。

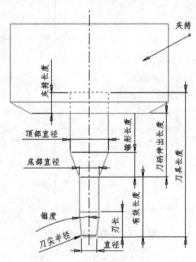

图 1-45　刀具参数标注

2．加工参数

图 1-44 中加工参数选项卡主要包括常用的进给参数、切削转速、主轴方向和冷却方式等，如图 1-46 所示。

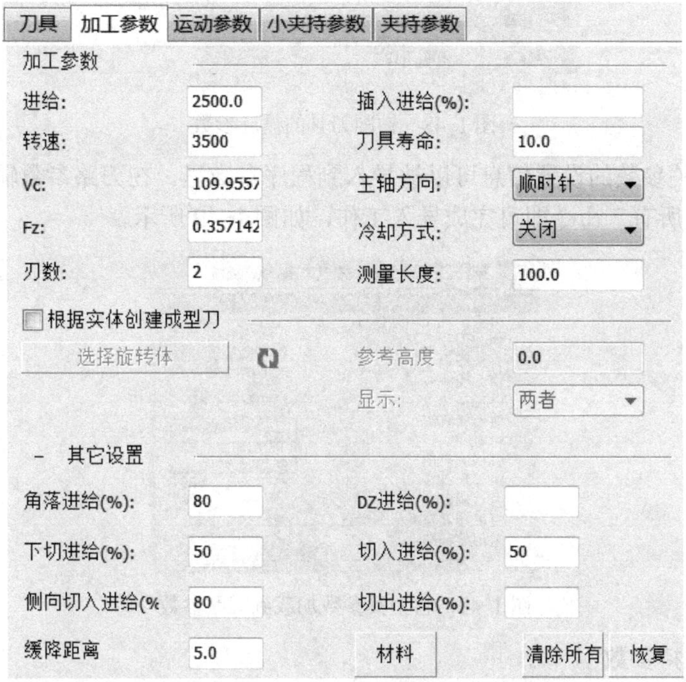

图 1-46　加工参数

3．运动参数

图 1-44 中运动参数选项卡包括加工深度和前进步距等，如图 1-47 所示。如果是钻孔刀具，运动参数则是循环参数，如图 1-48 所示。

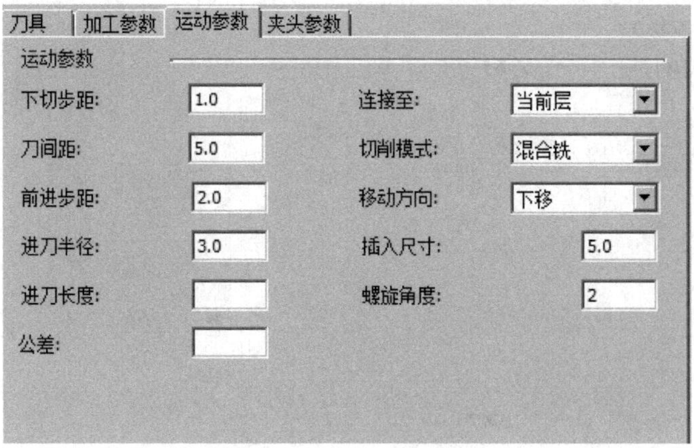

图 1-47　铣刀的运动参数

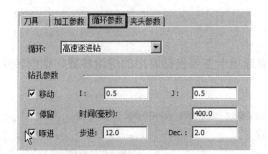

图 1-48　钻削刀具的循环参数

以上刀具相关参数的设置信息可以被导入到程序参数里。在刀路参数输入区右击，选择"从刀具参数设置所有"命令即可完成导入工作，如图 1-49 所示。

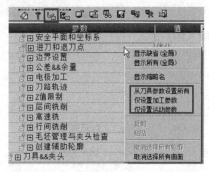

图 1-49　将刀具参数加载到刀路参数

4. 大、小夹持参数

图 1-44 中小夹持参数选项卡包括夹持底部直径、顶部直径、圆锥高度和总高度，夹持尺寸要按照现场实际夹持尺寸输入，如图 1-50 所示。

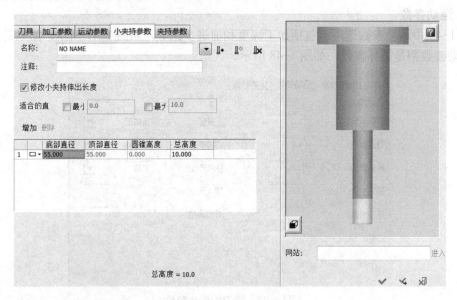

图 1-50　小夹持参数

1.3.4　常见刀具类型

Cimatron 支持的刀具和工具类型包括铣削刀具、钻孔刀具、特殊刀具和检测工具。

1．Cimatron 支持的铣刀类型

图 1-51 从左到右分别是直柄平刀、牛鼻刀和球刀的示意图，图 1-52 从左到右分别是锥柄平刀、牛鼻刀和球刀的示意图。

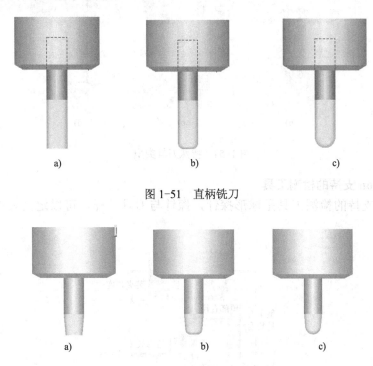

图 1-51　直柄铣刀

图 1-52　锥柄铣刀

2．Cimatron 支持的钻孔刀具类型

Cimatron 支持的钻孔刀具类型有钻头、铰刀、丝锥和中心钻，从左对右依次对应于图 1-53 的 4 个分图，钻孔刀具常用于点钻、预钻孔、钻孔、啄钻、铰孔、攻螺纹和镗孔等。

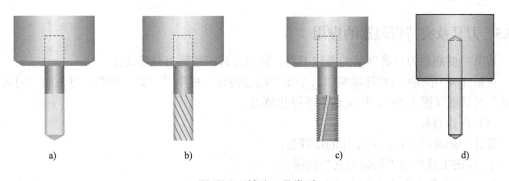

图 1-53　钻孔刀具类型

3．Cimatron 支持的特殊刀具类型

Cimatron 支持的特殊刀具类型有棒糖式刀、槽铣刀、燕尾刀、沉头刀和成型刀，对应于图 1-54a~e，成型刀具常用于产品的加工。

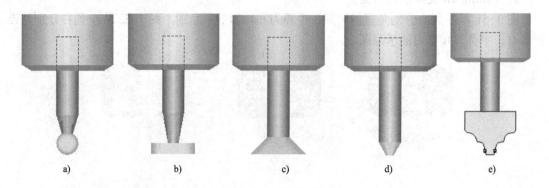

图 1-54　特殊刀具类型

4．Cimatron 支持的检测工具

Cimatron 支持的检测工具是球形探针，探针与刀具一样，可以定义其夹持参数，如图 1-55 所示。

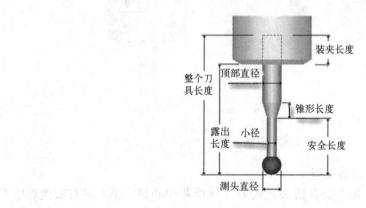

图 1-55　探针

1.3.5　刀具及夹持管理器的应用

本节主要熟悉刀具管理器的新建刀具、编辑刀具和删除刀具等功能。

在图 1-4 所示的编程环境窗口，单击"编程向导"栏中"刀具"按钮，进入到"刀具及夹持"对话框（图 1-56），现完成以下操作练习。

（1）新建刀具

设计一把新的刀具，其操作的步骤是：

① 单击工具栏的"新建刀具"按钮 □。

② 在"刀具名"文本框中输入刀具名称或者注释。

③ 选择完整对话框形式，显示全部刀具参数项，选择合适的刀具类型，并输入各项参数。

④ 单击"确定"或者"应用"按钮，完成刀具的新建任务。

参数设置举例如图 1-56 所示。

（2）编辑已经存在的刀具参数

其操作步骤是：

① 在刀具表里单击要编辑的刀具名称。

② 如需要可修改刀具名称和注释。

③ 修改刀具参数。

④ 单击"确定"按钮完成编辑工作。

（3）删除刀具

对刀具表里不需要的刀具进行删除，操作步骤是在刀具表中单击要删除的刀具名称，再单击"删除刀具"按钮 🗴。

（4）将刀具库和 NC 文件里的刀具导入到当前刀具库其操作步骤是：

① 单击图 1-56 中的按钮 可以通过 NC 文件将刀具导入，单击按钮 可以从标准刀具库里导入刀具，单击按钮 可以从最近使用的刀具库里导入刀具。

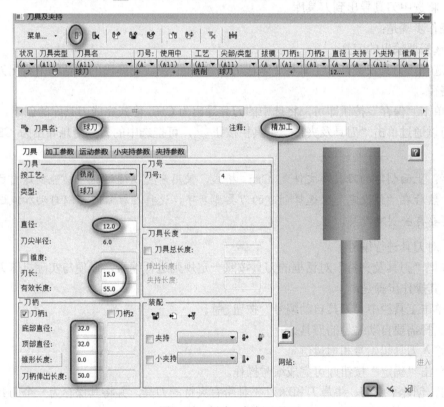

图 1-56　创建一把新刀具

② 选择合适的刀具，可以多选，也可以选择所有刀具。

③ 单击"确定"按钮即可完成刀具的导入。

如果在编程时需要自动加载刀具库，可选择"工具"|"预设定"命令，在弹出"预设定编辑器"对话框中进行图 1-57 所示的设定，选中"自动加载默认刀具库"后，单击"确定"按钮。

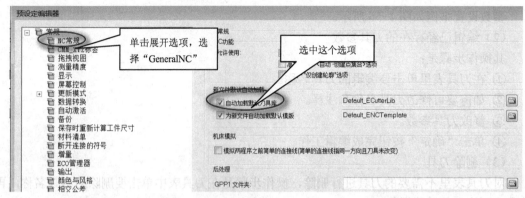

图 1-57　自动加载刀具库的设定

提示：从"刀具及夹持"的工具栏单击按钮 ，则可以把已有的 CSV 和 XML 文件里的所有刀具导入到当前 NC 文件的刀具库里。

（5）将选中刀具导出到刀具库

其操作步骤是：

① 选择要输出的刀具。

② 选择"刀具及夹持"工具栏"输出刀具"按钮 ，在弹出的对话框中给出刀具库的名字和路径。

③ 单击"保存"按钮即可，将选中的刀具导出为 CHL 格式完成刀具库的创建。

也可以通过单击"刀具及夹持"工具栏按钮 ，可把选中的刀具信息导出为 CSV 格式的文件。

提示：上面创建的刀具库文件是 CHL 格式，使用者可以通过这个功能创建自己标准的刀具库，然后在"预设定"里选择创建的刀具库名字，这样在编程时可以自动加载这个刀具库，不需要再去创建刀具。

（6）对刀具进行编号

可以把"刀具及夹持"对话框的刀具按照一定规则进行编号，以便与实际机床刀具库进行对应，其操作步骤是：

① 单击工具栏中"刀具自动编号"按钮 。

② 选择需要自动编号的刀具。

③ 输入刀具起始号和增量值。

④ 单击"确定"按钮即可完成编号操作。

练习：创建平底刀、牛鼻刀和球刀 3 种带有夹持的刀具，并将其保存为一个刀具库，打开另一个 NC 文件以调用这个刀具库。

1.4　Cimatron NC 程序管理器

NC 程序管理器由可折叠的刀路轨迹（英文缩写为 TP，以下也称为刀具路径）和刀路轨迹下包含的程序信息树组成。NC 程序管理器通过"状况"按钮和状态符号来显示刀具路径和程序的状态，如图 1-58 所示。

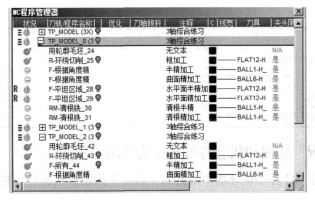

图 1-58 NC 程序管理器

1.4.1 "状况"按钮

NC 程序管理器第一栏就是"状况"按钮所在的位置，用来显示当前刀具路径或者程序的不同状态。常见的"状况"按钮如表 1-4 所列。

表 1-4 NC 程序管理器的"状况"按钮

按　钮	含　义	备　注
	在刀具路径前显示则表示其下仅有计算过的程序，在程序前显示则表示程序已经被成功计算了	背景是绿色
	在刀具路径前显示则表示其下有未计算过的程序，在程序前显示则表示程序还没有被成功计算	背景是黄色
	表示刀具路径有被中断的程序	背景是灰色
	表示程序在计算过程中被人为或其他原因中断	背景是绿色
	表示程序有问题，在后处理之前应检查程序	背景是绿色
	表示计算程序还没有准备好，例如没选择加工对象	背景是红色
	表示刀具路径下没有任何程序	
	表示正在后台计算程序	
	表示程序的轨迹处于隐藏状态	背景是灰色

1.4.2 状态符号

除了"状况"按钮在管理器里有时候也会显示状态符号，它可能出现在"状况"按钮的左侧，也可能出现在右侧，也可能在两边都有；若出现在左侧，符号的颜色是红色，右侧的是绿色，状态符号的含义见表 1-5。

表 1-5 NC 程序管理器的状态符号

命令图标	说　明	备　注
R	表示由于某种原因程序使用的毛坯被改变	在左侧显示，可以手动去掉这个符号
G	表示加工对象已经被改变或者加载的模型已经被更新，程序的加工对象需要被重新定义	在左侧显示
S	表示加工对象已经被改变或者加载的模型已经被更新，但这个改变对程序的加工对象没有影响，加工对象不需要被重新定义	在左侧显示
⁝	若它和"状况"按钮一起显示在刀具路径的前面，表示刀具路径还不具备执行的条件，因为其下程序还存在不同状态，例如没有选择加工对象	在左侧显示

命令图标	说　明	备　注
M	表示程序被手动编辑过	在右侧显示
C	表示选取程序的加工对象时使用了"规则"	在右侧显示
O	表示程序经过了优化	出现在"优化"一栏
T	表示程序应用了刀轴自动倾斜方式	出现在"刀轴倾斜"一栏

1.4.3　常见"状况"按钮和状态符号共存的举例

表1-6列举了在NC程序管理器中常见的"状况"按钮和状态符号共同存在的情形。

表1-6　NC程序管理器里的"状况"按钮和状态符号共存

命令图标	说　明
R	表示程序在模型改变时已经重新计算过了，如果确信改变的毛坯对程序没有影响，则可以手动清除掉这个符号而不需要重新计算
G	程序已经重新计算，但由于某种原因程序的加工对象被改变了，此时需要重新定义程序的加工对象
S	程序已经重新计算，但由于某种原因程序的加工对象被改变了，但此时不需要重新定义程序的加工对象，因为加工对象的改变没有影响到程序的计算结果
M	程序被手工编辑过了
C	程序已经计算完毕，程序的加工对象选取采用了"规则"，c是英文单词criteria的首字母

1.4.4　NC程序管理器的应用

通过NC程序管理器可以完成以下练习。

1）识别程序状态：通过"状况"按钮或状态符号查看程序的状态，把光标移动到该按钮或符号上则可以显示其含义，如图1-59显示"毛坯被修改"。

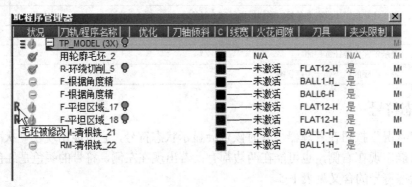

图1-59　状态符号含义

2）查看刀路轨迹或者程序的名称：在"刀轨/程序名称"一栏显示了刀路轨迹和程序的名称，对其双击或右击即可进入编辑对话框。

3）更改程序注释：单击"注释"一栏则可以对注释进行编辑，可以为多个程序同时编辑注释。

4）隐藏或显示程序轨迹：单击"刀轨/程序名称"右侧的灯泡，则可以对刀路轨迹的显示或隐藏进行切换。

5）改变刀路轨迹的颜色：在"C"栏（C 是英文 Colour 的首字母）单击方框，选择合适的颜色以区别其他程序。

6）改变刀路轨迹的粗细：单击颜色右侧的"线宽"栏，可以为刀路轨迹选择合适的线宽。

7）改变火花间隙：可以在"火花间隙"一列对其双击进行参数修改。

8）修改程序中使用的刀具：在"刀具"栏双击可以改变程序中使用的刀具。

9）对程序进行复制和粘贴：操作同 word 中的相同命令。双击粘贴过来的程序，可以对其进一步修改加工参数。

10）删除程序或者刀具路径：操作同 word 中的相同命令。

NC 程序管理器上各命令的使用，请参见本章的 1.1.5 节。

练习：打开随附资源中任何一个含有刀路轨迹和程序的文档进行以上 1）～10）步的练习。

第2章 Cimatron 2.5 轴加工策略介绍和实践

2.1 2.5 轴加工概述

2.5 轴加工是指刀具在垂直于刀轴方向的平面内做切削运动，最多是 X 和 Y 轴的联动加工，在加工过程中，刀具在刀轴方向上没有运动，当完成一定深度的材料切削之后，刀具沿刀轴方向按照进给速度进入下一个深度，然后继续在二维平面内进行加工运动，直至加工完成。

Cimatron 数控编程加工模块支持从 2.5 轴到 5 轴的完整铣削和钻孔，2.5 轴编程是最基本的编程模式，是其他编程模式的基础。

Cimatron 2.5 轴加工分粗加工和精加工，粗加工一般用于挖槽加工或口袋加工，它可以去掉封闭轮廓内的材料，也可以通过多轮廓嵌套关系去掉要加工的部分。精加工也称为精铣侧壁或轮廓铣削，主要用于对余量不大的零件进行精加工，2.5 轴也能完成强大的倒角和清角加工工艺。

2.5 轴一般用于加工简单的不带曲面的零件，例如塑料模具的型板、冲压模具的凸模和凹模、落料板，也用来加工夹具或者辅具等零件，它不但可以对三维模型进行编程，也可以对二维线框直接编程。

2.2 Cimatron 2.5 轴加工工艺汇总

当在 2.5 轴的刀轨路径下编制加工程序时，会显示出 2.5 轴的加工策略和工艺，如图 2-1 所示，2.5 轴包括了粗加工、精加工、倒角和清角工艺，另外"主选项"下有转换选项，用于程序的复制或者移动，本书会在后面的章节进行介绍。

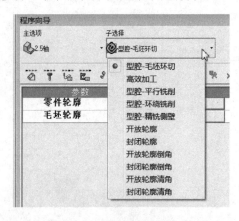

图 2-1　2.5 轴加工工艺菜单

Cimatron 2.5 轴加工策略和工艺菜单介绍详见表 2-1。

表 2-1　Cimatron 2.5 轴加工策略和工艺菜单

加工策略	工艺	实际应用	加工特点	备注
2.5 轴粗加工	型腔-毛坯环切	用来对零件进行粗加工，去除由轮廓和岛屿组成的封闭区域里的材料	毛坯环切刀路轨迹是从所选择的零件轮廓进行等距离向外偏移，直至达到中心或边界，加工时刀具载荷均匀，各部分留量一致，刀路轨迹图例见图 2-2	不能指定下刀点，但可以指定下刀螺旋角度
	高效加工	同上	圆弧轨迹连接，大切深小步距加工，加工时刀具载荷均匀	可以提高加工效率，减少对刀具和机床损耗
	型腔-环绕铣削	同上	刀具以环绕轮廓的方式加工，并逐渐加大轮廓，直至不能放大为止，可以指定从里向外加工，也可以指定从外向里加工，抬刀相对较少，如图 2-3 所示	1）可以指定下刀点，也可以指定下刀的螺旋角度 2）只有定义了毛坯轮廓和零件轮廓才能明显看出型腔-毛坯环切和型腔-环绕铣削的不同，如图 2-2 和图 2-3 所示
	型腔-平行铣削	同上	也叫行切法加工，刀路轨迹是相互平行的，可以灵活地设定加工角度，对某些传统机床其加工效率高	为了在零件侧壁留出均匀余量，一般要把"精铣侧向间距"参数打开
2.5 轴精加工	型腔-精修侧壁	用来对封闭区域进行精加工	刀路轨迹平行于所选择的封闭轮廓，可以选择多个轮廓，轮廓之间不存在嵌套关系，不需要指定毛坯轮廓，可以采用半径补偿编程	常用于对凹腔粗加工后的精加工，如果对凸台精加工，则需要选择毛坯轮廓
	开放轮廓	沿着开放的轮廓对零件进行精加工	刀路轨迹平行于所选定的开放轮廓，可以采用半径补偿编程	通过设定"毛坯宽度"参数，系统也可以对零件进行粗加工，粗加工和精加工可以在一个程序里实现
	封闭轮廓	沿着封闭轮廓对零件进行精加工	对封闭轮廓确定的面加工，轨迹平行于选定的轮廓可以采用半径补偿编程	通过设定"毛坯宽度"参数，系统也可以对零件进行粗加工，粗加工和精加工可以在一个程序里实现
倒角加工	开放轮廓倒角	用于对开放轮廓倒斜角	可以进行一层或者多层加工，轨迹是开放的	可以对没有倒角特征的零件进行编程
	封闭轮廓倒角	用于对封闭轮廓倒斜角	可以进行一层或者多层加工，轨迹是封闭的	可以对没有倒角特征的零件进行编程
清角加工	开放轮廓清角	用于对开放轮廓角落清根	可以进行一刀或者多刀加工清角，该角度是基于前一把刀具直径计算	根据余量大小决定是否分层清角
	封闭轮廓清角	用于对封闭轮廓角落清根	可以进行一刀或者多刀加工清角，该角度是基于前一把刀具直径计算得出的	根据余量大小决定是否封层清角
钻孔	自动钻孔-3 轴	用于对零件上的孔进行加工	通过对不同特征的孔进行自动分组，然后在库里自动寻找加工工艺，工艺可以手动编辑并可存为加工模板，编程效率非常高	适用于具有复杂孔系的零件的编程
	钻孔 3 轴	用于对零件上的孔进行加工	加工的孔通过手动进行选择，加工工艺能够满足一般零件的加工，与自动钻孔相比，工艺少，编程效率低	适用于简单孔系的编程
转换	复制	复制程序	通过点或者坐标系复制	不能径向复制程序
	复制阵列	复制多个程序	可以沿 X、Y 方向或者绕着某一个点进行阵列程序	可以径向复制程序
	移动	移动程序	通过点或者坐标系移动	原来程序不存在
	镜像移动	镜像方式移动程序	可以选择面、线和坐标系镜像移动程序	原来程序不存在
	镜像复制	镜像方式复制程序	可以选择面、线和坐标系镜像复制程序	以上都可以选择多个程序进行操作

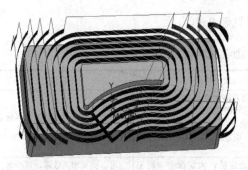
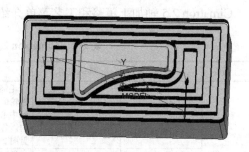

图 2-2　型腔-毛坯环切轨迹　　　　　　图 2-3　型腔-环绕铣削轨迹

2.3　2.5 轴加工的对象选择和轮廓管理器

编程离不开加工对象的选取，加工对象中对于轮廓的选取又离不开轮廓管理器，下面分别进行介绍。

2.3.1　2.5 轴加工的对象

1. 选择加工对象

粗加工和精铣侧壁的加工对象有零件轮廓和毛坯轮廓，图 2-4 箭头所指是 2.5 轴粗加工时选择加工对象的按钮，其中的"零件轮廓"代表加工部位的轮廓外形，它决定最终加工的极限位置，"毛坯轮廓"是初始毛坯的外形，它能对轨迹进行优化，单击图 2-4 箭头所指的按钮就可以去选择需要的轮廓。

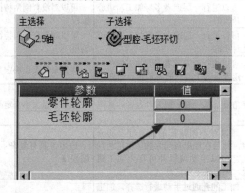

图 2-4　选择加工对象按钮

图 2-5　"轮廓管理器"对话框

开放轮廓铣削的加工对象有用于干涉检查的曲线和点，平面轮廓铣的加工对象与除了轮廓还有平面，2.5 轴倒角和清根的加工对象还多了检查曲面，通过后面的练习对它们的使用会有更好的理解。

2. 轮廓管理器

单击"轮廓选择"按钮，即可进入到"轮廓管理器"对话框，如图 2-5 所示，最上面蓝色字体显示当前选择轮廓的类型，例如是"零件轮廓"还是"毛坯轮廓"。

轮廓管理器由"选择模式""NC 参数""轮廓标记，标签显示"及底部的"确定"和"退出"选项 4 部分组成，下面分别进行介绍。

2.3.2　轮廓选择模式

轮廓选择模式定义了选择轮廓的方法，有高级选择、多轮廓、通过 NC 型腔和根据规则 4 种方法。

1．高级选择

单击图 2-5 中"高级选择"按钮，弹出"高级选择"对话框，如图 2-6 所示，单击下三角按钮可以弹出高级选择方法菜单，如图 2-7 所示。下面详细介绍各选项。

图 2-6　"高级选择"对话框

图 2-7　高级选择方法菜单

1）"自动串连"：按照事先选择的线自动串接成封闭的轮廓，如果串接过程中遇到某一个点上有不同方向的线，则串接会停止，如图 2-8 所示。

2）"串连"：需要选择开始线和终止线来生成加工轮廓，如果串接过程中有多条路线，系统会选择最近路线进行串接。

3）"逐个"：逐个选择单个线条以生成轮廓，通过逐个选择系统可以把断开的轮廓串接成封闭的轮廓。

4）"沿开放边"：首先选择一条边再选择连另一条边，系统会按照零件开放边生成轮廓（注意：开放边是开放面上的边，封闭体上不含开放边）。

5）"已存在的组合曲线"：选择已经存在的组合曲线作为加工轮廓。

6）"2D 单一曲线"：通过在曲线内部单击点来创建封闭轮廓，常用于复杂线框的编程。

7）"曲面外边界"：通过选择曲面，系统把曲面的外边界作为加工轮廓，如果选择多个曲面，则多个曲面的外边界成为加工轮廓。

8）"逐个投影"：通过拾取在不同平面上的线条来创建轮廓，各个线条可以自动延伸或者裁减来形成封闭轮廓，图 2-9 是选择不在同一个平面而且互相不连接的 4 条线生成的加工轮廓。

2．多轮廓

图 2-5 中的"多轮廓"选择方式可以一次选择更多的轮廓，可以框选多个轮廓，这种方式尤其适用于选择由草图生成的轮廓。

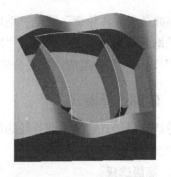

图 2-8　自动串接选择轮廓　　　　　　　　图 2-9　逐个投影选择轮廓

3．通过 NC 型腔…

在使用这个功能去选择轮廓之前，需要通过编程向导里的"型腔管理器"功能 生成合适的型腔轮廓，再通过"通过 NC 型腔…"功能选择型腔轮廓，这个功能常用于型腔体积铣的编程。

4．根据规则…

这是更高级的选择方法，单击图 2-5 中"根据规则"按钮则会弹出一个对话框，在对话框里可以通过颜色或集合来选取轮廓，在制作加工模板时会经常使用这种选择方法。

2.3.3　NC 参数

NC 参数就是 NC 轮廓参数，由于选择的工艺不同而有所不同，图 2-10 所示是图 2-5 中的 2.5 轴粗加工轮廓管理器上的 NC 参数，包括"刀具位置""轮廓偏置"和"拔模角度"等，各个参数含义介绍如下。

1．使用每个轮廓的 Z 值

当选择了多个深度不同的轮廓时，选中"使用每个轮廓的 Z 值"选项可以为每个轮廓输入不同的深度值。

图 2-10　轮廓管理器上的 NC 参数

2．刀具位置

表示刀具和所选轮廓的位置关系，有轮廓上、轮廓内和轮廓外 3 种，轮廓限制了刀具的加工范围。

1）"轮廓上"：表示刀尖在轮廓上。

2）"轮廓内"：表示刀具在轮廓里面。

3）"轮廓外"：表示刀具在轮廓外面。

不同的 2.5 轴加工工艺，刀具位置是不同的，例如轮廓铣只有"相切"和"轮廓上"两个选项，相切时刀具是在轮廓外相切还是轮廓内相切由"铣削侧"参数控制。

3．轮廓偏置

也称为补正，是指把刀尖沿着轮廓偏移一个距离，输入的距离值可以是正的也可以是负的，输入值的正负意味着可以向外也可以向内偏移。

4．拔模角度

拔模角度是零件侧壁和 Z 轴方向的夹角，当加工面有拔模角度时，如果使用和拔模角度相同大小的锥度刀具时，要在此处输入正确拔模角度数值。

图 2-10 中有 3 个按钮，单击按钮 ![] 可以重置 NC 参数，单击按钮 ![] 可以把当前 NC 值保存起来，单击按钮 ![] 可以把当前的参数应用到所选择的轮廓上。

2.3.4 轮廓标记和标签显示

轮廓标记和标签显示处于图 2-5 中轮廓管理器的下方，用来显示和编辑轮廓，可以显示全部轮廓数量、选中的轮廓数量、有效的轮廓数量、无效的轮廓数量。

如图 2-11 所示，单击标签上的红色叉号按钮 ![]，则可以删除该项目栏上的轮廓；选中"显示 NC 轮廓标签"选项，可以把每个轮廓加上标签，通过这个标签可以更直观地编辑或者删除轮廓。每个轮廓的标签可以通过图 2-11 上的灯泡按钮进行显示和隐藏。

图 2-11　选中"显示 NC 轮廓标签"

图 2-5 中轮廓管理器最底部有 3 个常用的按钮，一个是"确定并退出"按钮 ![]，一个是"应用不退出"按钮 ![]，还有一个是"取消选择并退出"按钮 ![]，编程者可根据情况进行选择。

2.4 粗加工参数

输入加工参数是数控编程的一项重要内容，理解加工参数的含义至关重要，2.5 轴粗加工包括型腔-毛坯环切、高效加工、型腔-环绕铣削和型腔-平行铣削 4 种工艺，下面以型腔-毛坯环切为例介绍各个加工参数的含义。

2.4.1 型腔-毛坯环切加工参数表

程序的加工参数包括刀路参数和机床参数，图 2-12 显示的是刀路参数，图 2-13 显示的是机床参数，它们的参数表是以表格形式列出程序的各项参数，表里各项参数可以被折叠或展开，表里的参数值可以被复制、剪切和粘贴，下面详细介绍参数表的操作方法以及参数含义。

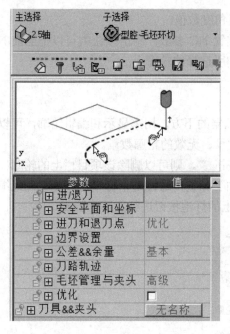

图 2-12　刀路参数　　　　　　　　　　　　图 2-13　机床参数

在参数表中常用的操作方法如下。

1. 展开参数

参数表通常由几个项目构成，每个项目下面有很多参数，如图 2-12 所示，单击"+"号可以展开各个项目下的参数，参数在展开状态下才可以被编辑。

2. 显示和隐藏参数

如图 2-14 所示，单击参数前面的灯泡 ，可以隐藏或显示参数，单击项目前面的灯泡 ，可以对其下面已经设定隐藏的参数进行隐藏或者显示，通过这个操作编程者可以对参数表的显示内容进行定制。

3. 显示参数表里的级别

图 2-15 是 3 轴粗加工参数对话框，单击参数项目后面的下三角按钮，则可以选择参数的显示级别，级别不同，下面的参数也不同。

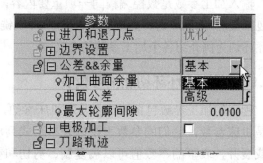

图 2-14　刀路参数的隐藏和显示设置　　　　图 2-15　参数表级别显示

4．输入坐标点

图 2-14 中参数表里的"Z 顶部"（最高点）和"Z 底部"（最低点）参数右侧的数值可以通过键盘输入，也可以通过拾取面上的点进行输入，还可以通过输入变量 MAXPZ 和 MINPZ 得到零件的最高点和最低点坐标。

5．参数关系的改变

图 2-14 中参数表里有很多参数是系统默认的，有的参数和其他参数没有参数化关系，有的参数和其他参数具有参数化关系，例如"下切步距"参数和"刀具直径"参数是相关的，如果不改变系统的默认设置，参数后面显示的符号 f 是蓝色的，如果改变系统设置，f 的颜色会变成绿色。

2.4.2 型腔-毛坯环切刀路参数

1．刀路参数之"进/退刀"

1）"进/退刀"。在开始时切削刀具如何进入工件以及最终切削刀具如何离开工件是需要定义的，一般有两个选项，一个是"法向"，另一个是"切向"，"法向"允许刀具以垂直轮廓方向接近或者退出工件，如图 2-16a 所示，适用于粗加工，"切向"允许刀具以与加工轮廓相切方向进入或者退出工件，适用于精加工，如图 2-17a 所示。

2）切入。此参数在选择"进/退刀"参数中的"法向"选项时才会出现，用于定义刀具接近或退出加工轮廓时的法向距离，如图 2-16b 所示。

3）切出。当不选中"进刀=退刀"选项时此参数才会出现，用于定义刀具离开加工轮廓的法向距离。

4）切入=切出。是指进刀距离等于退刀距离，只有选择"进/退刀"参数中的"法向"选项时此参数才会出现。

5）圆弧半径。此参数在选择"进/退刀"参数中的"切向"选项时才会出现，是指刀具进入和退出加工轮廓时所走的圆弧半径，如图 2-17b 所示。

6）补偿延伸线。此参数在选择"进/退刀"参数中的"切向"选项时才会出现，若选中此选项，则有一小段直线加到圆弧上，若开启半径补偿，则在此直线段才开始生效。

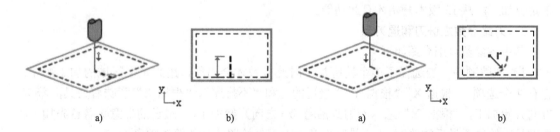

图 2-16　刀具法向进刀和进/退刀的法向距离　　图 2-17　刀具切向进刀和进/退刀的圆弧半径

2．刀路参数之安全平面和坐标系

为了避免刀具在快速移动时与工件或夹具发生撞刀现象，需要在工件上方设定一定高度的平面。下面详细介绍各参数的设置及含义。

1）使用安全高度。选中该复选框，系统将在加工过程中使用安全平面高度，也就是说刀具开始加工时将快速定位在该面，结束时刀具也将停留在此面，如图 2-18 所示；不选中该复选框，刀具加工完毕会停留在增量高度位置，如图 2-19 所示。

2）安全平面。当选择"使用安全高度"参数时才会出现这个参数，用来设定安全平面与工件最高点的距离。

3）内部安全高度。设定在加工过程中刀具的抬起高度，有两个选项，一个是"绝对 Z"，另一个是"增量"。"绝对 Z"指的是以绝对坐标设定刀具抬起的高度，所有的内部抬刀都是一个高度；"增量"指的是用相对于当前加工层的高度来设置刀具抬起的高度，当加工不同层时抬起的高度是不同的，如图 2-20 所示。

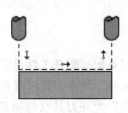

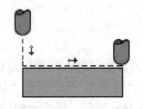
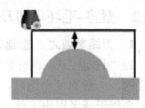

图 2-18　使用安全高度　　　　图 2-19　不使用安全高度　　　　图 2-20　增量抬刀

4）绝对 Z 内部安全高度。"内部安全高度"选择"绝对 Z"选项时才会出现此项，一般其与创建 TP 时设定的安全高度一样。

5）增量。"内部安全高度"选择"增量"选项时才会出现此项，设定的是增量高度值。

6）坐标系名称。定义程序的参考坐标系，默认参考坐标系与 TP 创建时选择的坐标系一致，当模型有多个坐标系时，可以单击后面的按钮进行选择。

7）创建坐标系。单击可以进入到创建新坐标系界面，通过单击面上点或者输入固定倾斜角度即可创建一个新坐标系，常用于 5 轴定位加工。

8）机床预览。编程过程中用于把机床加载到当前编程环境窗口，查看加工过程中主轴等部件和零件、夹具是否有干涉情况出现，预览过程中也可创建一个新的坐标系。常用于 5 轴定位加工。从 12 版本开始才有此功能。

3．刀路参数之进刀和退刀点

其中各参数详细介绍如下。

1）型腔顺序。当选择了多个轮廓加工时此参数才会出现，用来定义区域的加工顺序，它有 4 个选项："根据 X""根据 Y""最近的"和"不排序"。"根据 X"意味着刀具沿着 X+方向开始加工，"根据 Y"意味着刀具沿着 Y+方向开始加工，"最近的"意味着首先加工距离刀具起始位置最近的轮廓，"不排序"意味着刀具按照选择的轮廓顺序加工。

2）切入角度。设置刀具加工封闭区域时的螺旋下刀角度，如图 2-21 所示，使用螺旋进刀可以保护底部带有盲区的刀具，螺旋下刀角度和刀具具体参数相关。

3）最大螺旋半径。只有当"切入角度"设定不是 90°时此参数才会出现，指的是螺旋进刀半径值，如图 2-22 所示，默认值是刀具直径的 0.48 倍，一般不需要修改。

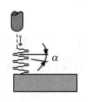

图 2-21　螺旋下刀角度

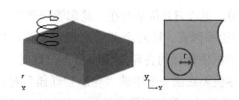

图 2-22　最大螺旋半径

4）最小切削宽度。用于设置一个宽度值，使得刀具不会加工比较小的区域，这样可以避免刀具的损坏，这个数值要考虑刀具直径和槽的尺寸。假设刀具是直径为 10 的平刀，加工部位是一个锥型槽，上端直径是 30，下端直径是 20，如图 2-23 所示。如果最小切削宽度给定为 0，则会在整个槽生成刀路轨迹，如图 2-23 左侧所示的情形；如果设定最小切削宽度为 20（也就是 30-10），则刀具不会加工这个槽，如图 2-23 中间所示的情形；如果设定最小切削宽度为 15，则刀具加工到直径为 25（也就是 15+10）的这一层时就会停止，如图 2-23 右侧所示的情形。从这个例子可以看出，最小切削宽度是加工到的那层直径减去刀具的直径差。

5）缓降距离。用于在刀具切削到工件前设定一段距离，使刀具从此距离开始以进给速度切入到工件，如图 2-24 所示。

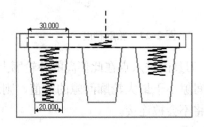

图 2-23　最小切削宽度对刀路轨迹的影响

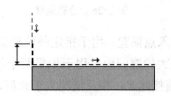

图 2-24　缓降距离

4. 刀路参数之边界设置

其中各参数详细介绍如下。

1）刀具位置。用来设定刀具和所有轮廓的位置关系。单击其右边的下三角按钮，弹出的下拉列表框中包含 3 个选项，分别是"轮廓上""轮廓内"和"轮廓外"，这 3 个参数的含义在轮廓管理器一节做了介绍，图 2-25a～c 是 3 个参数含义的示意图。

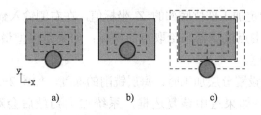

图 2-25　刀具位置

如果在图 2-5 的"轮廓管理器"对话框中设置的刀具位置有误，则可以在此处进行修改，但如果选择多个轮廓而且在加工不同的轮廓区域刀具位置不一样时，该参数在此处则不能被使用，更改刀具位置要在"轮廓管理器"对话框上进行。

2）轮廓偏置。针对全部轮廓设定一致的偏移量，数值可正可负，但当在"轮廓管理器"对话框中选择的各轮廓偏移值不一致时，该参数在此处则不能被使用，更改某一个轮廓的偏移值要在图2-5中的"轮廓管理器"对话框中进行。

3）拔模角。当加工带有斜面的零件时，在此设定拔模角，设定的角度和加工斜面的拔模角要一致。

5. 刀路参数之公差&&余量

其中各参数详细介绍如下。

1）轮廓偏置（粗加工）。设置轮廓偏置的目的是给后面进行的精加工预留一定的加工余量，如图2-26所示，此参数不允许输入负值。

2）轮廓精度。用于指定加工时允许偏离轮廓的最大值，如图2-27所示，系统默认设置为0.01，如果想要获得更高的加工精度，则该参数可以设置得更小。

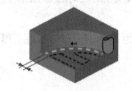　　　　

图2-26　轮廓偏移　　　　　　　　图2-27　轮廓精度

3）切入点偏置。用于指定外轮廓偏移的距离，刀具的进入点在此偏离的外轮廓上。

4）最大轮廓间隙。用于如果两个相邻轮廓的间隙小于最大轮廓间隙的数值，则这两条轮廓将被连接起来；相反情况大于此值，两条轮廓将不会被连接。

6. 刀路参数之刀路轨迹

其中各参数详细介绍如下。

1）Z值方式。有"值"和"自轮廓"两种方式。"值"是给所有轮廓相同的最高值和最低值。"自轮廓"是在图2-5中轮廓管理器上给不同深度的轮廓不同的值。

2）Z顶部。用于指定加工部位顶部的Z坐标值，在右侧输入数值，如果零件是三维模型，则在模型上通过单击点过滤器来拾取点的坐标；如果是模型最高点，还可以通过输入MAXPZ得到最高点坐标值。

3）Z底部。用于指定加工部位底部的Z坐标值，在右侧输入数值，如果零件是三维模型，则在模型上通过单击点过滤器来拾取点的坐标；如果是模型最低点，还可以通过输入MINPZ得到最低点坐标值。

4）下切步距。用于设置分层加工时，每层铣削的深度，如图2-28所示。

5）精铣侧向间距。如果选中该复选框，系统加工到最后会对侧壁再精修一刀，如图2-29所示；如果不选中该复选框，系统则不精修侧壁，如图2-30所示。该复选框一般与平行切削配合使用。

6）侧向步距。用于设置沿侧向进给时，相邻两刀具中心间的距离，如图2-31所示。

图 2-28 下切步距

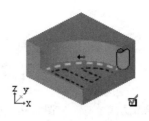

图 2-29 精铣侧壁

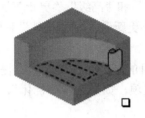

图 2-30 不精铣侧壁

图 2-31 2D 侧向步距参数

7）拐角铣削。该参数有"全部尖角""外部圆角""全部圆角" 3 种可供选择的刀路轨迹。如果设置为"全部尖角"，则铣削带有尖角的角落时，刀路轨迹为尖角轨迹，如图 2-32 箭头所指；如果设置为"外部圆角"，则铣削外部带有尖角的角落时，刀路轨迹为圆角轨迹，如图 2-33 箭头所指；如果设置为"全部圆角"，则铣削所有角落时，不管是尖角还是圆角角落，刀路轨迹都是圆角轨迹，如图 2-34 箭头所指，此时参数表里显示一个"最小半径"参数，用于设置所有圆角的半径。

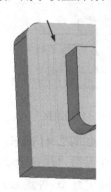

图 2-32 全部尖角轨迹

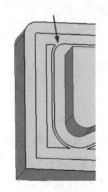

图 2-33 外部圆角轨迹

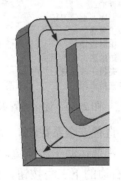

图 2-34 全部圆角轨迹

8）铣削模式。用于设置切削加工的方向，有 3 种切削方向可供选择，分别为"顺铣""逆铣""混合铣"。如果设置为"顺铣"，则工件进给方向与刀具切削方向一致，如图 2-35 所示；如果设置为"逆铣"，则工件进给方和与刀具切削方向相反，如图 2-36 所示；如果设置为"混合铣"，则加工过程中会存在顺铣和逆铣两种方式。

9）断开区域。该参数有"环切"和"区域"两种参数可供选择。如果设置为"环切"，则加工各个区域时刀具轨迹会连接在一起，刀具不必抬到安全区域，如图 2-37 所示；如果设置为"区域"，则单独加工各个区域，在区域之间的连接处刀具需要抬到安全区域，如图 2-38 所示。

图2-35 顺铣方式

图2-36 逆铣方式

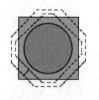
图2-37 环切加工

图2-38 区域加工

7. 刀路参数之毛坯管理与夹头

有针对更新残留毛坯的两个选项，分别是"更新"和"高级"。"更新"就是始终更新毛坯；"高级"可以选择"否"或者"精确地"，"否"就是不更新毛坯，"精确地"是更新毛坯。

8. 刀路参数之优化

优化可以把某些条件和参数应用到程序里，目的是减少加工时间、提高刀具寿命、减少碰撞危险等，系统默认设置是不选中"优化"选项，如果选中"优化"，则可显示出供优化设置的各项参数，如图2-39所示。

其中各参数详细介绍如下。

1）安全距离。用于设置刀具沿Z轴方向的安全增量值，如图2-40所示。

⚇⊟优化	☑
♀重置选择	重置选择
♀安全距离	15.0000
♀直径安全系数(%)	5.0000
♀快速运动干涉检查	☑
♀快速运动选项	仅向上
♀删除空切	☑
♀根据Z坐标剪切	☑
♀根据Z选项剪切	以Z最高点为界限
♀删除上面的刀路	99999.0000
♀排屑量	☑
♀排屑选项	降低进给速率
♀进给表	进给表
♀夹持干涉检查	☑
♀夹持选项	铣削并报警

图2-39 优化设置参数

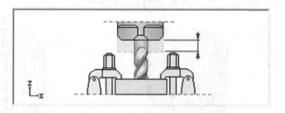
图2-40 安全距离

2）直径安全系数(%)。用于设置刀具径向的安全系数(百分比)，如图2-41所示。

3）快速运动干涉检查。若选中该复选框，则系统自动增加一个参数"快速运动选项"。单击其右边的下三角按钮，弹出的下拉列表框如图2-42所示。其中有3种走刀方式，即"仅向上""上/下""全部通过安全平面"。"仅向上"表示刀具在安全距离之下的快速运动会上移到安全距离，"上/下"表示刀具所有的快速运动都会移到安全距离位置，"全部通过安全平面"表示刀具快速运动都要通过安全平面。

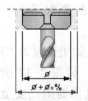
图2-41 直径安全系数

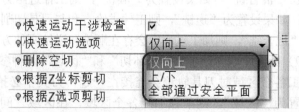
图2-42 快速运动选项

4）删除空切。若选中该复选框，则系统将删除空切刀路轨迹。

5）根据 Z 坐标剪切。用于限制 Z 方向加工的范围，若选中该复选框则系统会增加"根据 Z 选项剪切"参数，单击其右边的下三角按钮，在下拉列表框中有"以 Z 最高点为界限""以 Z 最低点为界限""在两个 Z 值之间"3 个选项，如图 2-43 所示。"以 Z 最高点为界限"参数用于把输入的坐标以上的刀路删除掉，"以 Z 最低点为界限"参数用于把输入的坐标以下的刀路删除掉，"在两个 Z 值之间"参数用于把输入的两个坐标之外的刀路删除掉。

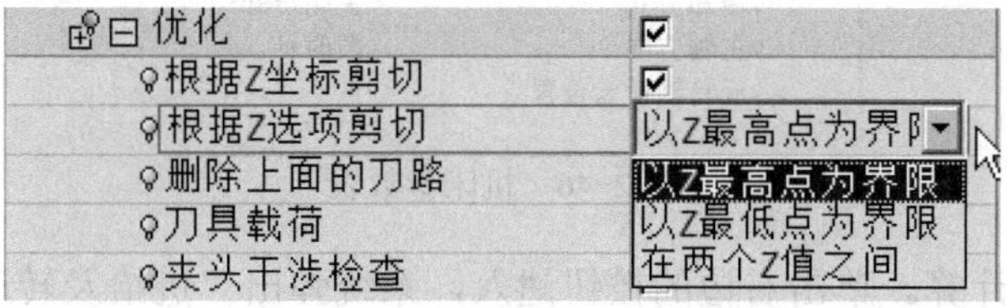

图 2-43　限制 Z 方向加工范围

6）排屑量。若选中图 2-39 中该复选框，则系统会增加"排屑选项"参数，单击其右边的下三角按钮，在下拉列表框中有"降低进给速率""生成切削深度"两个选项，"降低进给速率"是根据刀具遇到的载荷大小调整进给速度，载荷大时进给速度会减低，如图 2-44 所示，此时会出现一个"进给表"参数供使用；"生成切削深度"是遇到毛坯大的区域时，系统按照给定的最大下切步距自动分层加工，如图 2-45 所示。

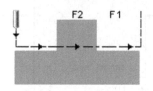

图 2-44　降低进给速率

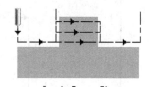

图 2-45　自动分层加工

7）夹持干涉检查。用来检测刀具夹头和当前毛坯的干涉情况，只有当刀具定义了夹头时才会有意义。若选中图 2-39 中该复选框，则系统增加"夹持选项"参数，单击其右边的下三角按钮，在弹出的下拉列表框中有"铣削并报警""使用当前刀具""自动搜索""刀具序列"4 个选项。"铣削并报警"指的是在发生干涉时系统会报警，"使用当前刀具"指的是使用该刀具进行加工，遇到干涉时系统将跳过继续加工，"自动搜索"指的是遇到干涉时系统会在刀库里自动搜索合适的刀具继续加工，"刀具序列"指的是遇到干涉时系统会在定义的刀具系列选择合适的刀具继续加工。

2.4.3　型腔-毛坯环切机床参数

机床参数里的内容如图 2-46 所示，包括转速、进给、冷却等参数，各个参数的含义介绍如下。

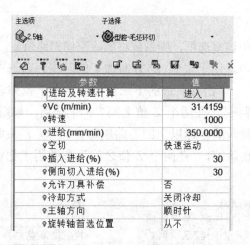

图 2-46　机床参数表

1）进给及转速计算。单击右边的按钮进入，系统弹出"进给及转速计算"对话框，如图 2-47 所示，这里可以设定转速和进给值，它们之间的关系式是：

$$Fz=F/(SN) \qquad Vc=\pi DN/1000$$

其中，Fz 是每齿进给（mm），F 是进给值（mm/min），S 是转速（r/min），N 是刃数，Vc 是线速度（m/min），D 是刀具直径（mm）。

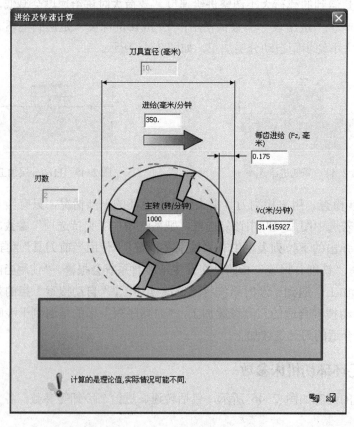

图 2-47　"进给及转速计算"对话框

2）Vc（m/min）。用于设定切削速度，指的是刀具外圆切削刃的线速度，和图 2-47 中的 Vc 是一样的。

3）转速。用于设定主轴的速度，单位为"转/分钟（r/min）"，因为切削速度和主轴转速是相关的，二者只需设置其中一个，系统会根据公式自动计算出另一个参数值。

4）进给（mm/min）。指刀具在加工过程中移动的速度，单位是"毫米/分钟（mm/min）"。

5）空切。有两个选项，其中 "快速移动"指定空走刀的移动代码用 G00（FANUC 系统）；"最大进给"指定空走刀的移动代码用 G01，同时系统增加一个"空切进给（毫米/分钟）"参数，可用于设置空走刀时以多大的进给值移动。

6）插入进给（%）。该参数用于控制向下切入的进给速率，用进给值的百分比表示，如图 2-48 所示。

7）侧向切入进给（%）。该参数用于控制侧向切入的进给速率，用进给值的百分比表示，如图 2-49 所示。

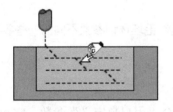

图 2-48　切入进给速率

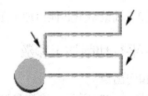

图 2-49　侧向进给速率

8）允许刀具补偿。单击参数"允许刀具补偿"右边的下三角按钮，下拉列表中有"否"和"是-刀尖定位"两个参数选项供用户选择。"否"选项指定程序不使用刀具半径补偿，"是-刀尖定位"选项指定程序将使用刀具半径补偿。

> 提示：补偿时操作者可以在车间把当前刀具和先前刀具的直径差输入到机床。刀具半径补偿分为左偏刀具半径补偿（编程代码用 G41）和右偏刀具半径补偿（编程代码用 G42），判断准则是沿着刀具前进方向看，如果刀具在被加工工件的左边，则是左偏刀具半径补偿；如果刀具在被加工工件的右边，则是右偏刀具半径补偿。

9）冷却方式。用于设置冷却液开关以及冷却方式，单击图 2-50 中"冷却方式"右边的下三角按钮，在弹出的下拉列表框中可以选择所需的冷却方式。

10）主轴方向。用于设置主轴的放置方向。单击图 2-51 中"主轴旋转方向"右边的下三角按钮，在弹出的下拉列表框中可以选择"顺时针""逆时针"或者"关闭"。一般主轴顺时针的代码是 M03，主轴逆时针的代码是 M04，主轴关闭的代码是 M05。

11）旋转轴首选位置。用在 5 轴加工时，定义某一个旋转轴的起始位置，有"从不""正值"和"负值"3 个选项，当选择"正值"或"负值"时，有"首选旋转轴名称"参数出现。

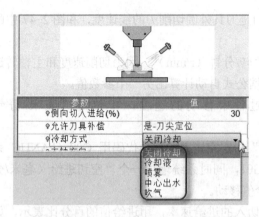

图 2-50　冷却的几种方式

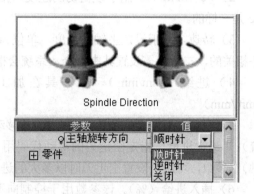

图 2-51　主轴旋转方向

2.5　其他粗加工工艺选项的参数

下面介绍 2.5 轴策略里其他粗加工工艺选项与型腔-毛坯环切参数不同的一些参数的含义。

2.5.1　型腔-平行切削加工参数

1. 切入和切出点

其参数如图 2-52 所示，这个参数表里多了一个"用户自定义"参数，它允许用户定义合适的下刀点。

当进刀点选择图 2-52 中"用户自定义"选项后，参数表里会出现一个"切入点数"参数，单击右侧的按钮可以选择进刀点，进刀点可以选择草图设计好的点，也可以通过过滤选择已经在零件上的点，图 2-53 所示为选择在零件外边的一个由草图产生的点作为切入点，选择完后会在图 2-52 中的"切入点数"右侧的按钮显示切入点数。

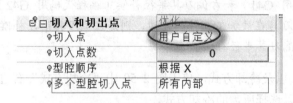

图 2-52　用户定义切入点

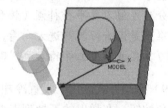

图 2-53　选择切入点

2. 刀路轨迹

其参数如图 2-54 所示，其中各参数详细介绍如下。

1）铣削角度。定义平行铣削时刀具行走路线与 X 轴正向的夹角。

2）切换起始边。用于改变刀具的加工起始边，如果刀具开始在左侧加工，切换后则从右侧开始加工。

图 2-54　型腔-平行切削参数

2.5.2　型腔-环绕切削加工参数

1．刀路轨迹

其刀路参数如图 2-55 所示，下面详细介绍各参数。

图 2-55　型腔-环绕切削参数

1）铣削方向。定义加工封闭区域时刀具从里向外还是从外向里加工。

2）行间铣削。当侧向步距设置较大时，此参数会出现，选中后系统可以把轨迹间的残料去掉。

3）区域。不选中"行间铣削"参数时才会出现"区域"选项，"区域"选项下面有"连接"和"跳过"两个参数，"连接"是指区域之间的连刀是在当前加工层而不是在安全区域，如图 2-56 所示；"跳过"是指区域之间的连刀是在安全区域而不是在当前加工层，如图 2-57 所示。

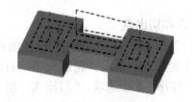

图 2-56　区域加工采用"连接"方式　　　图 2-57　区域加工采用"跳过"方式

2.6 2.5 轴精加工参数

2.5 轴精加工包括"型腔-精修侧壁""开放轮廓"和"封闭轮廓"3 个工艺选项，3 个工艺选项的加工参数很多与粗加工里的相同，下面介绍不同参数的含义。

2.6.1 型腔-精修侧壁加工参数

在其刀路轨迹下面有一个"铣削外部轮廓"选项，选中该选项则可以允许系统加工外部轮廓，如图 2-58 所示，其中虚线是加工轨迹；不选中该选项则系统不加工外部轮廓，如图 2-59 所示。

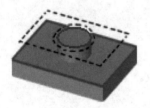
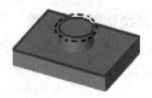

图 2-58　铣削外部轮廓　　　　　　　　　图 2-59　不铣削外部轮廓

2.6.2 轮廓铣削加工参数

轮廓铣削加工包括型腔-开放轮廓和型腔-封闭轮廓两种加工方式，其中有别于粗加工里的参数有如下几个。

1. 切入/切出

这个参数项里有一个"延伸"参数，如图 2-60 所示，用来定义在进刀或者退刀方向的延伸距离，如图 2-61 所示。进刀使用延伸可以方便从毛坯外面进刀，退刀采用延伸可以使加工更彻底。

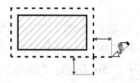

图 2-60　延伸参数　　　　　　　　　　图 2-61　延伸距离

2. 切入和切出点

其刀路参数如图 2-62 所示，里面增加了一个"轮廓顺序"选项，当选择多个加工轮廓时此选项才会出现。单击"轮廓顺序"右边的下三角按钮，有"根据 X""根据 Y""最近的"和"不排序"4 个选项，"根据 X"用于指定沿着 X 轴正向顺序加工，"根据 Y"用于指定沿着 Y 轴正向顺序加工，"最近的"用于指定从离刀具位置最近的地方开始加工，"不排序”用于指定按照轮廓选择顺序进行加工。

切入和切出点
轮廓顺序
缓降距离
轮廓设置
刀具位置(公共的)
根据 X
最近的
不排序

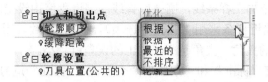

图 2-62　切入和切出点参数

3．刀路轨迹

刀路轨迹参数如图 2-63 所示，需要了解的参数如下。

1）毛坯宽度。用于定义要加工的毛坯大小，其输入的值是毛坯轮廓和加工轮廓之间的距离，如图 2-64 所示。

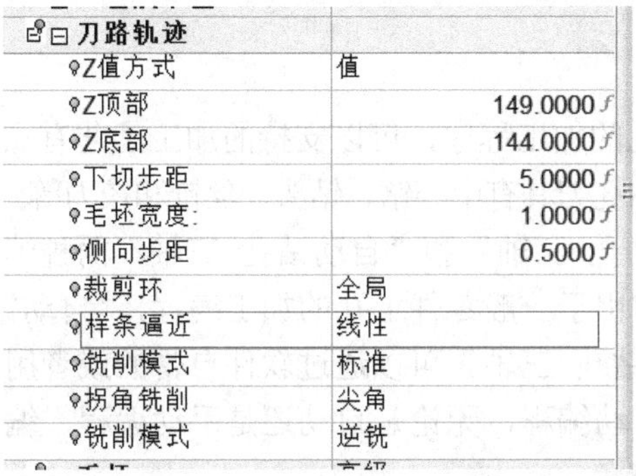

刀路轨迹
Z值方式　值
Z顶部　149.0000
Z底部　144.0000
下切步距　5.0000
毛坯宽度　1.0000
侧向步距　0.5000
裁剪环　全局
样条逼近　线性
铣削模式　标准
拐角铣削　尖角
铣削模式　逆铣

图 2-63　轮廓加工刀路轨迹参数

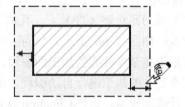

图 2-64　毛坯宽度

2）侧向步距。当定义了毛坯宽度时才会出现这个参数，侧向步距是相邻刀路轨迹间的距离。

提示：通过设定毛坯宽度，可以为精加工增加半精加工刀路轨迹。假设毛坯宽度为 0.5，侧向步距为 0.4，则系统在加工开放轮廓时会有 2 条刀路轨迹产生，一条为半精加工加工轨迹，另一条是精加工轨迹，其中粗加工给精加工留出的加工余量是 0.1。

3）裁剪环。它有“全局”“局部”和“关闭”3 个参数，用来定义当刀路轨迹自交时轨迹是如何被裁剪的。图 2-65a、2-65b 和 2-65c 所示分别为使用“全局”“局部”和“关闭”的裁剪结果。

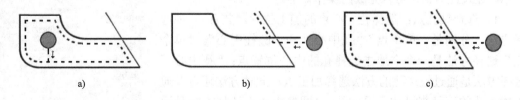

a)　b)　c)

图 2-65　裁剪环的 3 种情况

4）样条逼近。定义加工样条线时刀具走圆弧还是走直线，有“线性”和“圆弧”两个参数，"线性"表示刀具使用 G01 直线插补来加工样条线，"圆弧"表示刀具使用更多的圆弧插补（G02 或者 G03）来加工样条线，圆弧或直线的逼近程度由设定的轮廓精度决定。

5）法向角度。当逼近样条采用"圆弧"选项时出现此参数，用于定义两个相邻轨迹点在垂直于样条线方向上的夹角，夹角越小，加工的误差就越小。

6）铣削模式。它有"标准"和"摆线"两个参数，"标准"是刀具按照正常模式沿着轮廓进行加工；"摆线"则可以使刀具沿着轮廓以摆线加工方式进行铣削，此时系统会出现"摆线步距"和"摆线直径" 2 个参数。

7）摆线步距。当铣削模式选择"摆线"时会出现这个参数，用于指定相邻两个摆线的中心距。

8）摆线直径。当铣削模式选择"摆线"时会出现这个参数，用于指定摆线的直径。

2.7 钻孔加工

Cimatron 钻孔策略用来编制各种零件上孔的加工程序，可以支持的加工工艺有点钻、扩孔、高速钻孔、镗孔、铰孔、攻丝等，使用的钻孔刀具有中心钻、钻头、丝锥和铰刀等。

在三轴刀路轨迹（TP）下，孔加工有"钻孔 三轴"和"自动钻孔 三轴"两种编程工艺解决方案，如图 2-66 所示。"钻孔 三轴"常用于一般零件上孔的加工编程，"自动钻孔 三轴"常用于复杂零件孔的加工的编程，"自动钻孔 三轴"可以通过软件自带的或者用户定义的工艺库对孔的加工进行自动编程，也可以手动编程，无论是自动还是手动编程，编程效率和安全性都比较高，这是 Cimatron 软件一大特色。

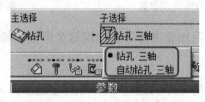

图 2-66　钻孔工艺选项

2.7.1　钻孔–三轴加工对象的定义

钻孔加工和铣削加工一样，同样需要定义加工对象，钻孔的加工对象是孔的中心点，加工对象的定义对话框如图 2-67 所示，通过此对话框可以完成的操作如下。

图 2-67　钻孔点的定义

1）选择钻孔点：选择孔中心点的加工位置，共有 3 种选择方法，分别是"单个点""孔中心"和"圆柱中心"。"单个点"选择方法是一个个地去选择孔的中心位置点；"孔中心"选择方法是通过框选孔的方法选择加工点，此种方法还可以通过输入孔的直径来过滤需要的孔；"圆柱中心"选择方法是通过选择圆柱面确定孔的加工位置，此种选择方法可以方便地选择孔的上端部不是平面的情形，图 2-68 所示的斜面上的孔，当采用五轴钻孔编程时选择"圆柱中心"方式最方便。

2）确定钻孔的深度：在图 2-67 中"下一个深度"参数选项的文本框中输入深度值即可定义当前孔的加工深度。

3）指定退刀模式：在图 2-67 中"退刀模式"选项的下拉列表框中可选择"到切入点"或"到初始位置"两种模式。"到切入点"选项相当于铣削里的"增量"抬刀，"到初始位置"相当于铣削里的"安全平面"选项。

4）编辑孔：编辑孔的命令在图 2-67 的上部，有"增加""取消选择"和"修改"3 个选项，如图 2-69 所示。"增加"用来添加钻孔点，"取消选择"用来删除不需要的钻孔点，"修改"用来修改孔的加工参数，例如加工深度。

图 2-68　选择斜面上的孔

图 2-69　编辑钻孔加工对象

5）定义钻孔的方向：用来定义钻孔时刀轴方向，是用来确定在当前坐标系的 Z 轴方向还是参考面的法向方向，2.5 轴加工采用的钻孔方向是当前激活坐标系的 Z 方向。

2.7.2　钻孔–三轴加工参数

钻孔加工参数表如图 2-70 所示，包括钻孔参数、深度参数和钻孔切出，下面分别介绍各参数的含义。

1．钻孔参数

其中各参数详细介绍如下：

1）钻孔类型。图 2-70 中的"钻孔类型"用于指定钻孔加工工艺，包括"点钻""深孔逐钻""镗孔""攻丝"等 12 个，如图 2-71 所示。

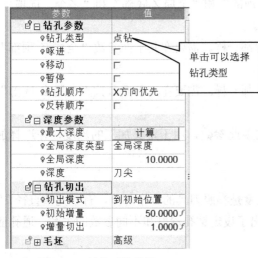

图 2-70　钻孔刀路参数

图 2-71　钻孔类型

2）逐进。在图 2-71 中选中该选项可以使钻孔加工逐步进行，此时需要指定其下面的"步进"和"步退"参数，这两个参数一般用在深孔或者高速逐钻加工场合，使用点钻时也可使用这两个参数。

3）步进。选中"逐进"选项时此参数才会出现，用于指定逐进操作时每步的进入长度，系统默认步进和步退相等。

4）步退。选中"逐进"选项时此参数才会出现，用于指定逐进操作时为了排除铁屑让刀具后退的长度。

5）偏置。该选项可以让刀具在加工完毕后在径向方向回退一个距离，偏移的大小由参数"偏移 I"和"偏移 J"决定，一般用在镗孔加工场合，偏移方向机床有定义。

6）偏置 I。选中"偏移"选项时此参数才会出现，用于指定 I 方向的数值。

7）偏置 J。选中"偏移"选项时此参数才会出现，用于指定 J 方向的数值。

8）暂停。选中该选项可以使刀具加工到底部时暂停一段时间，刀具保持旋转状态，目的是保持孔底光滑，该项常用在扩孔或者加工沉头孔的场合。

9）时间。选中"暂停"选项时此参数才会出现，用来定义刀具在孔底的停留时间，注意单位是毫秒。

10）钻孔顺序。用于定义加工孔的顺序，有"选择顺序""X 方向优先""Y 方向优先"3 个选项。"选择顺序"是按照选择孔的顺序加工各孔，"X 方向优先"是沿着 X 轴方向的优化顺序加工各孔，"Y 方向优先"是沿着 Y 轴方向的优化顺序加工各孔。

11）反转顺序。可以让加工顺序按照与选择的顺序相反的方向开始加工。

2．深度参数

（1）最大深度

单击图 2-70 中"最大深度"右侧"计算"按钮可以使系统计算钻孔的最大深度值。

（2）全局深度类型

设定钻孔深度，有"全局深度""全局 Z 顶部"和"全局 Z 底部"和"多个"选项。

1）全局深度：加工所有孔的深度都一样。

2）全局 Z 顶部：加工所有孔的起始位置都一样。需要在其下面参数"全局 Z 顶部"输入一个数值。

3）全局 Z 底部：加工所有孔的终止位置都一样。需要在其下面参数"全局 Z 底部"输入一个数值。

4）多个：当加工孔的深度不一样时会出现此参数，用于定义加工的深度，在选择加工对象时输入。

（3）深度

图 2-70 中"深度"参数用来选择加工深度是参照刀具的哪个部分，有"完整直径""刀尖"和"倒角直径"3 个选项，图 2-72 显示出了设定钻孔深度和不同参数的关系，通孔应该优选"完整直径"。

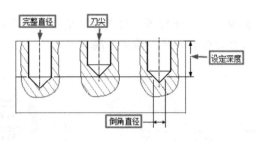

图 2-72　孔深的参考部位

3．钻孔切出

图 2-70 中的该选项用来定义加工完一个孔以后刀具以何种方式移到另一个孔，有"到切出点"和"到初始位置"2 个选项。

1）到切出点：加工完一个孔后刀具抬到由"增量切出"参数定义的位置后再移动到下一个孔位置，刀具抬的位置比较低，如图 2-73 所示。

2）到初始位置：加工完一个孔后刀具抬到由"初始增量"参数定义的位置后再移动到下一个孔位置，和"到切出点"相比刀具抬的位置一般都比较高，如图 2-74 所示。

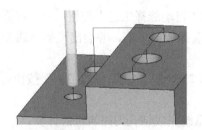

图 2-73　抬刀到切出点

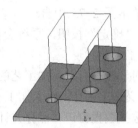

图 2-74　抬刀到初始位置

2.7.3　自动钻孔–三轴介绍

自动钻孔是高级的钻孔加工策略，它除了包括 2.7.1 小节中"钻孔 三轴"策略里的 12 项加工工艺外，还支持螺纹铣、枪钻、型腔和轮廓加工等工艺；型腔铣削相当于对孔进行 2.5 轴的粗加工，轮廓相当于对孔进行 2.5 轴的轮廓精加工，型腔和轮廓一般是使用平刀对于大孔的加工，一个钻孔程序可以包含钻、铣复合工艺。

自动钻孔可以使系统识别当前的毛坯状态，并可以使其更新剩余毛坯，也能预防刀具和零件面的干涉，能很好地保证钻孔加工的安全性。

自动钻孔–三轴的编程过程如下：

1）在图 1-4 中编程向导栏上选择创建程序命令，在图 2-1 中的"子选择"里选择"自动钻孔 三轴"选项，进入到图 2-75。

2）单击图 2-75 中对孔进行分组的"组管理器"按钮 🔧组管理器，然后框选零件所有的孔，单击鼠标中键确认，在右侧可以发现系统自动对选择的不同类型的孔进行了分组，如图 2-76 所示，组里可以显示孔的数量，双击每个组可以查看每个组的几何信息，例如孔直径、深度等。

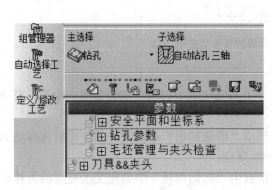

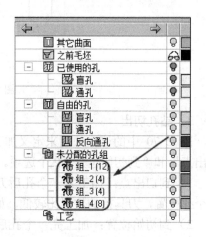

图 2-75　选择自动钻孔-三轴　　　　　　　　图 2-76　自动分成的组

3）单击图 2-75 中自动创建孔的加工工艺的"自动选择工艺"按钮，在弹出的对话框中单击"确定"按钮，系统会在工艺库里自动选择加工工艺，并会出现信息通知孔是否被附加了加工工艺。

4）对于没有自动附加工艺的孔组可以单击图 2-75 中"定义/修改工艺"按钮，对孔进行自定义加工工艺，输入加工参数。

5）选择编程窗口"保存并计算"按钮，系统完成钻孔刀路轨迹的计算。

对于自动生成的孔工艺，可以在图 2-76 中通过在弹出的快捷菜单中右击选择"修改工艺"命令进行编辑，如图 2-77 所示，在弹出的图 2-78 的对话框中可以修改刀具、钻孔类型和加工参数。

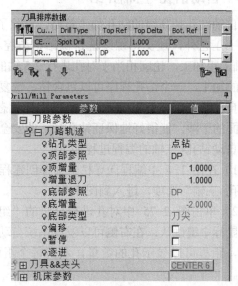

图 2-77　修改孔的加工工艺　　　　　　　　图 2-78　工艺编辑对话框

在自动钻孔编程中，系统允许编程者把自己设计好的孔加工方案存成模板，以后再对同类型的孔进行编程时会自动生成加工工艺，把设计好的钻孔加工方案存成模板的命令按钮是 $\boxed{\square}$，模板存放默认路径在：Cimatron\Cimatron\Data\Sequences。

2.8 2.5 轴铣削加工综合实例

本节练习可以学到以下知识：

- 毛坯的创建方法。
- 编程的辅助分析工具应用。
- 刀具的加载方法。
- 2.5 轴粗加工策略的选取以及参数设定。
- 2.5 轴精加工策略的选取以及参数设定。
- 程序的复制。
- 导航器的使用。
- 程序的加工模拟。
- 机床加工代码的生成。

图 2-79 所示为是需要加工零件的三维图，图 2-80 所示为零件加工之前的毛坯状态，是一个周边和上下面没有加工余量的矩形盒毛坯，材质为 45#钢。零件装夹使用的辅具是常用的标准虎钳，零件最终加工精度是 Ra3.2，具体工艺安排见表 2-2。

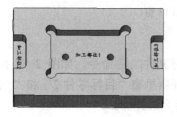

图 2-79 零件三维图

图 2-80 零件毛坯

表 2-2 凹模套板加工工艺列表

序号	程序名称	加工余量	刀具名称	直径/mm	刀具类型	切深	步距	转速/(r/min)	进给/(mm/min)
1	粗加工中间槽	0.2	FLAT12-H	12	平刀	1	7.2	5000	3500
2	精加工中间侧壁	0	FLAT12-H	12	平刀	4		6000	1500
3	精加工中间槽底部	0	FLAT12-H	12	平刀	0.2	7.2	6000	1500
4	粗加工左侧槽	0.2	FLAT08-H	8	平刀	1	4	5500	2000
5	精加工左侧槽	0	FLAT08-H	8	平刀	4		5500	1500
6	粗加工右侧槽	0.2	FLAT08-H	8	平刀			5500	2000
7	精加工右侧槽	0	FLAT08-H	8	平刀			5500	1500

练习的文档名称是"凹模套板",文件路径在:下载的电子资源\参考文档\第 2 章参考文档,做练习之前把练习文档都拷贝到计算机硬盘里。

最终完成的编程文件,文件路径在:下载的电子资源\练习结果\第 2 章练习结果,可供读者参考,下面详细介绍练习的步骤。

1.进入 Cimatron 13

双击桌面上 Cimatron 13 图标,进入 Cimatron 窗口,如图 2-81 所示。

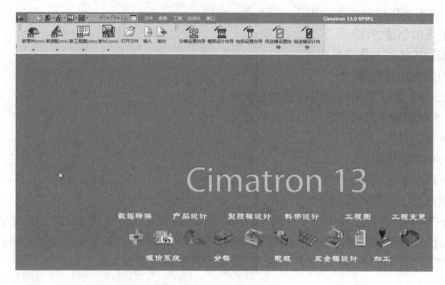

图 2-81　Cimatron 13 窗口

2.进入编程环境窗口

单击图 2-81 上的"新建"按钮，或者选择文件| 命令,如图 2-82 所示,进入软件的编程环境窗口。如图 2-83 所示,NC 程序管理器里有"目标零件 2"和"毛坯-自动 3"两个程序,但还没有被计算完,需要把模型导入后完成计算。

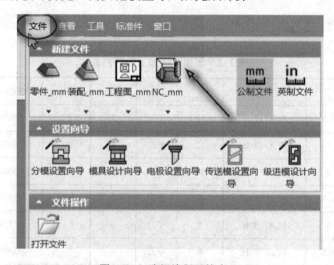

图 2-82　选择编程环境窗口

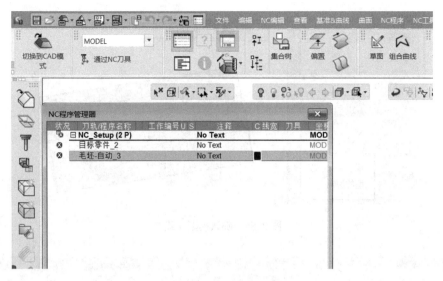

图 2-83　编程窗口

> **提示：** 进入图 2-81 所示的 NC 界面，如果不希望 NC 程序管理器中出现 "目标零件 2" 和 "毛坯-自动 3"，可以在图 2-82 中选择 "工具" | "预设定" | "常规" | "NC 常规命令，在弹出的窗口不选中 "为新文件自动加载默认模板" 选项。

进入下面的练习以前，建议初学者复习一下前面介绍的有关编程界面左侧 NC 向导栏各个命令按钮的含义以及程序管理器的知识。

3．加载编程模型

单击图 2-83 中窗口左侧向导栏上的 "读取模型" 按钮 ，浏览到 "凹模套板" 后，单击文件名称，再单击 "选择" 按钮，如图 2-84 箭头所示的选择顺序。

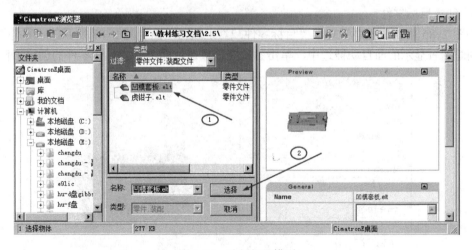

图 2-84　选择加工模型

在图 2-84 中出现的坐标系选择其中默认出现的坐标系来放置模型并单击 "确定" 按钮完成模型的加载，如图 2-85 所示。此时图 2-83 所示窗口里便会出现编程模型，如图 2-86 所示。

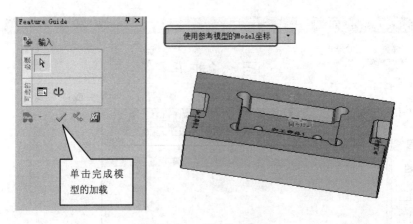

图 2-85　确认模型加载

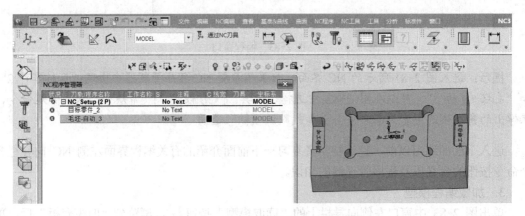

图 2-86　将模型加载到编程窗口

4．创建目标零件

在图 2-86 中 NC 程序管理器"目标零件_2"上双击，出现图 2-87 所示的"零件"对话框，同时所有显示的面自动被选中，单击"确定"按钮就即可完成目标零件的创建工作。

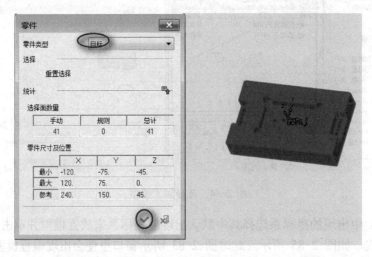

图 2-87　目标零件创建

5．创建毛坯

在图 2-86 上 NC 程序管理器"毛坯自动_3"上双击，出现图 2-88 所示的"初始毛坯"对话框，系统默认的是以限制盒方式创建毛坯，各个方向不偏移，单击"确定"按钮，完成毛坯的创建。

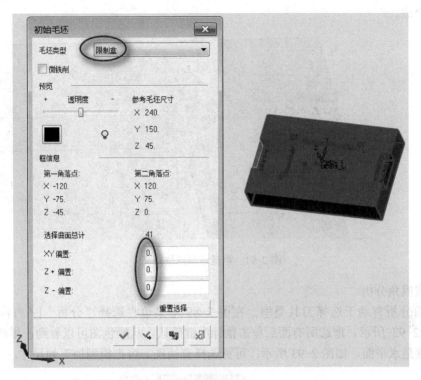

图 2-88　创建限制盒毛坯

6．分析模型

（1）圆角（曲率）分析

在图 2-89 的菜单栏选择"分析"|"曲率图"命令，框选整个模型，把所有面全部选中，然后单击鼠标中键确认选择的面，此时把光标移到某一个圆角面系统可以显示出其半径值，如图 2-90 所示，可以看出，精加工开放槽的刀具直径不应该大于 10。

图 2-89　进入圆角分析

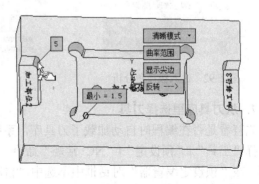

图 2-90　圆角分析

（2）测量尺寸

在图 2-89 中菜单栏选择"分析"|"测量"命令，在出现的对话框选择"测量距离"选项，再分别单击选择里腔圆角上面的边线，请参照图 2-91 所示的顺序操作，可知最窄处边线的距离是 13.103mm，因此无论是粗加工还是精加工这个部位，选择刀具直径为 12mm 的平刀比较合适。

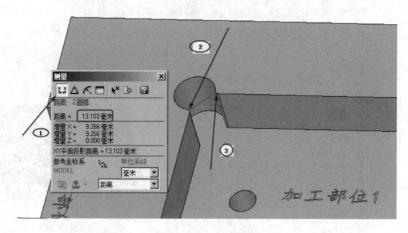

图 2-91 测量最窄部位距离

（3）拔模角分析

拔模角分析有助于选择刀具类型。在图 2-89 中菜单栏选择"分析"|"方向分析"命令，如图 2-92 所示。框选所有面后单击鼠标中键确认，从颜色图可以看到，零件上的面除了垂直面就是水平面，如图 2-93 所示，可见选择直柄铣刀可把模型加工到尺寸。

图 2-92 进入拔模角分析

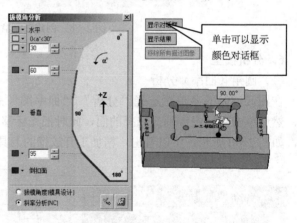

图 2-93 拔模角分析过程

7. 从刀具库里选择刀具

先查看是否在编程时自动加载了刀具库，系统默认的是不自动加载。在图 2-86 中菜单栏选择"工具"|"预设定"|"NC 常规"命令，打开"预设定编辑器"对话框，如图 2-94 所示。在"预设定编辑器"对话框中不选中"自动加载默认刀具库"选项，如果该选项是被选中状态，只有在第 1 步进入 Cimatron 13 窗口后设置成不选中状态，若在本步设置为不选

中状态，是不会起作用的。

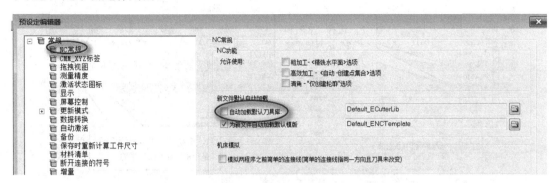

图 2-94　设定不自动加载刀具库

不自动加载刀具库可以练习如何去刀具库选择合适的刀具。

单击图 2-83 中编程向导栏上的"创建刀具"按钮 🔧，在出现的"刀具及夹持"对话框单击箭头所示的"从刀具库中添加刀具"按钮 🔧，如图 2-95 所示。

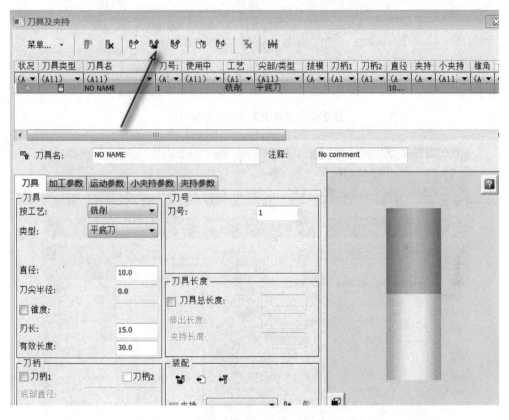

图 2-95　单击"从刀具库中添加刀具"按钮

出现的刀具库如图 2-96 所示，按照图中标注的顺序操作，结果如图 2-97 所示，可以发现"夹具及夹头"对话框中出现了直径"8"和"12"的平底刀具，单击"确定"按钮 ✓ 退出"刀具及夹头"对话框。

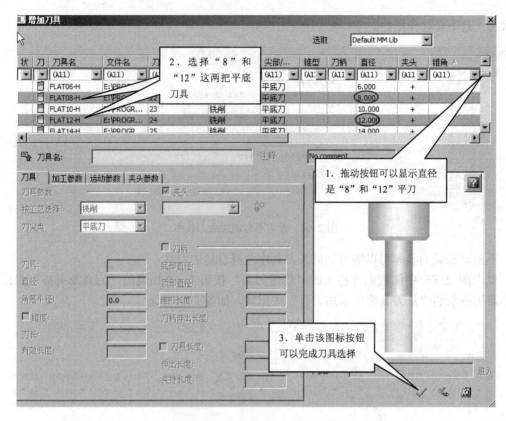

图 2-96　从标准刀具库里加载刀具

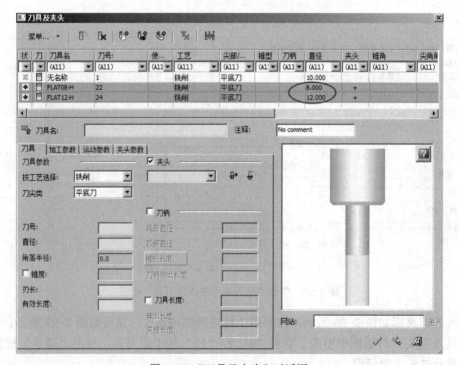

图 2-97　"刀具及夹头"对话框

提示：Cimatron 软件自带刀具库里的刀具是比较全的，如果刀具库没有符合编程所需的刀具，则可以在图 2-97 所示的"刀具和夹头"对话框里进行创建。

8. 创建刀轨

单击图 2-86 所示窗口左侧向导栏上的"刀轨"按钮 ，"刀轨类型"选择 2.5 轴，在"注释"文本框中输入"2.5 轴练习"，再单击"确定"按钮，具体操作如图 2-98 所示。

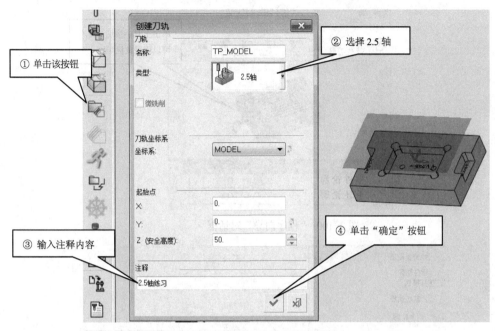

图 2-98　创建刀轨

结果在 NC 程序管理器中出现"TP_MODEL(2.5X)"，如图 2-99 所示。

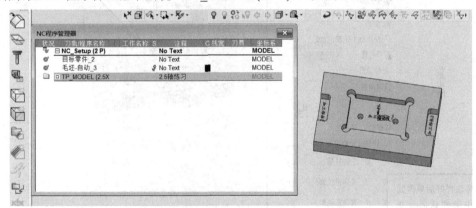

图 2-99　NC 程序管理器里增加了刀轨

9. 创建程序

这个步骤是编程的主要部分，此练习需要完成加工中间部位 1 的粗、精加工程序，加工左侧部位 2 的粗、精加工程序，通过程序复制完成加工右侧部位 3 的粗、精加工程序以及钻孔程序。注意下面练习采用的是向导编程模式。

（1）创建加工中间部位 1 的粗加工程序

单击图 2-83 中窗口左侧 NC 向导栏上的创建程序按钮 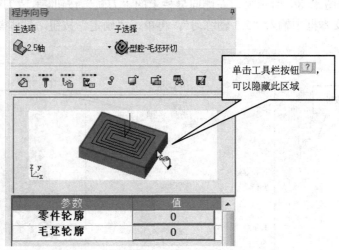，弹出图 2-100 所示的"程序向导"对话框，在"子选择"下面选择"型腔-毛坯环切"工艺。然后单击"零件轮廓"参数右侧的按钮，则弹出"轮廓管理器"对话框，如图 2-101 所示。

图 2-100 "程序向导"对话框

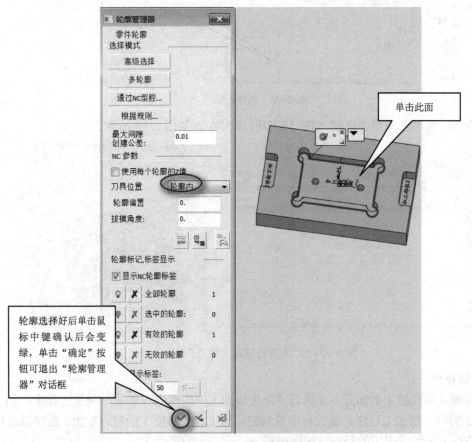

图 2-101 "轮廓管理器"对话框

在图 2-101 中将"刀具位置"选择在"轮廓内",再单击中间槽的底部,则此面周边的轮廓线立刻以粉色显示,单击鼠标中键确认选择,若轮廓线变绿则管理器上的"确定"按钮被激活,再单击"确定"按钮,退出"轮廓管理器"对话框。

此时在"零件轮廓"右侧显示已经选择了一个轮廓,如图 2-102 所示。

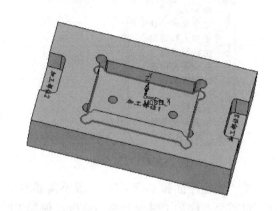

图 2-102　选择轮廓后的显示

单击图 2-102 中的"刀具"按钮 ，为此工序选择刀具。在弹出的"刀具及夹头"对话框中选择直径为"12"的刀具,如图 2-103 所示,单击"确定"按钮 。

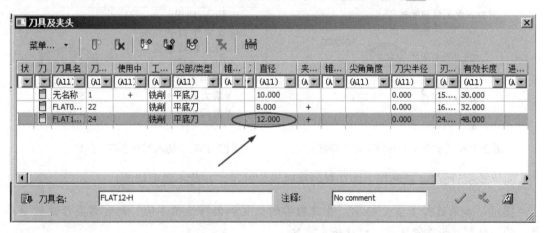

图 2-103　在刀具及夹头管理器选择刀具

单击图 2-102 中"刀路参数"按钮 ，弹出图 2-104 所示的对话框,其中列出了 9 个参数,下面介绍相关参数是如何设定的。

①"切入/切出":按照图 2-105 所示进行设定,选取系统默认设置即可。

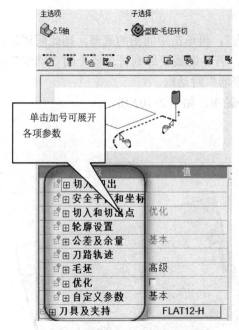

图 2-104　刀路参数

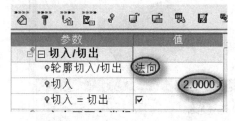

图 2-105　"切入"/"切出"参数

② "安全平面和坐标系"：一般不需要改变，但如果按图 2-106 所示修改这 2 个参数，则可以减少系统加工时内部抬刀高度，使加工时间略有减少，本练习请按照图 2-106 所示进行设定。

③ "切入和切出点"：按照图 2-107 所示进行设定。切入角度给 "3" 是为了生成螺旋下刀轨迹，避免切入时顶刀而导致刀具折断。

❏田 **安全平面和坐标**	
♀使用安全高度	☑
♀安全平面	50.0000 ƒ
♀内部安全高度	增量
♀增量	3.0000 ƒ
♀坐标系名称	MODEL
♀创建坐标系	进入
♀机床预览	进入

图 2-106　"安全平面和坐标系"参数

❏田 **切入/切出**	
❏田 **安全平面和坐标**	
❏日 **切入和切出点**	优化
♀切入角度	3.0000 ƒ
♀最小铣削宽度	0.0000 ƒ
♀最大螺旋半径	5.7600 ƒ
♀缓降距离	1.0000 ƒ

图 2-107　"切入和切出点"参数

④ "轮廓设置"：已经在上面选择轮廓时设定好了，在此不需要修改。

提示：如果选择了多个轮廓，并且轮廓的位置和偏移选项不同，此时需要修改轮廓参数，必须要到"轮廓管理器"对话框中修改。

⑤ "公差及余量"：在"轮廓偏置（粗加工）"选项右侧输入"0.2"，其余参数使用系统默认设置，如图 2-108 所示。

⑥ "刀路轨迹"：因为坐标系放置在最顶面，因此参数"Z 顶部"右侧输入"0"，而槽深为 20，底部需要留出加工量为 0.2，所以参数"Z 底部"右侧输入"-19.80"。其余参数按照图 2-109 进行设定。

公差及余量	基本
轮廓偏置(粗加工)	0.2000
切入点偏置	6.6000
轮廓精度	0.0100
轮廓最大间隙	0.0100

图2-108 "公差及余量"参数

刀路轨迹	
Z值方式	值
Z顶部	0.0000
Z底部	-19.8000
下切步距	1.0000
精铣侧向间距	
侧向步距	7.2000
拐角铣削	外部圆角
铣削模式	顺铣
断开区域	区域

图2-109 "刀路轨迹"参数

⑦ "毛坯"：此选项不需要更改，采用系统默认设置即可。

⑧ "优化"：在图 2-104 中选中"优化"选项，在弹出的对话框选中"快速运动干涉检查"选项，如图 2-110 所示。

提示：如果零件加工简单，确信加工过程不会发生碰撞，则不必选中"优化"选项。

⑨ "刀具及夹持"：不需修改任何参数，已经正确地选择了刀具。

以上参数设定完毕后，单击图 2-100 所示"程序向导"对话框中的"设定机床参数"按钮 ，按照图 2-111 所示的参数值进行设定。

优化	☑
重置选择	重置选择
安全距离	15.0000
直径安全系数(%)	5.0000
快速运动干涉检查	☑
快速运动选项	仅向上
删除空切	
根据Z坐标剪切	
排屑量	
夹持干涉检查	

图2-110 "优化"参数的设置

参数	值
进给及转速计算	进入
Vc (m/min)	188.4956
转速	5000
进给(mm/min)	3500
空切	快速运动
插入进给(%)	30
侧向切入进给(%)	100
允许刀具补偿	否
冷却方式	冷却液
主轴方向	顺时针
旋转轴首选位置	从不

图2-111 机床参数

单击图 2-111 中"保存并计算"按钮 ，系统完成刀路轨迹的计算，结果如图 2-112 所示。

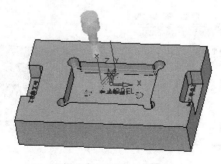

图2-112 中间槽的粗加工轨迹

（2）创建加工中间部位 1 侧壁的精加工程序

单击图 2-83 中窗口左侧向导栏上的"创建程序"按钮 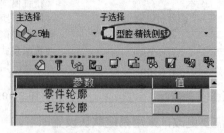，在"子选择"一项选择"型腔-精铣侧壁"工艺，如图 2-113 所示，因为这个程序的加工轮廓和上面介绍的粗加工程序的加工轮廓相同，因此这个程序的加工轮廓可以不选择，系统自动默认了上面的设置。

图 2-113 选择加工工艺

提示：Cimatron 软件具有记忆功能，下面的程序编制可以自动记忆上面程序的设置，因此很多时候加工轮廓、加工曲面、加工刀具和一些加工参数可以不需要重复选择，这样提高了编程效率和准确性。

单击图 2-113 中"刀具"按钮 ，在弹出的"刀具及夹头"对话框选择直径为"12"的刀具，如图 2-114 所示，单击"确定"按钮。

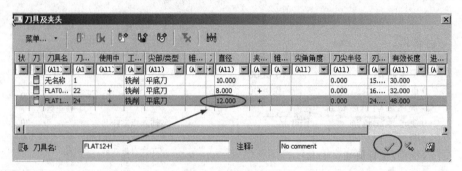

图 2-114 选择刀具

单击图 2-113 中"刀路参数"按钮 ，弹出图 2-115 所示的对话框，下面详细介绍各项参数的设置。

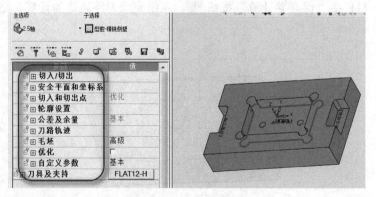

图 2-115 刀路参数

74

1）"切入|切出"：为了得到更好的加工质量，可将"轮廓切入/切出"设置为"相切"，如图 2-116 所示。

2）"安全平面和坐标系"：采用系统默认设定，不修改任何参数。

3）"切入和切出点"：采用系统默认设定，不修改任何参数。

4）"轮廓设置"：采用系统默认设定，不修改任何参数。

5）"公差及余量"：采用系统默认设定，不修改任何参数。

6）"刀路轨迹"："Z 顶部"为"0"，"Z 底部"改为"-20"，其余参数设定如图 2-117 所示。其余各项的参数采用默认系统设置，不需要修改。

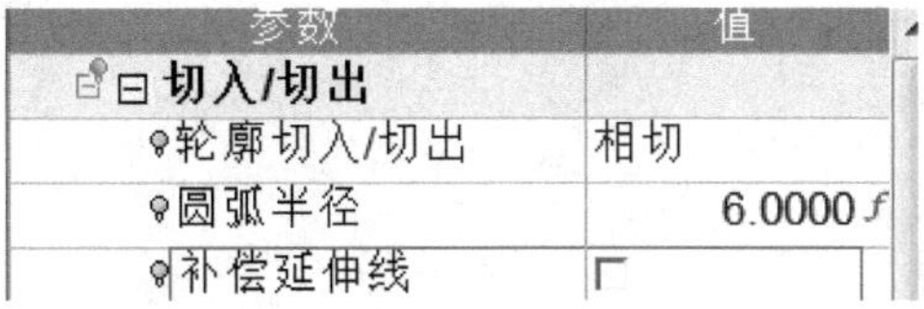

图 2-116 "切入/切出"参数

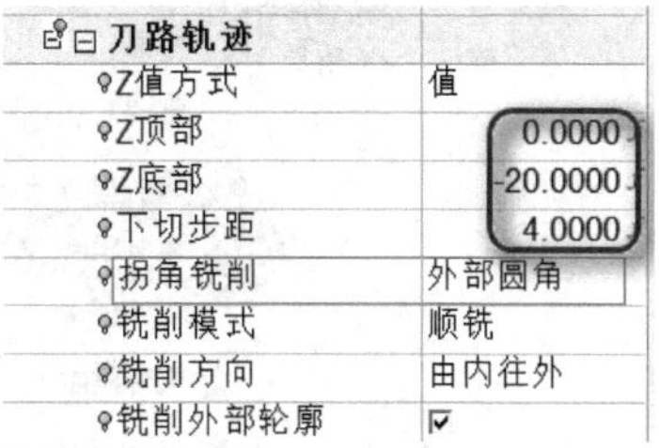

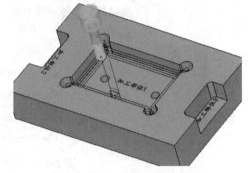

图 2-117 "刀路轨迹"参数

单击 NC 程序管理器上的"设定机床参数"按钮，按照图 2-118 所示的参数值进行设定。

单击图 2-118 中"保存并计算"按钮，系统计算出精加工刀路轨迹，结果如图 2-119 所示（为了看得清楚可先隐藏粗加工轨迹），通过查看可以发现刀具是从侧壁的中间位置切向进入加工面的。

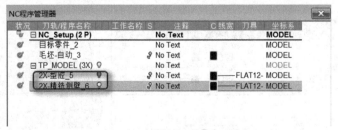

图 2-118 机床参数设定　　　　图 2-119 侧壁精加工轨迹

完成上面两个程序的创建后，NC 程序管理器上应该显示此两个程序，如图 2-120 所示。

图 2-120 NC 程序管理器

（3）创建加工中间部位 1 底部的精加工程序

对于底部的精加工程序，可以把第一个程序进行复制，修改一些加工参数再重新进行计算，即可完成此程序的设计，具体的操作如下。

1）单击第一个程序，右击选择"复制程序"命令，如图 2-121 所示。

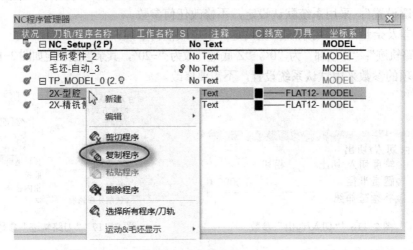

图 2-121　程序复制

2）单击第二个程序然后右击选择"粘贴程序"命令，如图 2-122 所示，则在图 2-121 中 NC 程序管理器上会有 3 个程序被显示。

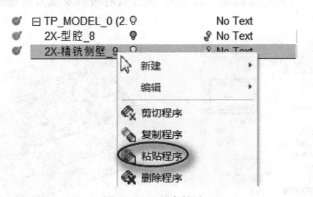

图 2-122　程序粘贴

3）分别单击前两个程序右侧的灯泡，隐藏刀路轨迹，只显示第三个刚被复制过来的程序的轨迹，如图 2-123 所示。需要对这个粗加工程序修改参数值才能精加工底部。

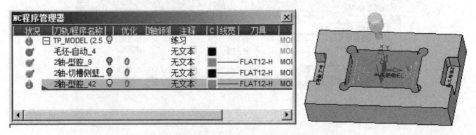

图 2-123　显示第三个程序轨迹

76

4）双击图 2-123 中的第三个程序（或者右击进入程序编辑），并单击"程序向导"对话框上的"刀路参数"按钮 ，修改"安全平面和坐标系""公差及余量"和"刀路轨迹"选项的几个参数，具体的修改如图 2-124 所示，单击图 2-124 中"程序向导"对话框"保存并计算"按钮 ，结果如图 2-125 所示，可以发现系统只在底部产生一层的精加工轨迹。

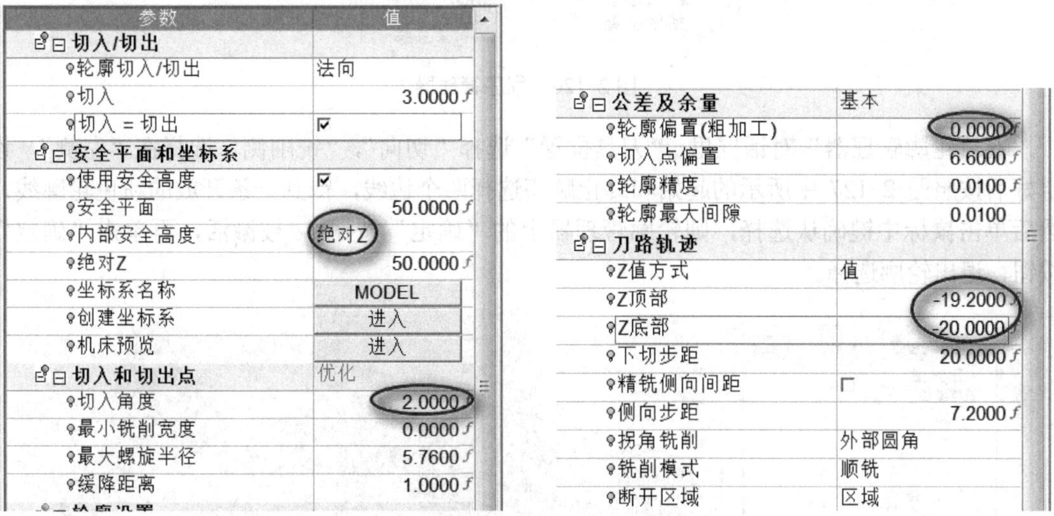

参数	值
□ 切入/切出	
轮廓切入/切出	法向
切入	3.0000 f
切入 = 切出	☑
□ 安全平面和坐标系	
使用安全高度	☑
安全平面	50.0000 f
内部安全高度	绝对Z
绝对Z	50.0000 f
坐标系名称	MODEL
创建坐标系	进入
机床预览	进入
□ 切入和切出点	优化
切入角度	2.0000 f
最小铣削宽度	0.0000 f
最大螺旋半径	5.7600 f
缓降距离	1.0000 f

a)

参数	值
□ 公差及余量	基本
轮廓偏置(粗加工)	0.0000 f
切入点偏置	6.6000 f
轮廓精度	0.0100
轮廓最大间隙	0.0100
□ 刀路轨迹	
Z值方式	值
Z顶部	-19.2000
Z底部	-20.0000
下切步距	20.0000
精铣侧向间距	□
侧向步距	7.2000 f
拐角铣削	外部圆角
铣削模式	顺铣
断开区域	区域

b)

图 2-124　修改各项参数

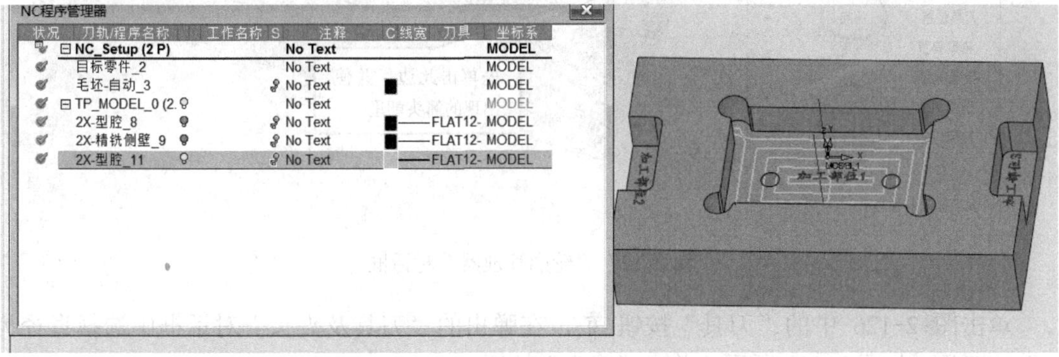

图 2-125　中间槽底部精加工刀路轨迹

提示： 精加工底部有多种加工方法，这里的练习有助于掌握对程序的复制和粘贴以及程序参数的编辑操作。

（4）创建加工左侧部位 2 的粗加工程序

单击图 2-83 中窗口左侧向导栏上的"创建程序"按钮 ，在弹出的对话框中"子选择"一项选择"开放轮廓"加工工艺，如图 2-126 所示，然后单击"轮廓"参数右侧的按钮，则会弹出"轮廓管理器"对话框，如图 2-127 所示。

在空白处右击并选择"重置所有"命令，在弹出的对话框选择"是"按钮，取消系统默认的上面程序使用的轮廓。

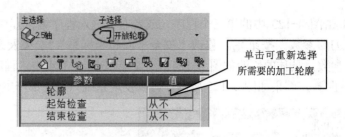

图 2-126　程序管理器

在"轮廓管理器"对话框里,"刀具位置"选择"切向","铣削侧"选择在"左侧",设定好后按照图 2-127 中所示的起始和终止顺序选择两个边线,得到一条开放的粉色轮廓线,然后单击鼠标中键确认选择,则轮廓管理器上的"确定"按钮 ✔ 被激活,再单击"确定"按钮,退出轮廓选择。

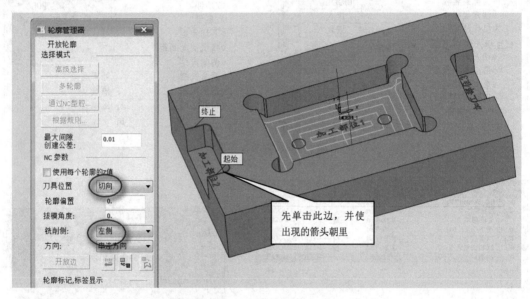

图 2-127　"轮廓管理器"对话框

单击图 2-126 中的"刀具"按钮 ▼,在弹出的"刀具及夹头"对话框中选择直径为"8"的刀具,如图 2-128 所示,单击"确定"按钮。

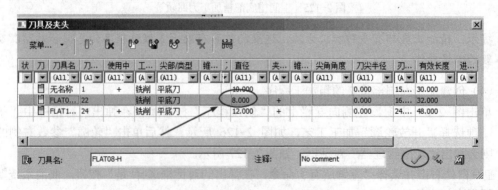

图 2-128　"刀具及夹头"对话框

单击图 2-126 中"刀路参数"按钮 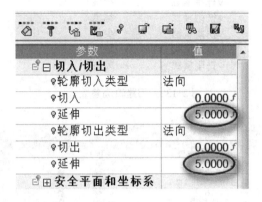，弹出图 2-129 所示的对话框，下面介绍相关的参数设置。

①"切入/切出"：设定大于刀具半径的延伸数值，保证刀具从外部进入，具体设置如图 2-130 所示。

图 2-129 刀路参数

图 2-130 "切入/切出"参数

②"安全平面和坐标系"：采用系统默认设定，不修改任何参数。

③"进刀和退刀点"：采用系统默认设定，不修改任何参数。

④"轮廓设置"："轮廓偏置"输入"0.2"，如图 2-131 所示。

轮廓设置	
刀具位置(公共的)	切向
轮廓偏置 (公共的)	0.2000
拔模角 (公共的)	0.0000
铣削边界 (公共的)	左侧
公差及余量	基本

图 2-131 "轮廓偏置"设置

⑤"公差及余量"：采用系统默认设定，不修改任何参数。

⑥"刀路轨迹"："Z 顶部"设置为"0"，"Z 底部"设置为"-24"，因为槽宽是 20，为了第一刀能加工到毛坯，"毛坯宽度"的输入参数定为"16"，"侧向步距"为"4"，其余参数设定如图 2-132 所示。

⑦"毛坯"：此选项不需要更改参数，采用系统默认设定即可。

⑧"优化"：采用系统默认设定不修改任何参数。

⑨"刀具及夹持"：采用系统默认设定不修改任何参数。

以上参数设定完毕后，单击图 2-126 中"机床参数"按钮 ，按照图 2-133 所示的参数值对机床参数进行设定。

单击图 2-130 中"保存并计算"按钮 ，系统计算出刀路轨迹，修改注释为"左侧槽-粗"，如图 2-134 所示。

刀路轨迹	
Z值方式	值
Z顶部	0.0000
Z底部	-24.0000
下切步距	1.0000
毛坯宽度:	16.0000
侧向步距	4.0000
裁剪环	全局
样条逼近	线性
铣削模式	标准
拐角铣削	尖角
铣削风格	单向
铣削模式	顺铣

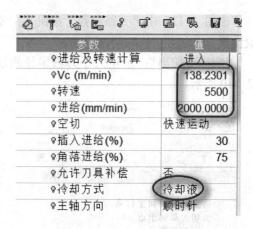

参数	值
进给及转速计算	进入
Vc (m/min)	138.2301
转速	5500
进给 (mm/min)	2000.0000
空切	快速运动
插入进给(%)	30
角落进给(%)	75
允许刀具补偿	否
冷却方式	冷却液
主轴方向	顺时针

图 2-132　刀路轨迹参数　　　　　　　图 2-133　机床参数

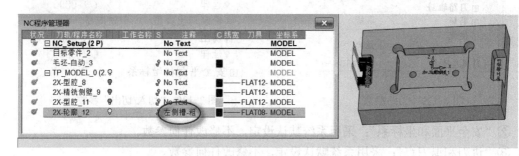

图 2-134　左侧槽侧壁粗加工刀路轨迹

（5）创建加工左侧部位 2 侧壁的精加工程序

如上面（3）中介绍的一样，通过复制程序再修改一些参数来实现，按照上面（3）中介绍的 1）、2）、3）步骤复制第四个程序并放在其下，修改注释为"左侧槽-精"，并隐藏其他刀路轨迹，如图 2-135 所示。

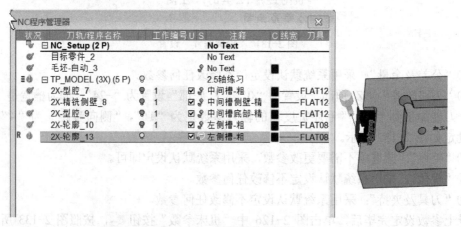

图 2-135　复制第四个程序

双击复制的程序，按照图 2-136 对各项参数进行修改，单击"机床参数"按钮，把进给由 2000 改成 1500，最后单击"保存并计算"按钮，得到的轨迹结果如图 2-137 所示。

参数	值
切入/切出	
轮廓切入类型	法向
切入	0.0000
延伸	5.0000
轮廓切出类型	法向
切出	0.0000
延伸	5.0000
安全平面和坐标系	
切入和切出点	优化
轮廓设置	
刀具位置(公共的)	切向
轮廓偏置(公共的)	0.0000
拔模角(公共的)	0.0000
铣削边界(公共的)	左侧

a)

刀路轨迹	
Z值方式	值
Z顶部	0.0000
Z底部	-24.0000
下切步距	4.0000
毛坯宽度	0.0000
裁剪环	全局
样条逼近	线性
铣削模式	标准
拐角铣削	尖角
铣削风格	单向
铣削模式	顺铣

b)

图 2-136　参数修改

（6）创建加工右侧部位 3 的加工程序

因为左侧槽和右侧槽是镜像关系，右侧槽的粗、精加工程序可以通过镜像复制左侧槽的程序来完成。

首先确认零件中间有坐标系显示。通过这个中间坐标系来复制程序。如果没有显示，可以单击工具栏上的"显示"按钮 把坐标系显示出来。

选择图 2-83 中窗口左侧向导栏上的按钮，将弹出的对话框中"主选择"切换成"转换"，"子选择"切换成"镜像复制"，如图 2-138 所示，接着单击图 2-138 中"程序"参数后面的按钮打开"选择程序"对话框，如图 2-139 所示。

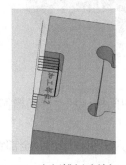

图 2-137　左侧槽侧壁精加工轨迹　　　　图 2-138　选择镜像复制

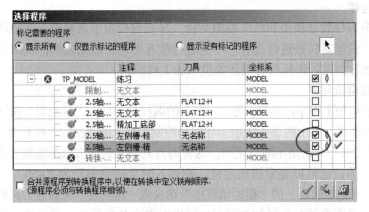

图 2-139　"选择程序"对话框

选中"选择程序"对话框中最下面的两个程序，然后单击"确定"按钮，此时退回到了图 2-140 所示的对话框，注意程序参数右侧的"0"变成了"2"，这说明选择了 2 个将要被镜像的程序。

把图 2-140 上"用几何进行转换"右侧的选项切换成"坐标系"选项，"主平面"选项切换成"YZ"选项，并单击"坐标系"参数右侧的按钮去选择处于零件中间的坐标系，如图 2-141 所示，单击"确定"按钮退出坐标系的选择，此时退回到如图 2-140 所示的对话框。

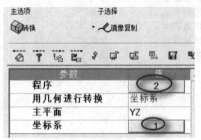

图 2-140　选择了镜像程序和平面　　　　　　　图 2-141　镜像平面选择

单击"保存并计算"按钮，完成程序的复制。结果在 NC 程序管理器上出现了通过镜像复制的程序，修改图 2-142 注释为"右侧槽"。

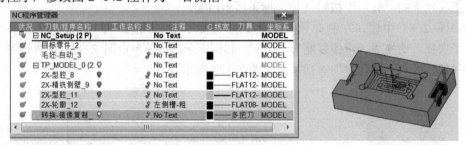

图 2-142　右侧槽加工轨迹

为了更好地管理程序，修改前 3 个程序的"注释"分别为"中间槽-粗""中间槽侧壁-精""中间槽底部-精"。

从 NC 程序管理器里看出，"状况"一列全是绿色的对号"　"，说明程序已经全部经过正确的计算了。

10．模拟程序

模拟程序分为导航器模拟和机床模拟两种。导航器模拟不需要进入其他环境直接在编程环境窗口进行，只能对轨迹进行查看，不能进行带有毛坯的加工模拟；机床模拟则需要进入到另一个环境进行，可以进行带有毛坯的机床加工模拟。

（1）导航器模拟程序

单击第一个粗加工程序，再单击图 2-86 上的编程向导栏上"导航器"按钮　，系统显示图 2-143 所示的情形，单击图 2-143 所示导航器控制模板上的"播放"按钮　，仔细查看信息栏，可以发现"Z"开始是不断变化的，这说明刀具切入封闭槽时是螺旋进刀的，信息栏进给显示也是不同的，它可以显示快速定位，刚切入时"进给率"为"450"，"主轴转速"为"6000"。读者也可把导航器上的"根据轨迹点"切换成"根据层"来查看刀路轨迹。

同样方法可以查看第二个精加工程序，可以发现它是圆弧进、退刀的，而且通过坐标查看可以发现刀具已经加工到槽的最底部。通过以上的查看方法，可以大致判断程序的有效性。通过导航器查看程序也是 Cimatron 软件的一大特色。

提示：打开导航器，可以在菜单栏选择"查看"|"面板"|"NC 信息栏"命令，把图 2-143 显示的信息栏打开。

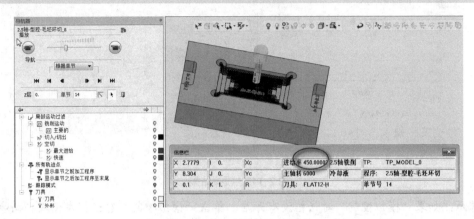

图 2-143　使用带有信息栏的导航器查看轨迹

（2）带有毛坯的加工模拟

单击 NC 程序管理器上任意一个程序，再单击图 2-86 上的编程向导栏上的"机床模拟"按钮，打开"机床模拟"对话框，如图 2-144 所示。按照图 2-144 中标注的顺序进行操作，注意要选中"材料去除"和"检查参照体"选项，不选中"使用机床"选项。

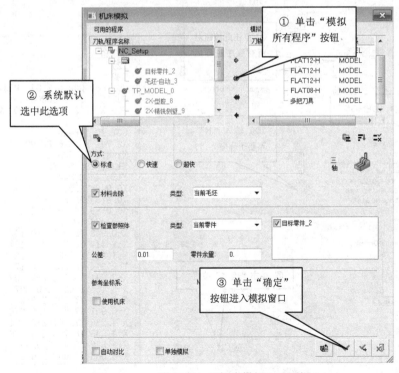

图 2-144　"机床模拟"对话框

83

在弹出的"模拟控制"对话框单击"开始模拟"按钮 ，即可对所有程序进行模拟，模拟结果如图 2-145 所示，图 2-145 上的按钮 说明系统没有发现过切、碰撞等问题，所有程序均有效。

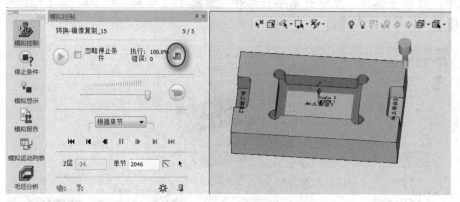

图 2-145　模拟结果

提示：如果"模拟控制"对话框没有开启。单击"模拟控制"对话框左侧模拟向导里的按钮 即可打开。

11. 生成机床代码-后处理

在图 2-86 上的编程向导栏上单击"后处理"按钮 ，按照图 2-146 标注的顺序进行操作，生成的部分 G 代码程序如图 2-147 所示。

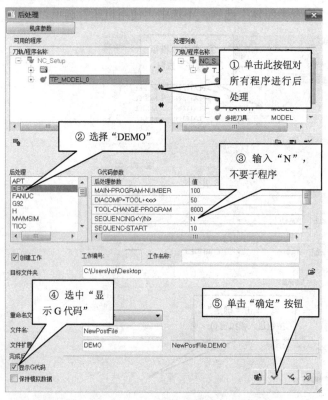

图 2-146　程序"后处理"对话框

```
%
00100
T24
T22
G90 G80 G00 G17 G40 M23
G43 H24 Z50. S6000 M03
G00 X2.778 Y8.304 Z50. M08
Z1.1
G01 Z0.1 F450
X2.741 Y8.326 Z0.098
X2.314 Y8.535 Z0.073
X1.87 Y8.708 Z0.048
X1.414 Y8.844 Z0.023
X0.948 Y8.941 Z-0.002
X0.476 Y9. Z-0.027
X0.0 Y9.02 Z-0.052
X-0.476 Y9. Z-0.077
X-0.948 Y8.941 Z-0.102
X-1.414 Y8.844 Z-0.127
X-1.87 Y8.708 Z-0.152
X-2.314 Y8.535 Z-0.177
X-2.741 Y8.326 Z-0.202
X-3.15 Y8.082 Z-0.227
X-3.538 Y7.805 Z-0.252
X-3.901 Y7.498 Z-0.276
X-4.238 Y7.161 Z-0.301
X-4.545 Y6.798 Z-0.326
X-4.822 Y6.41 Z-0.351
X-5.066 Y6.002 Z-0.376
X-5.275 Y5.574 Z-0.401
```

图 2-147　G 代码文件

12．保存文件

单击工具栏上的"保存"按钮 ，在弹出的浏览器中输入文档名称为"2.5 轴练习"，单击其上的"保存"按钮，完成对文档的保存工作。建议在练习的过程中不断保存文件。

2.9 钻孔加工练习

本节练习用于掌握以下知识：

通过集合创建非规则毛坯、"钻孔 三轴"的应用、"自动钻孔 三轴"的应用、钻孔工艺参数的设定、钻孔程序的修改、将钻孔程序保存为工艺库。

这个练习创建 3 个程序：

1）通过采用普通"钻孔 三轴"功能为直径 10 的孔编制预钻程序。

2）通过采用普通"钻孔 三轴"功能为直径 10 的孔编制最终加工程序。

3）通过采用"自动钻孔 三轴"功能一次编制其他孔的加工程序。

练习的文档名称是"钻孔模型"，文件路径在：下载的电子资源\练习文档\第 2 章参考文档，做练习之前把练习文档都拷贝到计算机硬盘里。

最终完成的编程文件路径在：下载的电子资源\练习结果\第 2 章练习结果，可供读者参考，下面详细介绍练习的步骤。

1．进入编程环境

参考本书 2.8 节的练习步骤 1 和 2，进入编程环境窗口，如图 2-148 所示。

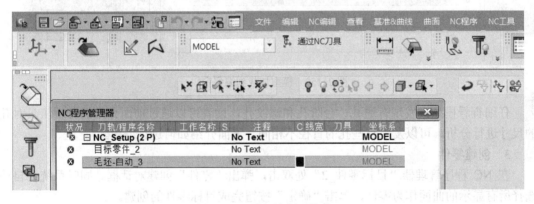

图 2-148　进入编程环境窗口

2．加载模型

单击图 2-148 所示编程环境窗口左侧编程向导栏上的"读取模型"按钮 ，浏览到"钻孔模型"后，在其上单击，再单击"选择"按钮，如图 2-149 所示，即可完成模型的加载。

在出现的坐标系交互区域里选择系统默认出现的坐标系来放置模型并单击"确定"按钮，此时编程环境窗口里便会出现编程模型，如图 2-150 所示。

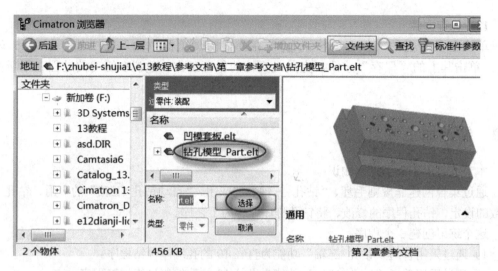

图 2-149　加载模型

图 2-150　模型加载到编程窗口

仔细查看模型，发现有通孔、台阶孔和螺纹孔，读者可以通过前面介绍的分析工具对孔的尺寸进行分析，可以发现有些孔的直径不相同，下面介绍如何进行编程。

3．创建零件

在 NC 程序管理器"目标零件_2"处双击，弹出"零件"创建对话框。同时系统会自动选择所有显示的曲面作为零件，单击"确定"按钮完成目标零件的创建。

4．创建毛坯

在 NC 程序管理器"毛坯-自动_3"处双击，即可弹出图 2-151 所示的"初始毛坯"对话框，通过以下几步来选择在集合里已经创建好的毛坯：

1）选择"根据曲面"创建毛坯选项。

2）单击图 2-151 中"重置选择"按钮。

3）在空白处右击。

4）在弹出的菜单选择"根据规则选择曲面"。

5）在"集合-创建编辑"对话框中单击"集合"右侧按钮，在下拉列表里选择"毛坯"集合，如图 2-151 所示。

6）单击"集合-创建编辑"对话框上的"确定"按钮，再单击"初始毛坯"对话框上的"确定"按钮，完成毛坯的创建。

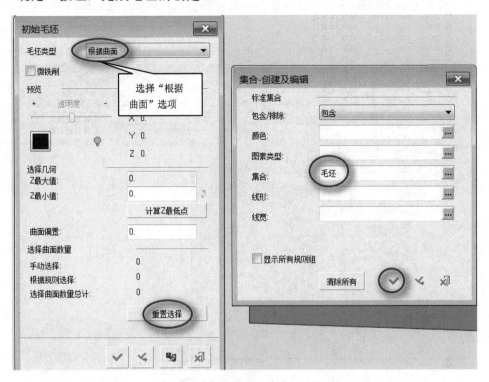

图 2-151　创建毛坯

可以发现在 NC 程序管理器上已经有目标零件和毛坯的存在，注意毛坯"状况"栏显示的是绿色对号，说明毛坯是根据规则被正确创建的，如图 2-152 所示。

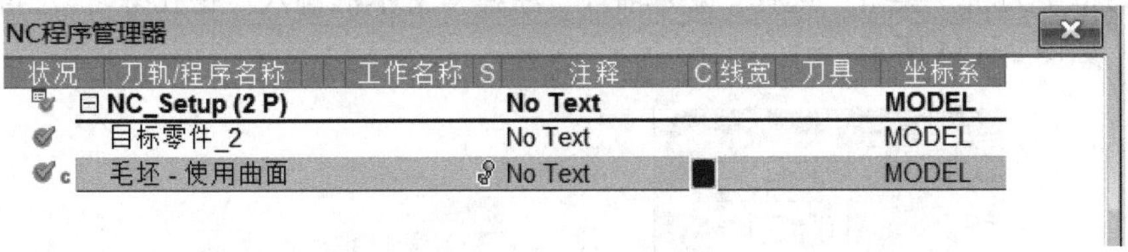

图 2-152　NC 程序管理器

提示：如果按照上面的步骤毛坯没有计算成功，请双击毛坯程序，再单击"初始毛坯"对话框上的"计算 Z 最低点"按钮即可生成正确的毛坯。

5. 从标准刀具库加载刀具

单击图 2-148 所示编程环境窗口左侧编程向导栏上的"创建刀具"按钮🔧，在弹出的对话框单击"从刀具库中添加刀具"按钮👾，在出现的对话框选择图 2-153 中所示的 4 把钻头，单击"确定"按钮，这时系统会在当前编程文件的"刀具及夹持"对话框里出现这 4 把刀具，再次单击"确定"按钮退出刀具创建对话框。

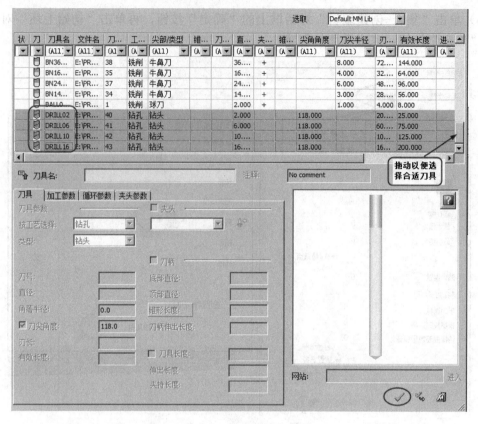

图 2-153　从标准刀具库选择 4 把钻头

6. 创建刀轨

单击图 2-148 所示编程环境窗口左侧编程向导栏上的"刀轨"按钮，在弹出的"创建刀轨"对话框中刀轨"类型"选择"2.5 轴"，"注释"文本框输入"钻孔练习"，再单击"确定"按钮，如图 2-154 所示。

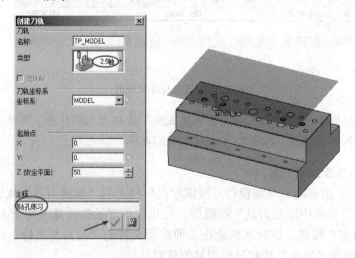

图 2-154　创建刀轨

7. 创建加工程序

（1）通过"钻孔 三轴"创建预钻直径为 10 的孔程序

单击图 2-148 所示编程环境窗口左侧编程向导栏上的"创建程序"按钮，在弹出的"程序向导"对话框中"主选项"选择"钻孔"策略，"子选择"选择"钻孔 三轴"加工工艺，如图 2-155 所示。

图 2-155　选择钻孔工艺

单击图 2-155 中"钻孔点"参数右侧的按钮 **0**，弹出"编辑点"对话框，在"选择为"下拉列表中选择"孔中心"，"孔尺寸"下拉列表选择"根据直径"，并在"孔直径"文本框输入"10"，如图 2-156 所示。

框选整个零件，单击鼠标中键确认，则可以选择满足设定条件的 4 个孔，如图 2-157 所示。

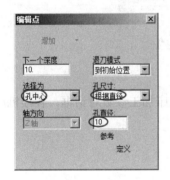

图 2-156　点的选择

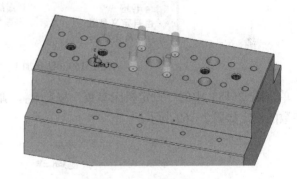

图 2-157　选择直径 10 的孔

单击图 2-155 中"刀具"按钮，在弹出的"刀具及夹头"对话框中选择直径为"6"的钻头，如图 2-158 所示，单击"确定"按钮。

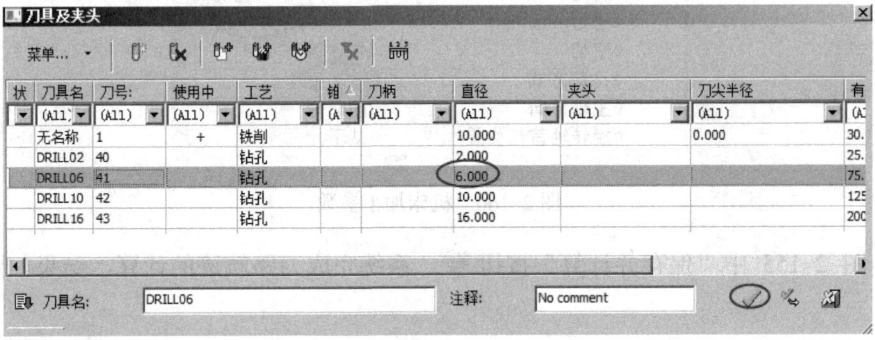

状	刀具名	刀号	使用中	工艺	钻	刀柄	直径	夹头	刀尖半径	有
▼	(A11) ▼	(A11) ▼	(A11) ▼	(A11) ▼	(A ▼	(A11) ▼	(A11) ▼	(A11) ▼	(A11) ▼	A ▼
	无名称	1	+	铣削			10.000		0.000	30.
	DRILL02	40		钻孔			2.000			25.
	DRILL06	41		钻孔			6.000			75.
	DRILL10	42		钻孔			10.000			125
	DRILL16	43		钻孔			16.000			200

刀具名：DRILL06　　注释：No comment

图 2-158　选择直径为"6"的钻头

单击图 2-155 中"刀路参数"按钮 ，弹出钻孔加工参数对话框，各项参数的设定如图 2-159 所示。

图 2-159　钻孔加工参数

单击图 2-155 中的"设定机床参数"按钮 ，弹出机床加工参数对话框，各项机床加工参数的设定如图 2-160 所示。

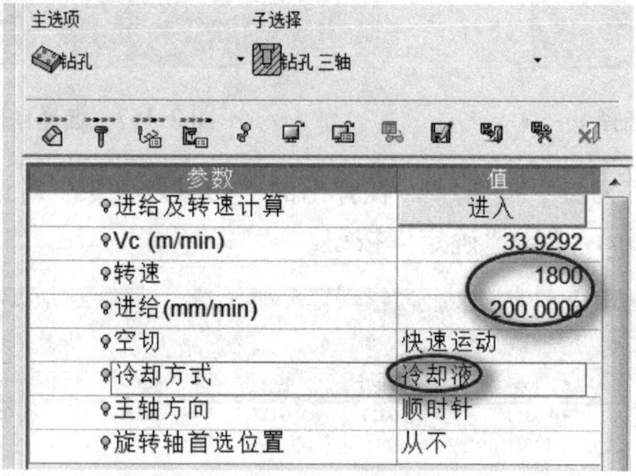

图 2-160　机床加工参数

单击图 2-155 中"保存并计算"按钮 ，系统完成刀路轨迹的计算，结果如图 2-161 所示。

90

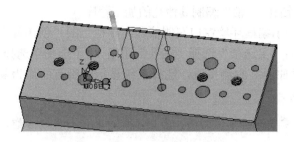

图 2-161　深孔逐进钻的加工轨迹

（2）创建直径为 10 的孔的最终加工程序

单击上面编制的程序并右击选择"复制程序"命令，再右击选择"粘贴程序"命令，则可以复制出一个钻孔程序，双击复制的程序，在出现的程序编辑对话框选择"刀具"按钮 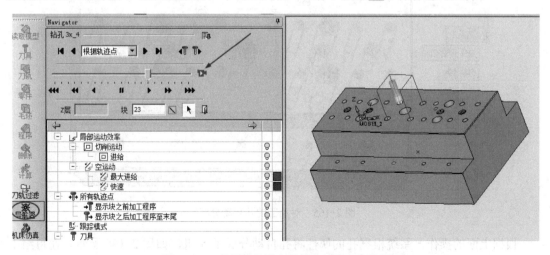，选择直径为"10"的钻头，并单击"确定"按钮，如图 2-162 所示。

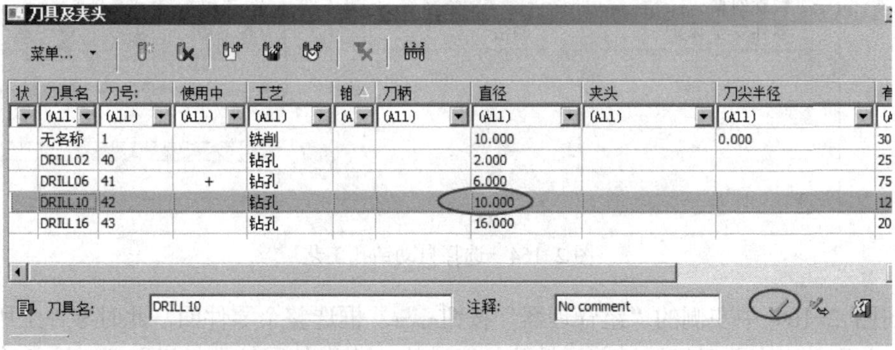

图 2-162　选择直径"10"的钻头

单击图 2-155 中"保存并计算"按钮，系统完成刀路轨迹的计算。

单击图 2-163 中导航器按钮，并单击"播放"按钮，对最后这个程序进行查看，可以发现加工已经到位了，退出导航器，单击工具栏"保存"按钮，保存练习文件。

图 2-163　使用导航器查看钻孔加工刀路轨迹

（3）使用"自动钻孔 三轴"编制其他孔的加工程序

单击图 2-148 所示编程环境窗口左侧编程向导栏上的"创建程序"按钮 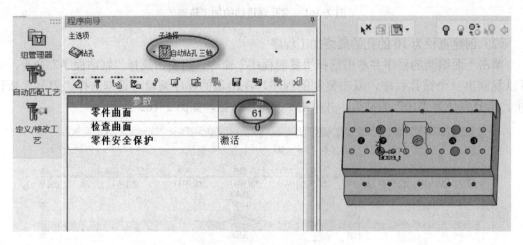，在弹出的"程序向导"对话框的"主选项"选择"钻孔"策略，"子选择"选择"自动钻孔 三轴"加工工艺，单击"零件曲面"右侧按钮，选择系统显示的所有面作为零件曲面，一共 61 张面，如图 2-164 所示。

提示：自动钻孔需要选择零件曲面，否则不能对孔进行自动分组，也就不能编程计算。

图 2-164　选择自动钻孔工艺

单击图 2-164 中左侧的"组管理器"按钮，框选整个零件面，此时零件上所有孔都被选中，分别单击上面已经通过普通钻孔加工过的 4 个孔的圆柱面，以取消对这 4 个孔的自动分组，如图 2-165 所示，单击"确定"按钮。

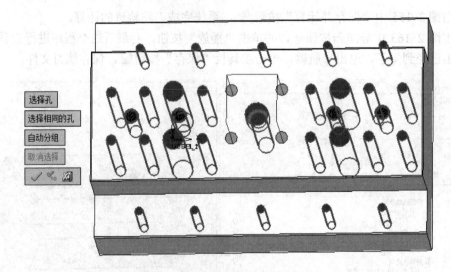

图 2-165　对加工的孔自动分组

根据上面的操作，系统根据孔的属性将孔自动分成了 5 组，如图 2-166 所示。在每组上双击，系统就会弹出一个表格，用来查看孔的直径和深度等几何信息。

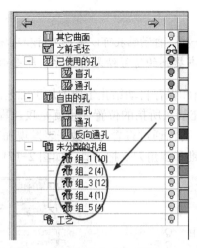

图 2-166　孔被自动分成了 5 组

单击图 2-164 中左侧"自动匹配工艺"按钮 ，在弹出的命令中单击"确定"按钮，如图 2-167 所示，系统会自动从工艺库对孔自动选择合适的加工工艺，并出现图 2-168 所示的提示，提示说明系统已经给所有孔在系统默认的加工库里找到了合适的加工工艺，单击"确定"按钮。

图 2-167　自动选择加工工艺

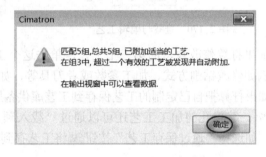

图 2-168　提示已经选择合适工艺

在空白处右击选择"保存并前台计算"命令，系统完成所有加工孔的刀路轨迹的计算。读者通过导航器或者刀具表可以发现自动钻孔程序包括点钻、深孔钻、攻丝，铣削和倒角程序，如图 2-169 所示。至此程序已经编制完毕，注意保存文件。

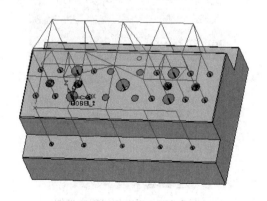

图 2-169　孔的刀路轨迹

> **提示：**
> 1）实际加工的刀具要长一些，自动钻孔可以考虑夹持和毛坯，钻孔刀具也可以定义夹持。
> 2）如果生成的程序和本书提到的练习结果有差异，那是由于钻孔工艺库不同造成的。

以下介绍如何查看、编辑和保存自动钻孔生成的加工工艺。

双击自动钻孔程序，并在箭头所指的位置（也就是攻丝程序上）右击，如图 2-170 所示，选择"修改工艺"命令，可以通过查看刀具数据表发现加工螺纹盲孔使用了中心钻、钻头、平底刀（加工底部）、丝锥和倒角刀 5 把刀具，如图 2-171 所示的列表。

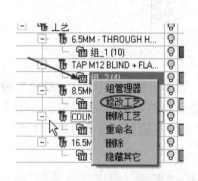

图 2-170　查看与编辑工艺

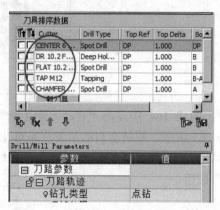

图 2-171　螺纹孔（盲孔）加工使用的刀具

如果打算修改攻丝的第三个工艺，单击这个工艺，然后在其下面的参数列表中进行修改，例如修改钻削方式、加工参数或者刀具等，如图 2-172 所示，然后使系统重新计算即可。如果打算把自己定制的工艺保存到工艺库供备用，可以单击图 2-172 中的"保存顺序"按钮▦。编辑孔的加工工艺还可以通过"载入顺序"按钮▦从标准库里选择其他钻削工艺，例如选择"通过保存工艺"按钮▦将工艺存到库里。

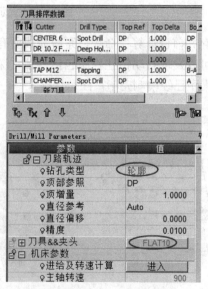

图 2-172　手动编辑程序举例

8. 模拟程序

在图 2-148 中 NC 程序管理器上刀轨/程序名称所在的位置单击，再单击编程向导栏上的按钮 ，打开"机床模拟"对话框，选择"标准"模拟方式，选中"材料去除"选项，如图 2-173 所示，单击"确定"按钮，进入到模拟环境窗口。

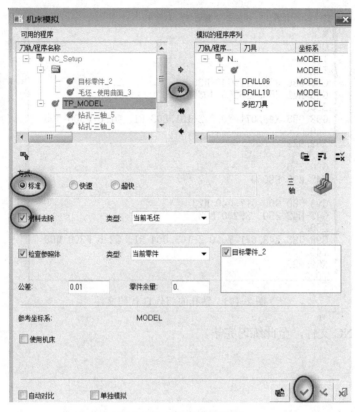

图 2-173　机床模拟设置

单击图 2-174 中"开始模拟"按钮 ，系统则会逐条模拟各个孔的加工程序，模拟结果如图 2-174 右图所示，图上显示出模拟程序全部通过验证。

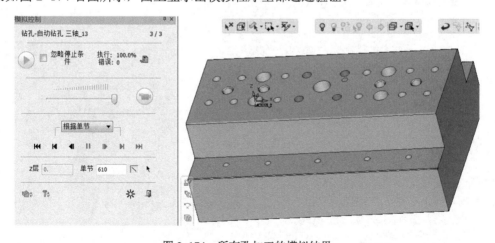

图 2-174　所有孔加工的模拟结果

9．生成机床代码-后处理

退出模拟环境窗口，在图 2-148 中编程向导栏上单击"后处理"按钮 ，在弹出的"后处理"对话框中选中"完成后"下面的"显示 G 代码"，单击"确定"按钮，生成的部分代码如图 2-175 所示。

```
文件(F)  编辑(E)  格式(O)  查看(V)  帮助(H)
%
O0100
T41
T42
G90 G80 G00 G17 G40 M23
G43 H41 Z50. S5200 M03
Z50.
G98 G83 X48.071 Y0.0 Z-101.803 R1. Q1.5 F300 M08
Y40.
X89.929
Y0.0
G80 Z50.
T42 M98 P8000
T02
G90 G80 G00 G17 G40 M23
G43 H42 Z50. S5200 M03
Z50.
G98 G83 X48.071 Y0.0 Z-103.004 R1. Q2.5 F300 M08
Y40.
X89.929
Y0.0
```

图 2-175　钻孔的部分 G 代码文件

请再次保存 NC 文件，至此练习完毕。

第3章 三轴加工策略介绍和实践

3.1 三轴加工概述

Cimatron 三轴加工包含了第 2 章介绍的 2.5 轴加工的更高级加工策略，三轴加工可以提供 3 个直线坐标轴的联动加工，可以加工带有复杂曲面的零件，Cimatron 三轴主要特点有以下几点：

1）加工策略丰富。提供粗加工、精加工、清根、局部加工等策略，每种策略提供了多种加工工艺，功能强大。

2）基于毛坯加工。刀路总是基于毛坯的计算，后面程序会继承前面的毛坯计算结果，刀路轨迹以高效安全著称，粗加工具有快速预览技术，不通过计算就可以快速得到编程结果，编程效率极高。

3）基于斜率分析技术。无论零件如何复杂，软件都会把零件按照曲面斜率分成两部分，一部分是平缓区域，一部分是陡峭区域，平缓区域采用沿面加工，陡峭区域可以采用 Z 向降层加工（层切），还可以根据零件大小，使用一个程序对零件整体进行精加工或者把平缓和陡峭分成两个程序进行精加工。

4）自动清根技术。使用清根技术系统会自动侦探前一把刀具未加工的区域，程序轨迹可以参照前一把刀具直径也可以参照剩余毛坯来生成，具有强大的残料铣削功能，清根还可以做分层的笔试加工。

5）独一无二的微铣削技术。可以加工精度要求高的微小模具，粗加工可以识别更小的毛坯，为精加工提供统一的留量，刀具直径可以小到 0.05mm，加工精度可以达到 0.0001mm。

6）强大的高速加工工艺。提供摆线加工、圆角连接、粗加工余量均匀加层技术、精加工遇到大载荷自动分层技术等。

7）丰富的局部处理技术。对于个别区域的加工，软件提供了很多工艺。例如直纹面、零件面、瞄准面以及强大的局部三轴操作。

8）提供强大仿真模拟。提供实体加工模拟过程，方便检查过切和碰撞，对加工结果可以精确地比对。

3.2 常用三轴加工策略汇总

当在编程环境下创建了一个三轴的刀轨（TP），再单击编程向导栏上的"创建程序"按钮，则可以在弹出的对话框查看三轴的加工策略和每个策略下的工艺选项，如图 3-1 所示。

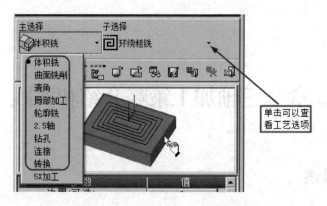

图 3-1　三轴加工策略和工艺

三轴加工策略和工艺介绍详见表 3-1。

表 3-1　常用三轴加工策略和工艺

加工策略	工艺	实际用途	加工特点	备注
体积铣	环绕粗铣	用于粗加工，为半精加工或者精加工做准备	1）用层降法进行加工 2）加工开放零件刀具会自动从外部下刀，加工封闭区域采用螺旋或者斜线下刀 3）Z 方向深切削时，可以在层间增加程序以保障留量的均匀 4）可以在不同的曲面留出不同的加工余量 5）具有快速预览功能 6）刀具在遇到拐角时会自动调整加、减速 7）整个加工过程具有防止碰撞和干涉的能力 8）生成的是环绕形式的刀路轨迹，加工效率高	程序轨迹是基于毛坯计算的，做程序前要设计好毛坯，毛坯要和实际的一致
	平行粗铣	同上	和上面相比，它生成的是平行加工形式的刀路轨迹，特点同上	同上
	高效加工	同上	具有载荷均匀切削，圆弧轨迹连接的粗加工功能，采用大切深、小步距加工，提高加工效率，极大地减少刀具和机床损耗	同上
	型腔体积铣	用于对型板的槽进行粗加工	具有强大的型腔管理器功能，自动识别不同特征的型腔及其深度，编程效率高	同上
曲面铣削	精铣所有	用来对零件进行半精加工或者精加工	具有针对不同零件的多种加工方式包括环切、平行切削、3D 步距、螺旋、层，可以通过曲面的粗糙度要求产生理想的刀路轨迹，具有高级行间铣削策略，以确保优质的加工质量	其中的环切和平行切功能常用于零件不含有陡峭面的一体化加工
	根据角度精铣	同上	采用斜率分析技术，把零件分成陡峭和平缓两个区域，陡峭区域可以采取层、螺旋或者插铣加工方式，平缓区域采用环切、平行切削和 3D 步距加工方式，如果加工条件允许，可以用一个程序把零件精加工到位	适用于含陡峭面的一体化加工
	精铣水平面	用来对零件水平区域进行精加工	具有环切和平行切的加工方式，采用圆弧进、退刀，系统具有自动识别零件上所有的水平区域的能力	可以分多层加工，具有实用的高速加工选项
清角	清根	用来对精加工未加工到的区域进行加工	采用斜率分析技术，把零件分成陡峭和平缓两个区域，可以生成分割水平/垂直、全部随形、仅平坦、仅陡峭 4 种形式的轨迹。对于毛坯剩余比较大的情况，系统可以使用分层铣削，避免断刀	编程时要输入参考刀具的直径，实际就是上个程序使用的刀具。系统参照此刀具直径来计算轨迹。一般用在精加工之后

加工策略	工艺	实际用途	加工特点	备注
	残料铣削	用来对粗加工后在角落剩余比较大的残料进行加工	具有粗加工的工艺特点，对陡峭和平坦区域采取不同加工工艺，可以选择是先对平坦区域加工还是先对陡峭区域进行加工	同样需要输入参考刀具直径来计算程序，一般用在精加工之前
	笔试	用途等同清根	可以在零件的尖角或者半径小于刀具半径的区域生成一条或者多条刀路轨迹，轨迹简洁，用来清掉角落的剩余毛坯	不同于清根，不需要输入参考刀具直径，此工艺有时可以省掉钳工打磨工艺
局部加工	瞄准曲面-三轴	应用于对零件局部的精加工	加工对象有零件曲面、检查曲面和目标曲面3种，由目标曲面决定加工范围和路径形状，步进方式有根据残留高度、根据行数和依最大2D侧向步距3种	常用于加工含有很多小三角面片的连续加工，STL文件格式
	零件曲面-三轴	应用于对零件局部的精加工，例如零件上的平面或者圆角面	加工对象有零件曲面和检查曲面两种，步进方式有根据残留高度、根据行数和依最大2D侧向步距3种	不能像曲面铣那样框选太多的面，而且选择的面需要相邻
	直纹面-三轴	应用于对零件直纹面的精加工	加工对象有上、下轮廓，由轮廓决定加工轨迹的范围和方向，步进方式有，根据残留高度和根据行数两种	也可以用于锥度刀具的侧刃铣削
	局部-三轴	应用于对零件局部的精加工	路径形式有平行铣、两曲线之间仿形、沿曲线切削、两曲面之间仿形、曲线投影、平行于曲线铣和平行于曲面铣，具有丰富的进、退刀和路径连接选项，具有强大的防止干涉能力	可以实现以上3种局部加工的工艺。应用范围广，编程模式和上面不同，具有特别的编程窗口
轮廓铣	曲线铣-三轴	用于刻字或者加工槽	轨迹可以分为深度方向单条或者多条，侧向亦可分层。有多种进刀方式可供选择	局部-三轴里的投影曲线铣可以完成轮廓铣的功能
转换	复制	用来复制程序	通过点对点或者坐标系对坐标系的方式进行复制	用于具有相同特征的零件编程，减少编程时间
	复制阵列	用来复制程序	可以通过X、Y轴方向阵列或者以旋转方式进行阵列	同上
	镜像复制	用来复制程序	按照某一条线或者平面进行镜像复制程序	用于具有镜像特征的零件编程，减少编程时间
	移动	用来移动程序	通过点或者坐标系对程序进行移动	
	镜像移动	用来移动程序	按照某一条线或者平面进行镜像移动程序	

3.3 三轴加工对象汇总

三轴和 2.5 轴的加工对象有很大的不同，编程对象是基于三维模型，但模型可以是实体也可以是曲面，三轴加工大部分策略的加工对象必须要选择面但可以不选择轮廓，不能对二维零件进行编程。

学习三轴编程以前，熟悉一下三轴加工对象类型是很有必要的。参数也是在几何参数对话框下进行选择，如图 3-2 所示，下面对三轴常见的加工对象进行汇总。

1. 边界

"边界（可选）"用来确定加工范围，如图 3-3 所示，外面粗实线是加工选中的边界，刀具位置设定在边界上，零件曲面已经全部被选择，经过计算刀路轨迹限定在轮廓里面。

注意: 边界必须是封闭的,边界相互间可以嵌套,一个程序可以选择多个边界。

在三轴粗加工、精加工和清根加工策略里经常要选择边界以控制加工范围,局部铣和钻孔加工策略里没有轮廓选择按钮。

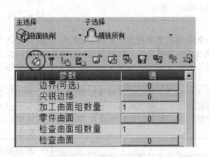

图 3-2 选择加工对象

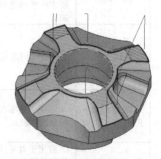

图 3-3 轮廓限制加工范围

2. 尖锐边缘

在精加工里"尖锐边缘"是用来保护零件上的尖锐边的,如果不选择"尖锐边缘",则加工的结果可能在棱边处倒出一个小圆角,这样就不能满足技术要求,尖锐边缘的选择在电极加工中会经常用到。

在精加工策略里,选择"根据角度精铣""精铣水平面"或者"精铣所有"时会出现这个选项。

3. 零件曲面

"零件曲面"主要是用来生成刀路轨迹的参照对象,同时曲面的大小也会决定加工区域的大小,选择曲面时可以开启曲面的边界,此时,刀具将在选择的零件面上进行加工,图 3-4 中选择了箭头所指的 3 张面,程序的计算结果如图 3-5 所示。

在体积铣、曲面铣、局部铣和清根加工策略里零件曲面是必须要被选择的,如果需要进一步控制加工范围,可以选择草图生成的边界进行控制,曲面的选择方法详见第 1 章有关编程子菜单的介绍。

提示: 如果需要选择零件曲面而没有选择,则程序轨迹不会被计算出来。

图 3-4 选择零件曲面

图 3-5 零件曲面限定加工区域

4. 检查曲面

检查曲面也就是保护面,选择"检查曲面"可以避免刀具加工这些面,例如图 3-5 加工时已经过切了 3 张面，当把图 3-6 箭头所指的过切面选择为检查曲面，再经过计算，加工时就不会过切这些面。检查曲面可以在加工模型上选择也可以在其他零件（例如夹具）上选择。

提示：从 Cimatron 13 版本开始，选择加工对象时，如果"零件安全保护"选项选择了"激活"，则目标零件所有曲面都视为检查曲面，不需要再去选择，也就是我们说的安全加工。

5. 目标曲面

"目标曲面"同样是用来控制加工区域的，系统会沿着 Z 轴把在目标曲面上生成的刀路轨迹投影到零件曲面上，如图 3-7 所示；仅在"瞄准曲面"加工工艺里有这个选项，目标曲面只能通过手动拾取方式进行选择。

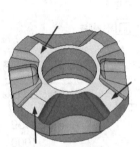

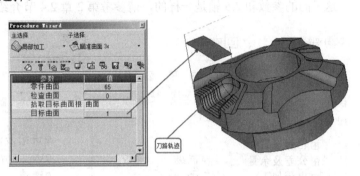

图 3-6　选择检查面　　　　　　　　　　图 3-7　选择目标曲面

6. 轮廓

与上面介绍的"1. 边界"不同，三轴的轮廓和 2.5 轴的轮廓一样，轮廓可以是封闭的也可以是开放的，它决定了刀具的加工位置，如图 3-8 所示，箭头指示了选择的轮廓和零件曲面，计算结果表明在轮廓上生成加工轨迹，轮廓铣削或者直纹面加工时需要选择轮廓。

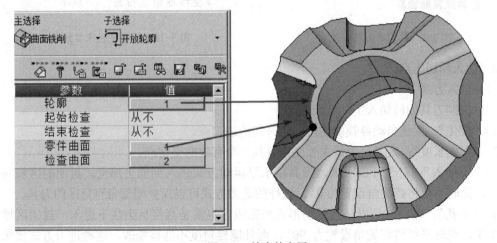

图 3-8　轮廓的应用

以上是常见的加工对象，选择的加工策略不同，可供选择的加工对象也不同，正确地选择加工对象才能生成正确的程序轨迹，这是需要注意的地方。

3.4　三轴体积铣加工参数

在编制三轴程序之前，先熟悉三轴加工策略里的重要加工参数，和 2.5 轴一样，加工参数包括刀路参数和机床参数，图 3-9 所示为刀路参数，图 3-10 所示为机床参数。

3.4.1　体积铣刀路参数

这里以体积铣-环绕粗铣为例介绍编程时所涉及的刀路参数，如图 3-9 所示，这里不再赘述与 2.5 轴相同的参数。

1．安全平面和坐标系

这里面的参数和 2.5 轴是一样的，请参考第 2 章 2.4 节介绍的 2.5 轴粗加工参数部分。

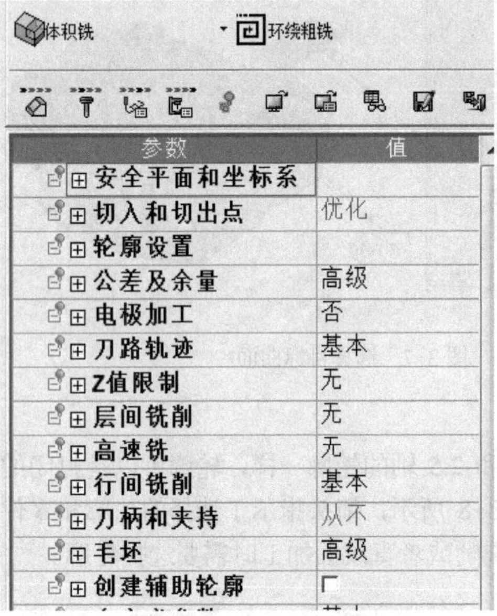

图 3-9　体积铣刀路参数 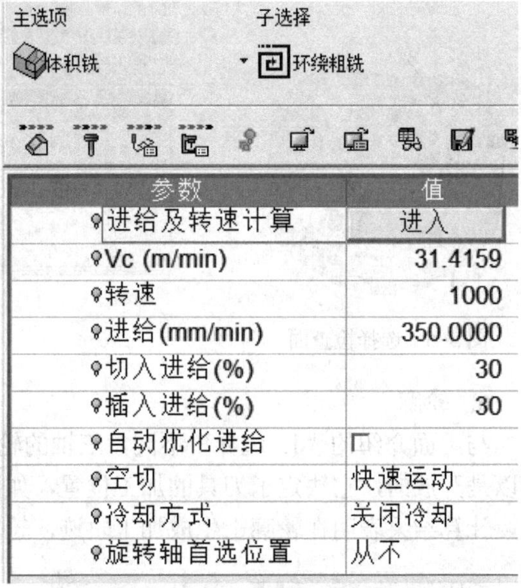　　　　图 3-10　体积铣机床参数

2．切入和切出点

（1）进入方式

用以控制刀具如何切入工件毛坯的。

1）"优化"：系统自动寻找能缩短加工时间的进刀点。

2）"根据长度"：定义一个最大长度来寻找一个有效的空切点。

3）"不插入"：对于开放区域，刀具以水平运动方式进入到加工部位，封闭的区域将不被加工，此时系统将螺旋角设置为 0°，这样的进刀方式可以保护端部带有盲区的刀具。

4）"钻孔"：进刀总是以钻孔运动形式来完成，也就是直接从上往下进入，封闭区域也将被加工，此时系统将螺旋角设置为 90°，而且螺旋角度不能被修改，这种进刀方式要求刀具端部没有盲区，否则很危险。

（2）切入角度

当进刀方式选择"优化"和"根据长度"时此参数才会出现，用来控制刀具进刀时的螺旋角度。螺旋下刀角度和刀具参数有关，刀具手册可以提供螺旋下刀角度。

（3）最大进入长度

当进刀方式选择"根据长度"时此参数才会出现，定义的是最大进入长度，系统默认设置是刀具直径的 2 倍。

（4）盲区

此参数用来控制刀具不加工较小的区域，起到保护当前刀具的作用，只有螺旋下刀时才会出现这个参数，实际它是指轨迹的尺寸而非几何尺寸，相当于 2.5 轴参数里介绍的"最小切削宽度"。

（5）最大螺旋半径

当设置的"切入角度"值不是 90°时此参数才会出现，用来控制刀具下刀时的螺旋半径，系统默认设置是刀具直径的 48%。

（6）直连接距离

控制两个路径之间的连接方式，当两个路径之间的距离大于此值时，刀具将抬起到安全高度（或者增量高度）进行连接，如图 3-11 所示，此时刀具抬起后将以快速运动（G00）方式到下一个路径；当两个路径之间的距离小于此值时，刀具将从当前路径抬起一小段距离后以进给运动（G01）方式到下一个路径，如图 3-12 所示。一般来讲，对于现在的高速机床，后者的加工时间比较长，抬刀少不一定是好事。

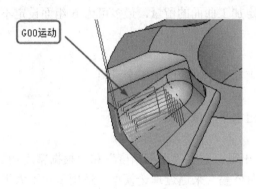
图 3-11　路径距离大于直连接距离

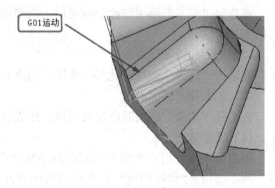
图 3-12　路径距离小于直连接距离

（7）缓降距离

在进刀时，此数值是刀具开始以进给方式加工工件时的位置与工件间的距离。

（8）毛坯外切入

默认设置是选中的，对于加工开放区域，可以使刀具从毛坯外部切入工件，是比较安全的进刀方式。

3．轮廓设置

（1）支持嵌套轮廓

选中此项可以支持多个具有嵌套关系的轮廓加工，一般在轮廓管理器里进行设置。图 3-13 是选中此项的情形，被选的 4 个轮廓都是有效的；图 3-14 是不选中此项的情形，图 3-14 中内部两个轮廓是无效的。

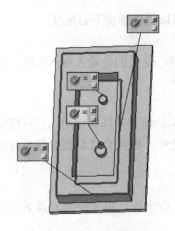

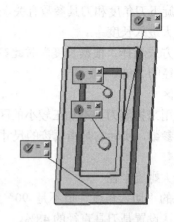

图 3-13　支持嵌套关系　　　　　　　　图 3-14　不支持嵌套关系

（2）"轮廓偏置"和"刀具位置"参数与 2.5 轴加工参数的解释相同。

4．公差及余量

有"基本"和"高级"两个选项，"基本"是对所有加工面设置相同的余量，"高级"可以对水平面和非水平面设置不同的余量，以适应实际的加工需求。

（1）加工曲面余量

在选择"基本"选项时此参数可用，用来设定加工曲面的留量，最多可为 6 组面设定不同的加工余量。

（2）加工曲面侧壁余量

在选择"高级"选项时此参数可用，用来设定非水平区域的加工余量。

（3）加工曲面底面余量

在选择"高级"选项时此参数可用，用来设定水平区域的加工余量。

（4）逼近方式

当曲面余量使用"高级"模式时此参数才会出现，它有"根据精度"和"根据精度+长度"两个选项。"根据精度"是根据设置的"曲面公差"来逼近理论模型，适用于对不太平坦的曲面进行加工；"根据精度+长度"是根据设置的"曲面公差"和"最大三角片长度"来逼近理论模型，适用于对比较平坦的曲面进行加工。

（5）最大三角面片长度

用于控制加工精度，当"逼近方式"选择"根据精度+长度"选项时会出现这个参数。

（6）曲面公差

允许加工偏离实际曲面的最大值，如图 3-15 所示，类似 2.5 轴的轮廓精度。

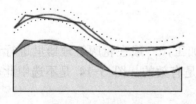

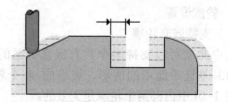

图 3-15　曲面公差　　　　　　　　　图 3-16　2D 平动间隙

（7）轮廓最大间隙

对于选择加工轮廓时有效，当轮廓间隙大于此值时该轮廓将不被选中，它和管理器上的轮廓间隙是对应的。

5．电极加工

用在对电极的加工编程，当在图3-9中选中此选项时，可以激活以下两个参数。

（1）2D平动

设定平动放电形式的火花间隙，如图3-16所示，要求输入正值。

（2）火花间隙/3D偏移量

不同于2D平动，设定3D放电形式的火花间隙，是沿着电极面的法向偏移，要求输入正值。

6．刀路轨迹

有"基本"和"高级"两种形式显示参数，开启"高级"显示模式可以显示所有加工参数。

（1）铣削模式

用法与2.5轴相同，参照第2章中对于加工参数的介绍。

（2）策略

其右侧有"优化"和"用户自定义"两个选项。

1）"优化"：系统自动定义加工过程中使用的策略。

2）"用户自定义"：用户定义程序计算所使用的策略，包括毛坯环切、限制毛坯环切行数、从内到外还是从外到内等加工策略，如图3-17所示，如果选择多个策略，系统将会识别其中最合适的策略并应用到程序里。

图 3-17　用户定义策略

（3）下切步距类型

定义垂直步距的方式，包括"固定""可变"和"固定+水平面"、"精铣水平面"4种方式。

1）"固定"：刀具以固定的Z向步距进行各个层的加工，如图3-18所示，这种步距类型优点是加工时间短，但有时候不能保证零件底部留到合适的余量。

2）"可变"：系统优化Z方向的加工步距，步距大小介于设定的最大和最小垂直步距之间，步距不固定，加工层数会多于固定步距类型，但可以在所有的水平面上得到所设定的加工余量，如图3-19所示。

3）"固定+水平面"：刀具开始时以固定Z向步距进行加工，接近水平区域时会根据额外的设定值（忽略平面上的余量）自动调整步距大小，如图3-20所示。这种类型不但可以保证水平面上的加工余量，还能减少加工层数（小的余量会留给精加工），节约加工时间。

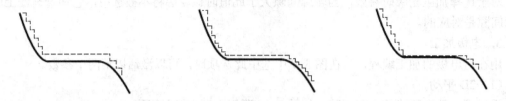

图 3-18 "固定步距"类型　　　图 3-19 "可变步距"类型　　　图 3-20 "固定+水平面步距"类型

4）"精铣水平面"：只有在"预设定编辑器"里设定才能出现此参数，具体设定如图 3-21 所示，此选项用于加工水平区域时，没有垂直步距出现，但在进刀和退刀点一栏会出现增量 Z 值参数。

图 3-21　设定粗加工-精铣水平面选项

（4）固定垂直步距

图 3-17 中"下切步距类型"选择"固定"才会出现这个参数，用于设定在 Z 方向两个相邻加工层之间的距离。

（5）可变侧向步距

在图 3-17 中选中此选项，可以定义最小侧向步距。

（6）侧向步距

设定两个相邻刀路轨迹之间的侧向距离，在粗加工里，侧向步距是同一水平面上相邻刀路轨迹间的距离。

（7）最小侧向步距

用于定义加工的最小侧向步距，只有在图 3-17 中选中"可变侧向步距"时才会出现此参数。

（8）最大下切步距

用于定义在 Z 方向两个相邻加工层之间的最大距离，在图 3-17 中"下切步距类型"选择"可变"才会出现此参数。

（9）最小下切步距

用于定义在 Z 方向两个相邻加工层之间的最小距离，在图 3-17 中"下切步距类型"选择"可变"才会出现此参数。

（10）真环切

选中此项可以生成螺旋线式的刀路轨迹，偏移之间的路径没有连接，如图 3-22 所示，而环切偏移之间的路径有明显的连接，如图 3-23 所示。

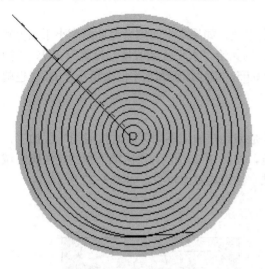
图 3-22　真环切刀路轨迹

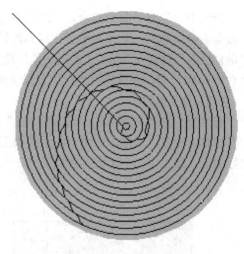
图 3-23　环切刀路轨迹

（11）半精轨迹

用于增加额外的刀路轨迹以改善加工区域边界的加工质量，有"从不"和"所有周围"2 个选项。"从不"表示不增加额外的刀路轨迹，"所有周围"是在零件面的周边增加半精加工轨迹，这样加工到零件面时刀具以较少的切削量进行加工，能得到很好的加工效果，但加工时间会增加一些，图 3-24 所示是加工凸模的轨迹，它使用了"所有周围"选项，里面多了一层轨迹，而图 3-25 是使用"从不"选项的情形。

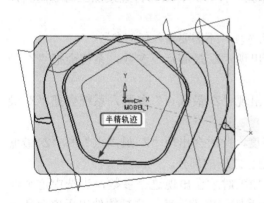
图 3-24　使用"半精加工-所有周围"选项

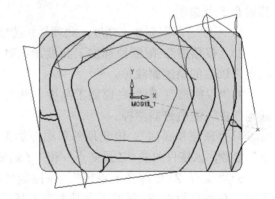
图 3-25　使用"半精加工-从不"选项

（12）为半精轨迹留余量

只有选择上面（11）半精轨迹中提到的"所有周围"选项时此参数才会出现，用来给当前程序加工侧壁留出半精加工余量，此参数和最终给侧壁留出的加工余量无关。

（13）忽略平面上的余量

当"垂直步距类型"选择"固定+水平面"选项时才会出现此参数，选择该参数后可以通过下面（14）Z 向余量中介绍的"Z 向余量"参数删除水平区域上"多余"的刀路轨迹

（是切削量相对很小而又不影响精加工的轨迹），选中此参数可以减少加工时间。

（14）Z向余量

当选中"忽略平面上的余量"时此参数才会出现，如果水平面剩余毛坯厚度小于该值加上曲面余量的和时，系统将不再生成刀路轨迹，例如给"水平区域留量"设置为0.75，"固定垂直步距"设置为1mm，"Z向余量"设置为0.05，当粗加工到水平面余量小于0.8（也就是0.75+0.05）时，系统将不再产生刀路轨迹。

（15）加工顺序

有"层"和"区域"2个选项，"层"指的是刀具在加工不同区域时按照同一层加工，抬刀相对比较多，但能保证同一层上的加工质量，如图3-26所示；"区域"指的是按照区域进行加工，加工完一个区域再去加工另一个区域，抬刀相对比较少，如图3-27所示。

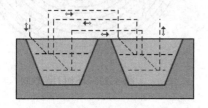 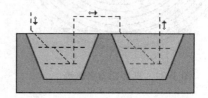

图3-26　层加工顺序　　　　　　　　　　图3-27　区域加工顺序

（16）最小毛坯宽度

图3-9中该项设定加工时可以忽略的最小毛坯宽度值。

7. Z值限制

图3-9中该项用来限制加工高度，在加工深腔零件时或者断刀再继续加工时会用到，其后有5个选项：

1）"无"。不限制加工高度，此项是系统默认选项，不需要输入任何参数。

2）"仅顶部"。限制顶部加工高度，此时会出现"Z最高点"参数，系统会把"Z最高点"以上的轨迹删除掉。

3）"仅底部"。限制底部加工高度，此时会出现"Z最低点"参数，系统会把"Z最低点"以下的轨迹删除掉。

4）"顶部和底部"。限制顶部和底部加工高度，此时会出现"Z最高点"和"Z最低点"参数，系统只加工"Z最高点"和"Z最低点"之间的部分。

5）"检查Z-顶部之上毛坯"。在控制顶部加工时才会出现这个参数，当选中这个选项时，系统会检查Z-顶部之上是否有毛坯，有毛坯则停止计算，这是软件出于安全考虑的结果。

8. 层间铣削

在Z向下切步距较大时，打开图3-9中的"层间铣削"可以在主切削层之间增加半精加工轨迹，目的是粗加工完毕不会在斜面处留下大的残料，这是Cimatron软件的一大特色，打开层间铣削的目的是为半精加工或者精加工留出均匀的余量，有如下3个选项。

1）"无"：不在主切削层之间加额外的轨迹，如图3-28所示，这个是系统默认的选项，当切深不大的开粗加工可以选择默认选项。

2）"基本"：在主切削层之间增加刀路轨迹，图3-29中斜面处主切削层之间增加了几条轨迹，它使用"残料台阶最大宽度"参数控制层间轨迹增加的多少，尺寸越小，增加的层数越多，台阶处的余量越均匀。

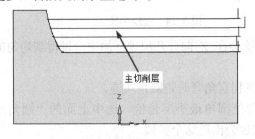

图3-28　主切削层没增加轨迹

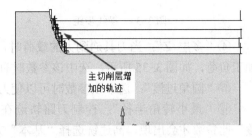

图3-29　主切削层增加轨迹

3）"高级"：具有更多的选项，可以采用"粗加工"或者"精加工"策略对台阶进行再加工，台阶大就采用"粗加工"工艺，台阶小就采用"精加工"工艺，"精加工"选项里有一个参数是"层顺序"，其后有两个加工顺序可以选择，一个是"由下往上"加工，一个是"由上往下"加工。

当粗加工切深大时，可以选择"基本"和"高级"选项来进一步清掉残留毛坯。

9．高速铣

图3-9中的"高速铣"指的是以较小的Z向步距、高的转速和进给加工零件，加工效率高，通过它可以用较小的刀具加工零件，以减少电极数量，也可以加工硬度比较高的零件，高速铣有以下参数可供选择。

1）"无"。不采用高速加工，在直角弯处生成的刀路轨迹是尖角，如图3-30所示，它是系统默认选项。

2）"基本"。打开此选项，在直角弯处生成的刀路轨迹是圆角，系统可以使用"角落首选半径"参数控制圆角的大小，如图3-31所示。

3）"高级"。采用高级的加工方式，可以得到如下更多的加工参数。

①"摆线"：选中可以使刀具以摆线加工方式进行加工，在开始加工槽时如果使用此方式，可以使刀具以正常的进给进行加工，避免满刀刃切削，提高刀具寿命，图3-32是摆线加工的轨迹。

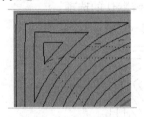
图3-30　高速加工-无

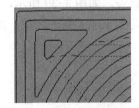
图3-31　高速加工-基本

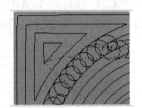
图3-32　摆线加工

②"摆线步距"：定义摆线移动的步距，如图3-33所示，选择摆线加工时此参数才会出现。

③"摆线半径"：定义摆线半径，如图3-34所示，系统默认为0.3倍的刀具直径，最大可设定为0.5倍的刀具直径，设定值不要给的太大，这样会浪费时间，注意选择摆线加工时此参数才会出现。

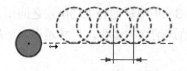

图 3-33 摆线步距

图 3-34 摆线半径

④ "多层 Z"：当刀具遇到大的载荷时，系统会在 Z 向分几层进行加工，以得到均匀的加工负荷，如图 3-35 所示，选中该参数时有效。

⑤ "圆角过渡"：选中该参数时可以使刀具在拐直角弯时走圆角轨迹。

⑥ "最小转角半径"：控制刀路轨迹在拐弯处圆角最小半径值，选中上面的"圆角过渡"此参数才会出现，高速铣选择"基本"方式也会出现这个参数。

⑦ "快速圆角连接"：定义空走刀的圆角半径，如图 3-36 箭头所指的区域。

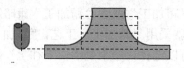

图 3-35 "多层 Z"应用

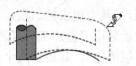

图 3-36 快速圆角连接

10．行间铣削

刀具在加工复杂的零件时，在某些路径之间会留下小的未加工区域，如图 3-37 和图 3-38 箭头所指的区域，单击图 3-9 中"行间铣削"选项，可以增加一些刀路轨迹，进一步加工这些未加工区域，这样会使得粗加工后的余量变得均匀，为后续的精加工彻底扫清障碍。"行间铣削"有"无""基本"和"高级" 3 个选项。

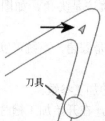

图 3-37 拐角处未加工区域

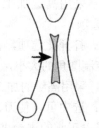

图 3-38 行间未加工区域

1）"无"：在行间不增加刀路轨迹，如图 3-39 所示，是系统默认的选项。

2）"基本"：系统延伸刀路轨迹到未加工到的区域，如图 3-40 所示。

图 3-39 行间铣削"无"选项轨迹

图 3-40 行间铣削"基本"选项轨迹

3）"高级"：通过设定更多的参数控制行间铣削，可以得到更理想的刀路轨迹，如图 3-41 所示。

下面的参数和行间铣削功能相关。

1）"行间间隙策略"：开启"高级"选项此参数才会出现，其后面有"补铣&变轨""仅变轨"和"仅补铣"3 个选项，"补铣&变轨"可以在两条相邻轨迹的间隙处增加轨迹，也可以在轨迹的角落处增加轨迹，如图 3-42 箭头所指的区域；"仅变轨"仅在刀路轨迹的角落处增加刀路轨迹，如图 3-43 箭头所指的区域；"仅补铣"仅在两条相邻轨迹间的间隙处增加轨迹，如图 3-44 箭头所指的区域。

图 3-41　行间铣削"高级"选项轨迹

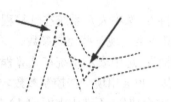
图 3-42　补铣&变轨

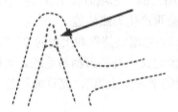
图 3-43　仅变轨

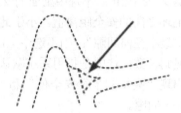
图 3-44　仅补铣

2）"圆角延伸"：只有在图 3-9 中的"高速铣"选项和"行间间隙策略"选择"变轨"时此参数才会出现，用于控制圆角延伸的大小。

3）"覆盖范围半径"：用于控制清理间隙的范围，最小值是 0.6 倍的侧向步距，最大值是 0.99 倍的侧向步距，注意它不适合用于平底刀具的计算。

4）最小狭窄区域宽度：定义不需要增加轨迹的最小区域宽度，避免不必要的加工，如图 3-45 所示，狭窄区域的宽度小于定义的"最小狭窄区域宽度"，因此没有被加工。

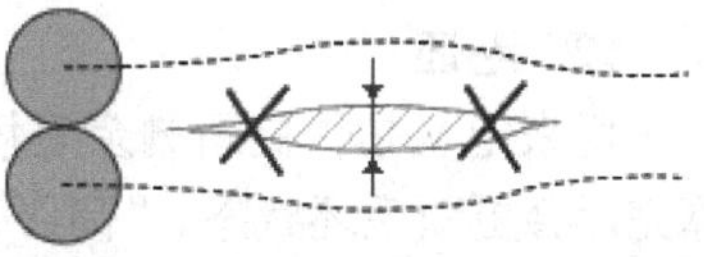

11．刀柄和夹持

只有对刀具定义了"刀柄和夹持"才会激活这个选项，有"使用""忽略"和"高级"3 个选项。"使用"的含义是使计算程序考虑夹持（包括

图 3-45　不加工狭窄区域

刀柄），如图 3-46 所示；"忽略"是使计算程序忽略夹持（包括刀柄），如图 3-47 所示，这会产生干涉，实际加工中这样是很危险的。"高级"里有更多参数。可以有更多的控制权限，下面将具体介绍。

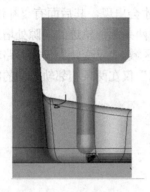 

图 3-46　程序中考虑夹持　　　　　　　　图 3-47　程序中不考虑夹持

1）"忽略夹持"：选中表示系统在计算程序轨迹时不考虑夹持，不选中表示在计算时系统会考虑夹持，其下会出现一些控制参数。

2）"忽略刀柄"：选中表示系统在计算程序轨迹时不考虑刀柄，不选中表示在计算时系统会考虑刀柄，其下也会出现一些控制参数。

3）"夹持 Z 安全值"：不选中上面的 1）"忽略夹持"选项时会出现此参数，用来定义夹持 Z 方向和毛坯之间的安全距离值。小于此值不会再产生刀路轨迹。

4）"刀柄 Z 安全值"：不选中上面的 2）"忽略刀柄"选项时会出现此参数，用来定义刀柄 Z 方向和毛坯之间的安全距离值。小于此值不会再产生刀路轨迹。

5）"使用最小径向间隙"：当不选中上面的 1）"忽略夹持"和上面的 2）"忽略刀柄"选项时，会出现此参数，选中是指用系统默认的数值定义夹持和刀柄与毛坯之间径向安全值；不选中，会出现"夹持的半径安全值"和"刀柄的半径安全值"，允许编程者手动输入一个值作为径向安全间隙。

6）"计算最小刀长"：当选中上面的 2）"忽略刀柄"、不选中上面的 1）"忽略夹持"选项时此参数才会被激活，它用来计算露出夹持的最小长度值。

7）"计算最小伸出长度"：当不选中上面的 2）"忽略刀柄"选项时此参数才会被激活，它用于计算露出刀柄的最小长度值。

8）"通过夹持和刀柄限制刀轨"：当选中上面的 6）"计算最小刀长"时，此参数才会被激活，用来决定是否通过夹持和刀柄限制刀路轨迹，出于安全考虑粗加工里此选项系统默认设置是开启的，不能修改，在精加工和清根里可以选择打开或关闭。

12. 毛坯

用来定义是否更新剩余毛坯，有"更新"和"高级"两个选项。"更新"意味着程序计算完后会更新毛坯状态。"高级"下面也有"否"和"精确地"两个选项，"否"就是忽略毛坯更新，"精确地"是指准确地更新毛坯状态。

提示：精加工系统默认设置是毛坯不更新，但有时候精加工也需要更新毛坯，例如后面程序需要参考前一个毛坯的时候，在"预设定"里可以把精加工改成默认更新毛坯，注意更

13．创建辅助轮廓

在当前程序创建辅助轮廓的目的是为下一个程序所用，这能有效地减少重复加工，提高加工效率，选中即可在程序计算完后输出正确的加工轮廓，其下面的参数介绍如下：

1）"轮廓类型"。可以生成"多边线""组合曲线"和"光顺组合曲线"类型轮廓，选择"光顺组合曲线"功能，在其下会出现一个"公差"参数，系统默认设置是曲面的公差，最小允许输入值是曲面公差的 1/10，最大允许输入值是曲面公差的 100 倍。

2）"集合名称"。此参数用来定义输出轮廓的集合名称，输出的轮廓在程序计算完后会自动地出现在集合里。集合名称最好和选择的程序相关，以便于区分。

3）"被忽略的区域（盲区）"。系统默认设置总是选中状态，允许在刀具未加工的地方生成轮廓。

> **提示：** 生成的辅助轮廓可以进行编辑，编辑方法是切换到 CAD 模式，然后从菜单选择"曲线"|"修改"|"辅助轮廓"命令，即可进入到编辑环境。

3.4.2　体积铣机床参数

图 3-48 是粗加工里的机床参数，它与图 2-111 中的 2.5 轴机床参数不同的是多了一个"自动优化进给"，选中可以使刀具走到拐弯处时自动降速和加速，减速可以由"减少到（%）"参数控制，比正常切削的速度小，加速可由"增加到（%）"参数控制，比正常切削的速度大，这样设置的好处是减少在加工过程中对刀具和机床的冲击，使加工更平稳。

图 3-48　体积铣机床参数

3.5　三轴曲面铣削刀路参数

三轴曲面铣削提供的加工工艺包括精铣所有、根据角度精铣、精铣水平面、开放轮廓、封闭轮廓和传统策略里的一些策略，如图 3-49 所示。曲面铣削主要用来半精加工和精加工，下面介绍曲面铣削里的一些未解释的参数。

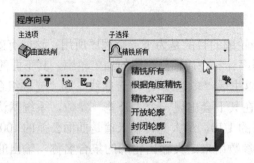

图 3-49　曲面铣削下面的工艺选项

3.5.1　精铣所有刀路参数

可以在编程环境里创建一个"精铣所有"程序后再打开刀路参数对话框，如图 3-50 所示，以下介绍刀路参数的含义。

图 3-50　精铣所有刀路参数

1. 切入和切出点

有两个选项，一个是"优化"、另一个是"高级"，高级里会多出以下 4 个参数。

1）"首选逼近半径"：用于控制进刀所走圆弧的大小。

2）"首选退出半径"：用于控制退刀所走圆弧的大小。

3）"切入延伸"：把进入的轨迹沿着切向延伸一段距离，当使用平行铣削和延伸工艺才会出现此参数。

4）"切出延伸"：把退出的轨迹沿着切向延伸一段距离，当使用平行铣削和延伸工艺才会出现此参数。

5）"逼近/返回安全值"：定义刀具进退时和零件曲面的安全距离，系统默认设置是曲面公差的 5 倍。

2．轮廓设置

在刀具定位（公共的）参数里有一个"接触点"选项，用来规定轮廓是通过刀具的切削刃和加工曲面的接触点来限定加工区域的，图 3-51 中刀具在加工曲面圆角时采用"接触点"加工，刀具和曲面的接触点在轮廓上，轨迹在轮廓的外部；而图 3-52 中刀具采用"轮廓上"加工，刀心在轮廓的正上方，轨迹在轮廓的里面，圆角没有加工到位。

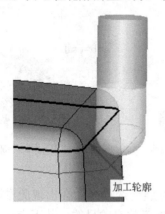 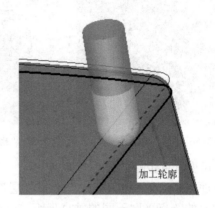

图 3-51　接触点加工　　　　　　　　图 3-52　在轮廓上加工

3．刀路轨迹

图 3-50 中"精铣所有"的刀路轨迹和"体积铣"主要在加工方式上不同，如图 3-53 所示，加工方式不同对应的参数也不尽相同。

图 3-53　"精铣所有"刀路轨迹

（1）加工方式

单击图 3-53 中"加工方式"选项右侧的下三角有以下 5 种选项。

1）"环切"：刀具以环绕切削的策略进行加工，如图 3-54 所示。

2）"平行切削"：刀具以平行切削的策略进行加工，如图 3-55 所示。

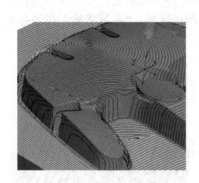 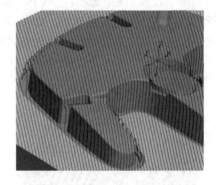

图 3-54　"环切"加工方式　　　　　图 3-55　"平行切削"加工方式

3）"层"：使用分层加工策略加工零件的垂直区域，如图 3-56 所示。

4）"螺旋"：使用螺旋加工策略加工零件的垂直区域，它适用于加工带有陡峭面的凸模或者凹模，尤其适用于某些电极的加工，如图 3-57 所示。

5）"3D 步距"：3D 步距指的是相邻两个刀路轨迹的空间距离是固定的，如图 3-58 所示，此种加工策略适用于使用一个程序加工带有陡峭面和平缓面的零件。

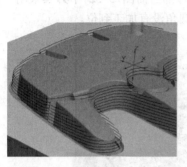
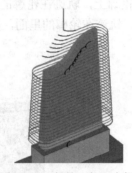
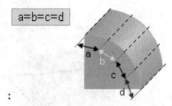

图 3-56 "层"加工方式　　　图 3-57 "螺旋"加工电极　　　图 3-58 "3D 步距"加工方式

（2）可变垂直步距

当上面（1）的"加工方式"选择"层"或者"螺旋"选项时才会出现此参数，它是根据零件面的特点采取不同的垂直步距，以达到提高加工效率的目的，其下会出现以下两个参数。

（3）垂直最大粗糙度

选择"可变垂直步距"选项时才会出现此参数，是通过输入粗糙度的大小来确定垂直步距。

（4）最大切深

选择"可变垂直步距"选项时才会出现此参数，用于控制垂直的最大步距，给定的最大步距值不要超过刀具的刀刃长度，如果超过了系统也会按照最大刃长确定，这是出于安全考虑。

（5）边界精铣轨迹

当上面（1）的"加工方式"选择"平行切削"时才会出现此参数，它有"从不""所有周围"和"在笔式线"3 个选项，"从不"指的是不在边界增加轨迹，如图 3-59 所示；"所有周围"指的是在边界增加刀路轨迹，如图 3-60 箭头所指区域；"在笔式线"指的是不在空切边界处增加轨迹，只在需要的地方增加有效轨迹。

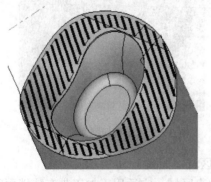
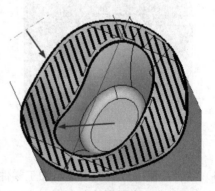

图 3-59 边界没增加精铣轨迹　　　图 3-60 边界增加精铣轨迹

（6）侧壁偏置量

当上面（1）的"加工方式"选择"平行切削"时才会出现此参数，用于定义为精加工留出的偏移值。最小可以输入 0，最大可以输入刀具的直径。

（7）尖锐边直接连接

当上面（1）的"加工方式"选择"层"和"螺旋"加工时会出现此参数。"直接连接"是在陡峭尖锐边创建的轨迹，"尖锐边直接连接"是用来指定刀具在加工过程中如何通过尖锐边的，它有以下 3 个选项。

1）"尖角"：路径在越过尖锐边进入下一个路径时以尖角过渡，如图 3-61 箭头所指。

2）"圆角"：路径在越过尖锐边进入下一个路径时以圆角过渡，如图 3-62 箭头所指。

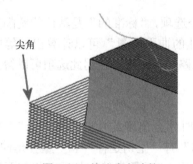
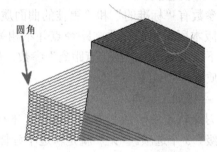

图 3-61　轨迹尖角连接　　　　　　　　　图 3-62　轨迹圆角连接

3）"从不"：轨迹在尖锐边处以圆弧退出然后再以圆弧切入，如图 3-63 箭头所指。

（8）垂直区域允许半径超出

"垂直区域允许半径超出"是指由平坦面上的尖锐边创建的刀路轨迹，选中该项，可以把在平坦面上的尖锐边产生的刀路轨迹抬高，以达到保护尖边的目的，如图 3-64 所示。

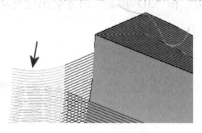
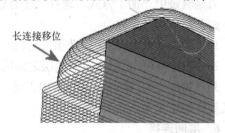

图 3-63　轨迹从不连接　　　　　　　　　图 3-64　垂直区域允许半径超出

（9）抬升高度

当选中上面（8）的"垂直区域允许半径超出"时才会出现此参数，用于指定轨迹抬升的距离，以避免刀具和平坦尖边接触。

（10）水平面补铣

当上面（1）的"加工方式"选择"层"和"螺旋"时才会出现此参数，选中它可以在水平面上补铣一条刀路轨迹，以便能清掉根部的余量，如图 3-65 所示。

（11）铣削至最低点

当上面（1）的"加工方式"选择"层"和"螺旋"时才会出现此参数，刀具可以加工到最低端。如图 3-66 所示，球刀超过底边一个刀具半径。

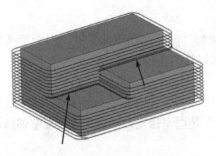

图 3-65　水平面补铣

图 3-66　铣削至最低点

（12）刀轨光顺

此参数有"标准的"和"更佳的曲面质量"2 个选项，"标准的"是默认的铣削方式，是以前版本所采用的算法，路径点并不相等；"更佳的曲面质量"可以计算出相等的路径点，其下会出现一个"优化点距离"参数，用于定义路径点距离，使用此选项可以得到更佳的曲面质量。

4．平行加工延伸

当刀路轨迹中"加工方式"选择"平行铣削"时才会出现此功能，有"无""基本"和"高级"3 个选项。"无"就是轨迹不延伸；"基本"有"空切延伸"和"重叠延伸"2 个参数，"空切延伸"是沿着轨迹切线方向延伸一个距离，"重叠延伸"是沿着相邻面的曲率延伸，选用这个选项需要定义重叠面（也就是相邻面）；"高级"比"基本"功能多一个"空切延伸方向"参数，它用于定义沿着"所有方向""沿路径"方向还是"垂直于路径"方向延伸。

5．多层平行加工

刀路轨迹中"加工方式"选择"平行铣削""环切"和"3D 步距"时才会出现此功能，它有如下几个加工参数：

1)"加工次数"。用来定义加工层数。

2)"步距高度"。用来定义两层之间的距离。

3)"精加工"。选中可以对精加工进一步分层，其下会出现一个"精加工增量"参数来定义最终加工余量。

6．层间连接

当上面刀路轨迹中"加工方式"选择"层"时会出现此功能，如图 3-67 所示，"层间连接"用来控制刀具加工陡峭区域时 Z 方向两个相邻加工层是如何连接的，它有"基本"和"高级"两个选项。"基本"是系统内定了加工层之间的连接方式，没有可修改的参数。"高级"选项出现一些参数，可以根据情况修改，"高级"选项包括的参数如下：

1)"连接方法"。用来定义相邻加工层过渡的方法，有"沿面"和"切向"两个选项，如图 3-67 所示。"沿面"是沿着加工面进行过渡，如图 3-68 箭头所指的区域；"切向"是和加工面相切进行过渡，如图 3-69 箭头所指的区域。

2)"移动距离（切线）"。上面 1)的"连接方法"选择"切向"会出现此参数，用来定义当前层加工起始点和上一个加工层结束点沿着切线方向之间的距离。

3)"偏置距离（面上）"。上面 1)的"连接方法"选择"沿面"才会出现此参数，用来定义当前层加工起始点和上一个加工层结束点沿着加工面之间的距离。

刀路轨迹	基本
加工方式	层
陡峭区域铣削方式	顺铣
陡峭区域步距	0.5000 f
刀轨光顺	标准的
Z值限制	无
层间连接	高级
连接方法	沿面
偏置距离 (面上)	2.5000 f
重叠距离	0.0000 f
首选逼近半径	查看<切入/切出点>
首选切出半径	查看<切入/切出点>

图 3-67　层间边接高级参数

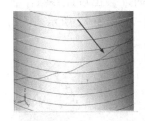

图 3-68　"沿面"连接

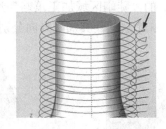

图 3-69　"切向"连接

4）"重叠距离"。图 3-67 中"重叠距离"用来设定当前层结束点越过起始点的距离，即重叠加工的距离。

5）"首选逼近半径"。对"切向"连接有效，控制切向切入零件的半径大小，如图 3-69 所示，其值的输入在图 3-67"首选逼近半径"的右侧"切入/切出点"里设置。

6）"首选切出半径"。对"切向"连接有效，控制切向退出零件的半径大小，其值的输入在图 3-67"首选切出半径"的右侧"切入/切出点"里设置。

3.5.2　根据角度精铣刀路轨迹主要参数

1．平坦区域

"根据角度精铣"策略是系统根据零件面的斜率大小自动分成平坦面和陡峭面，然后对平坦面和陡峭面采用不同的加工工艺，这就是 Cimatron 软件的斜率分析技术。

"平坦区域"选项用来控制刀具对零件平坦面的加工，选中可以生成平坦面的刀路轨迹。

2．平坦区域加工方法

当选中上面 1. 的"平坦区域"选项时才会出现此参数，它后面有"环切""平行切削"和"3D 步距"3 种加工方法可供选择，这些加工方法的含义在 3.5.1 小节介绍"精铣所有"那部分已经介绍了。

3．平坦区域铣削模式

当选中上面 1. 的"平坦区域"选项时才会出现此参数，用来确定加工时刀具的切削方式。其后有"顺铣""逆铣"和"混合铣"3 个选项。

4．水平区域铣削方向

当选中上面 1.的"平坦区域"选项时才会出现此参数，用来控制刀具是从外向内加工还是从内向外加工。

5．陡峭区域

"陡峭区域"选项用来控制刀具对零件陡峭面的加工，选中此项可以生成陡峭面的刀路轨迹。

6．陡峭区域加工策略

当选中上面 5.的"陡峭区域"选项时才会出现此参数，它后面有"层""螺旋"和"插入"3 种加工策略可供选择，前两种加工策略的含义在 3.5.1 节介绍"精铣所有"那部分已经介绍了，"插入"是指刀具可以沿着陡峭面上下方向进行加工，就是插铣加工，例如用于壁厚较薄的斜筋加工。

7．插铣方向

当上面 6.的"陡峭区域加工策略"选择"插入"时才会出现此参数，有"向下""向上"和"双向"3 个选项，其加工方向分别如图 3-70、3-71 和 3-72 所示。

 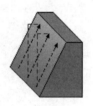

图 3-70 "向下"插铣　　　　图 3-71 "向上"插铣　　　　图 3-72 "双向"插铣

8．插铣侧向步距

当上面 6.的"陡峭区域加工策略"选择"插入"时才会出现此参数，用来控制插铣时刀具的侧向步距大小。

9．通用加工顺序

当同时选中了上面 1.的"平坦区域"和上面 5.的"陡峭区域"时就会出现此参数，用来控制先加工零件的陡峭面还是先加工零件的平坦面。

10．斜率限制角度

这个角度用来区分零件上的平坦面和陡峭面，指的是零件面的法向方向与当前坐标系 Z 方向的夹角，大于这个角度时此面被认为是陡峭面，小于这个角度时此面被认为是平坦面。设置范围是 20°～89°。

3.6　三轴清角加工主要参数

3.6.1　清根加工刀路参数

清根加工刀路参数里的刀路轨迹参数有很多和前面介绍的不同，图 3-73 是清根刀路轨迹参数列表，下面介绍清根加工中的重点参数。

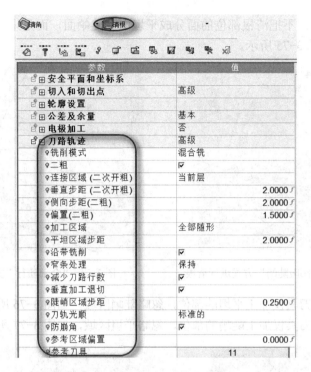

图 3-73　清根刀路轨迹参数

（1）二粗

选中可以使刀具在毛坯比较大的地方采用粗加工的方式进行清根，一般如果前一把刀具直径是清根刀具的两倍左右，就选中这个选项，避免断刀。

注意： 此选项只有清根程序选择参考毛坯时才会被激活。

（2）连接区域（二次开粗）

选中"二粗"选项才会出现此参数，其后有"内部安全高度"和"当前层"两个参数，"内部安全高度"指的是区域之间的连接在内部安全平面上，"当前层"指的是区域之间的连接在当前加工层上。

（3）垂直步距（二次开粗）

选中"二粗"选项才会出现此参数，用于定义粗加工 Z 向步距。

（4）侧向步距（二粗）

选中"二粗"选项才会出现此参数，用于定义粗加工的侧向步长。

（5）偏置（二粗）

选中"二粗"选项才会出现此参数，用于定义粗加工给精加工的余量，给出偏移值，就相当于规定加工毛坯大的地方时，采取先粗加工再精加工的工艺。

（6）加工区域

定义清根部位加工方式，如图 3-73 所示，它有以下 5 个选项，下面一一详细介绍。

1）"分割平坦/陡峭"：类似于曲面铣削里的根据角度精铣程序，系统也把加工模型分成平坦面和陡峭面，采用沿面加工平坦面，采用降层方式加工陡峭面，如图 3-74 所示。

2）"全部随形"：不把清根部位的面分成平坦面和陡峭面，而是采用同一个沿面加工的策略进行加工，如图 3-75 所示。

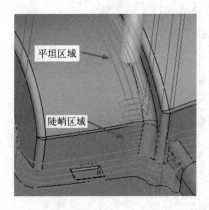

图 3-74　"分割平坦/陡峭"方式进行清根

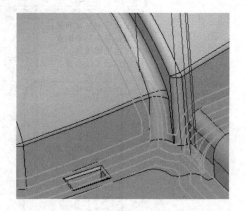

图 3-75　"全部随行"方式清根

3）"仅平坦"：刀具仅加工平坦的部位，忽略陡峭区域，如图 3-76 所示。

4）"仅陡峭"：刀具仅加工陡峭的部位，忽略平坦区域，如图 3-77 所示。

图 3-76　对平坦区域清根

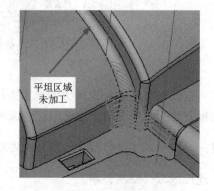

图 3-77　对陡峭区域清根

5）"无"：当选中上面（1）"二粗"选项时才会出现此参数，意味着只对根部毛坯余量大的部位进行粗加工，不做精加工处理，精加工处理留到下一个程序去做。

（7）斜率限制角度

用来区分根部上的平坦曲面和垂直曲面，含义等同于"根据角度精铣"里的"限制角度"参数。

（8）沿带铣削

在图 3-73 中的"加工区域"选择上面的 1）"分割平坦/陡峭"、上面的 3）"仅平坦"和上面的 2）"全部随形"才会出现此参数。选中此参数可以生成连续的清根轨迹，系统默认是选中的。

（9）窄条处理

在图 3-73 中此项右侧有"加宽"和"保持"两个选项，在清根有宽、窄区域时，"加宽"意味着清根轨迹可以越过窄条边界，"保持"意味着不越过窄条边界。

（10）减少刀路行数

用来在保证加工要求的情况下减少狭窄区域的刀路轨迹，以减少加工时间。图 3-78 是没有选中"减少刀路行数"选项得到的轨迹，图 3-79 是选中了"减少刀路行数"选项计算的结果。

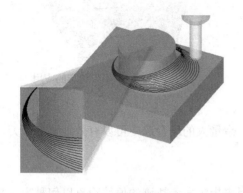 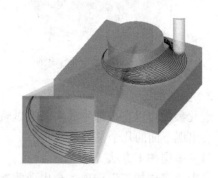

图 3-78　没选中"减少刀路行数"计算结果　　　　图 3-79　选中"减少刀路行数"计算结果

（11）防崩角

选中此参数不产生"瀑布式"刀路轨迹，起到优化轨迹的作用。

（12）参考区域偏置

设置此项相当于把角落处的剩余毛坯虚拟地偏大一个值，也可以理解为把上一把刀具虚拟放大一个偏移值，目的是使用当前刀具把根部加工得更彻底。

尤其当上一把刀具在加工曲率半径与之相当的根部曲面时，系统生成的轨迹可能不够理想，采用偏移值则可以得到更好的加工效果。

（13）参考刀具

用于选择清根程序所参考的上一把刀具，系统会根据上把刀具加工后的剩余毛坯计算清根的刀路轨迹。

3.6.2　笔式加工刀路参数

笔式加工是清根的一种加工工艺，通常是使用和根部圆角半径一致的刀具进行笔试加工，如图 3-80 零件根部圆角半径是 5，使用半径为 5 的球刀通过笔试加工即可使根部加工达到要求。

下面介绍笔试加工的几个特殊参数。

1. 陡峭区域

它是控制加工陡峭区域方法的选项，其参数有：

1）"从不"：是指在陡峭区域不生成轨迹，如图 3-81 所示。

2）"两者：向上和向下"：用来控制刀具在陡峭区域以向上和向下两个方向进行铣削。

3）"向上"：用来控制刀具只能以向上的方向加工陡峭区域。

4）"向下"：用来控制刀具只能以向下的方向加工陡峭区域。

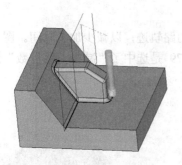

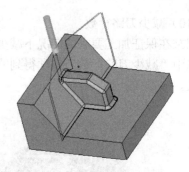

图3-80　笔试加工实例　　　　　　　　　　图3-81　"从不"选项的应用

2．多层加工

选此参数可以在根部生成多条笔试轨迹，在余量大的场合选中可以有效地避免断刀，选中后会出现下面的几个参数。

（1）多层加工方法

选中"多层加工"选项才会出现此参数，用来指定多条轨迹的偏移距离以何种方法来确定，其后面有两个选择：

1）"Z 向增量"。用来指定轨迹之间的距离在 Z 方向上是一致的，也由"步距"参数确定。

2）"曲面偏距"。用来指定轨迹之间的距离在加工曲面的法向上是一致的，也由"步距"参数确定。

（2）层数

选中"多层加工"选项才会出现此参数，用来指定生成轨迹的行数。

（3）步距

选中"多层加工"选项才会出现此参数，用来指定每行轨迹之间的距离，图 3-82 显示的是行数为"2"，步距为"3"生成的笔试轨迹。

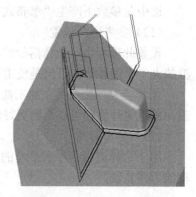

图3-82　多重笔试轨迹实例

3.7　程序的转换

Cimatron 软件的转换功能为用户提供一个灵活方便地复制和移动程序的方法，转换的程序包括 5 轴铣削和钻孔程序，定义转换不仅仅包含转换的类型（线性阵列、径向阵列和镜像）也包含了转换程序的加工顺序。

复制和移动的程序和原来的程序是相关的，Cimatron 的程序转换功能可以大大减少具有相同特征的零件程序的编制时间。

程序的转换功能如图 3-83 所示，包括 2 个移动功能和3 个复制功能，下面介绍它们的用法。

图3-83　程序的转换

3.7.1 复制

复制用在具有相同形状区域的零件编程上，当某一个区域的程序编制完后，可以通过复制来生成具有相同区域的程序，原程序能复制一个或者多个，下面介绍复制程序的创建过程。

1. 选择策略

单击图 2-83 中编程向导栏上的创建程序按钮，在"主选择"里选择"转换"，在"子选择"里选择"复制"，如图 3-84 所示。

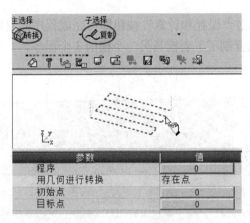

图 3-84 复制程序

2. 选择要复制的程序和复制方法

其中有如下两个重要的设置：

（1）选择程序

单击图 3-84 中"程序"参数右侧的按钮 ___0___，在图 3-85 所示的"选择程序"对话框中勾选想复制的程序，如图 3-85 所示，3 个程序被选中了。

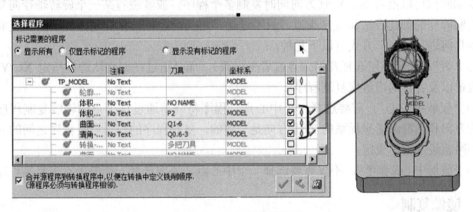

图 3-85 选择复制的程序

（2）用几何进行转换

复制的方法有 3 种：

1）"否"。表示不用选择几何（点或者坐标系），而是通过在刀路轨迹里指定坐标值来复制程序。

2）"存在点"。是指通过指定初始点和目标点来复制程序，目标点可以选择多个零件上的点，因此可以复制多个程序。

3）"坐标系"。是指通过指定原始坐标系和目标坐标系的办法进行复制，目标坐标系可以选择多个，因此也可以复制多个程序。

3．定义加工参数

包括安全平面、刀路轨迹等参数。

4．计算程序

做好上面的设置后单击"保存和计算"按钮即可完成程序的复制操作，图 3-86 是通过上面 2）"存在点"的方法复制了手表模具另一个槽的 3 个程序。

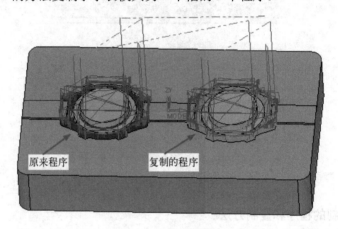

图 3-86　程序复制的结果

3.7.2　复制阵列

复制阵列可以沿着 X、Y 轴方向同时复制多个程序，或者绕着某一个旋转轴径向复制程序，复制阵列的创建方法和复制类似，只不过是"用几何进行转换"的方法不同，复制阵列的"用几何进行转换"方式有以下几种：

1）"否"。表示不用选择几何（点或者坐标系），而是通过在刀路轨迹里指定 X、Y 方向上的数量以及各自的增量来复制程序。

2）"仅放射中心"。需要选择一个中心点，程序将绕着通过这个点的轴线复制程序，注意轴的方向和当前激活坐标系的 Z 轴方向是一致的，复制程序的数量以及程序之间的间隔角度在刀路轨迹参数里设定。

3）"放射中心&参考"。不仅需要选择一个中心点，还要选择一个参考点来复制程序。

3.7.3　镜像复制

镜像复制是通过选择线和面来镜像程序，镜像复制的创建方法和复制类似，只不过是"用几何进行转换"的方式不同，镜像复制中"用几何进行转换"方式有以下几种：

1）"否"。不需要在"零件"里定义镜像程序的参考实体，而是在刀路轨迹里通过选择程序坐标系的 XY、YZ 或者 XZ 平面来镜像复制程序。

2）"直线"。通过选择直线来镜像复制程序。

3）"平面"。通过选择平面来镜像复制程序。

4）"坐标系"。通过选择坐标系和其中的一个主平面来镜像复制程序，如图 3-87 所示。

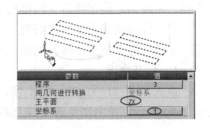

图 3-87　通过坐标系镜像复制程序

3.7.4　移动

移动是把程序从一处移动到另一处，原来被移动的程序将不复存在，其创建方法和复制程序是一样的。

3.7.5　镜像移动

镜像移动是把程序从一处镜像移动到另一处，原来被移动的程序将不复存在，其创建方法和上面 3.7.3 的镜像复制程序是一样的。

3.8　三轴加工综合练习

本练习用于掌握以下内容：粗加工参数练习、快速预览应用、二次开粗的应用、清根应用、程序的复制练习、精铣水平面工艺的应用、学习合理地规划程序。

本练习是编制手表壳模具粗加工、精加工和清根的完整程序，图 3-88 是手表壳模具毛坯大小，图 3-89 是手表壳模具三维模型，也是本练习加工的最终模型，加工的工艺规划见表 3-2。

图 3-88　手表壳模具毛坯

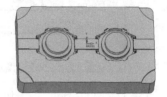

图 3-89　手表壳模具

表 3-2　手表壳模具的加工工艺

序号	刀具名称	刀具类型	加工部位	直径/mm	垂直步距/mm	转速/(r/min)	进给/mm	加工余量/mm
1	BN10R2	牛鼻刀	整体粗加工	10	0.5	6000	1200	0.15
2	FLAT02	平刀	对左侧槽二次开粗	2	0.1	12000	500	0.1
3	BALL1	球刀	左侧槽曲面精加工	1	0.05	15000	450	0
4	BALL0.8	球刀	左侧槽清根	0.8	0.04	18000	350	0
5	FLAT02	平刀	左侧槽水平、垂直面加工	2		12000	350	0
6	复制序号为 2、3、4 和 5 程序加工另一侧槽							
7	FLAT10	平刀	精加工其他水平面	10		6000	800	0

练习的文档名称是"手表壳模具"，文件路径在：下载的电子资源\参考文档\第 3 章参考

文档，做练习之前把练习文档都拷贝到计算机硬盘里。

最终完成的编程文件路径在：下载的电子资源\练习结果\第 3 章练习结果，可供读者参考，下面详细介绍这个练习的编程过程。

1. 打开文档

进入图 2-81 的 Cimatron 窗口，单击"打开"按钮 ![icon]，选择"手表壳模具"文档，如图 3-90 所示，单击浏览器窗口上的"读取"命令即可打开练习文档。

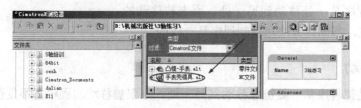

图 3-90　打开练习文件

2. 查看文件

练习文档是一个 NC 文档，为了节省篇幅，文档中已经创建了"SETUP_MOEDL(2P)""目标零件""毛坯"和"TP"程序，如图 3-91 所示，毛坯是按照"轮廓"进行创建的，加工用的刀具也已经建好了。

为了能顺利地做完这个练习，建议读者尤其是初学者把第 2 章的 2.5 轴综合练习做完，因为这两个练习有多个过程基本是一样的。

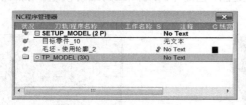

图 3-91　创建了零件和毛坯

3. 整体粗加工程序编制

（1）选择工艺和加工对象

单击图 2-83 中向导栏"程序"按钮 ![icon]，弹出的对话框中默认设置是"主选项"，选择"体积铣"，"子选择"选择"环绕粗铣"。

单击"零件曲面"参数右侧按钮 ![0]，框选所有显示的曲面，单击鼠标中键确认，则有 238 张曲面被选择，如图 3-92 所示。

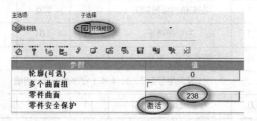

图 3-92　粗加工工艺和加工对象的选择结果

（2）选择刀具

单击图 3-92 上的"刀具"按钮 ，选择"牛鼻刀""BN10R2"，如图 3-93 所示。

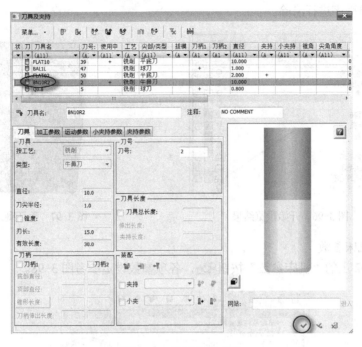

图 3-93 选择牛鼻刀具

（3）设定刀路参数

单击图 3-92 上的"刀路参数"按钮 ，前 4 项参数的设定参考图 3-94。注意，安全平面高度之所以是一个小数，是因为系统根据零件自动计算的结果，不需要修改。

其他几项参数项设定如图 3-95 所示。

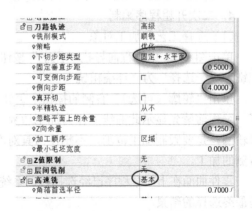

图 3-94 粗加工刀路参数前 4 项设定　　　图 3-95 其余粗加工刀路参数设定

单击图 3-92 中"快速预览"按钮 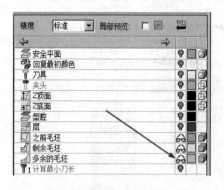，在弹出的图 3-96 所示对话框中单击"多余的毛坯"按钮 可以查看毛坯剩余情况，如图 3-97 所示，发现有些地方剩余了大量毛坯，后续会通过二次开粗程序进行清除。

图 3-96　开始预览结果

图 3-97　毛坯剩余情况

（4）设定机床参数

单击图 3-92 上的"机床参数"按钮 ，各项参数设定参考图 3-98。

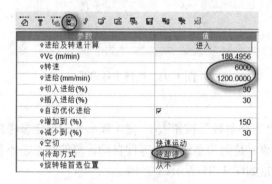

图 3-98　机床参数设定

（5）保存并计算

单击图 3-92 上"保存并计算"按钮 ，完成刀路轨迹的计算，如图 3-99 所示。

4．二次开粗程序编制

（1）选择工艺和加工对象

单击图 2-83 中编程向导栏"程序"按钮 ，弹出对话框默认设置是："主选项"为"体积铣"，"子选择"为"环绕粗铣"。

单击"轮廓（可选）"右侧的按钮 **0** ，并选择图 3-100 所示的组合曲线（事先已经做好，编程前请先显示此曲线）作为加工边界，再单击两次鼠标中键完成轮廓的选择。在此选择轮廓，是要限制加工范围，不想让刀具对右侧进行二次开粗，后面可以通过复制程序完成右侧的加工。

零件曲面在上一个程序已经选择好，系统已经自动记忆，不需要再次选择曲面，图 3-101 是最终选择的结果。

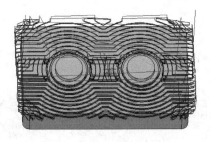

图 3-99　粗加工轨迹

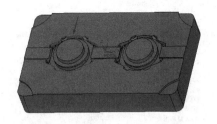

图 3-100　选择加工边界

图 3-101　二次开粗工艺和加工对象的选择结果

（2）选择刀具

单击图 3-101 上的"刀具"按钮 ▼，选择直径为"2"的平刀"FLAT02"，如图 3-102 所示。

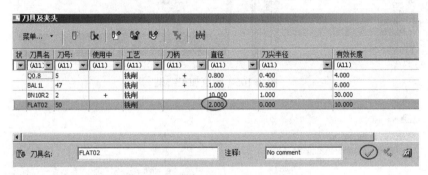

图 3-102　选择平刀

（3）设定刀路参数

单击图 3-101 上的"刀路参数"按钮 ⌐，前 4 项参数设定参考图 3-103 进行。

> 提示：练习过程中没有列出的参数项，按照系统默认设置即可。

后几项参数项设定见图 3-104。

单击图 3-101 中"快速预览"按钮 ⌐，查看毛坯剩余情况，如图 3-105 所示，可以发现左侧槽腔大部分毛坯已经被加工掉了。

（4）设定机床参数

单击图 3-101 上的"机床参数"按钮 ⌐，各项参数设定参考图 3-106。

（5）保存并计算

单击图 3-101"保存并计算"按钮 ⌐，完成刀路轨迹的计算，如图 3-107 所示。

图 3-103　二次开粗加工刀路参数前 4 项参数设定　　　图 3-104　其余二次开粗加工刀路参数设定

图 3-105　预览加工结果

图 3-106　机床参数设定

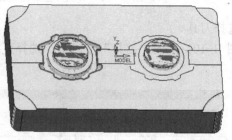

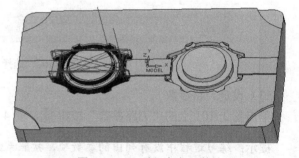

图 3-107　二次开粗加工轨迹

5．左侧槽精加工程序编制

（1）选择工艺和加工对象

单击图 2-83 中编程向导栏"程序"按钮，在弹出的对话框中"主选项"切换为"曲面铣削"选项，"子选择"切换为"根据角度精铣"。

单击"边界（可选）"右侧的按钮 <u>　1　</u>，在弹出的"轮廓管理器"对话框中确认"显示 NC 轮廓标签"已经被选中，单击图 3-108 右边箭头所指的轮廓标签，并在对话框中把"刀具位置"切换成"轮廓内"，单击"应用"按钮，完成对刀具位置的修改，结果如图 3-108 所示。

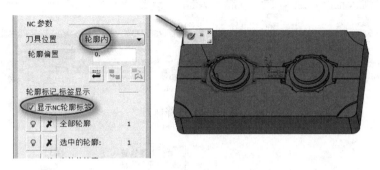

图 3-108　选择加工边界

把"刀具位置"改成"作为接触点"，并单击图 3-109 右边箭头所指的平面，系统会把此平面最大外轮廓提取出来，如图 3-109 所示，单击鼠标中键确认，为此工序选择了另一个加工轮廓，再次单击鼠标中键退出轮廓的选择。

提示：为这道工序选择两条加工边界，两条边界的刀具位置是不同的，这样可以限制刀具只加工曲面而不加工里面的水平面区域，刀具位置将决定加工的结果。

曲面在上一个程序已经选择好，系统已经自动记忆，不需要再次选择曲面，图 3-110 是最终选择的结果。

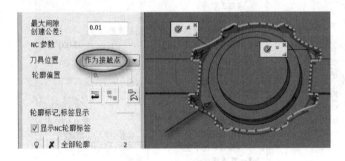

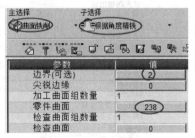

图 3-109　另一条轮廓的选择　　　　图 3-110　工艺和加工对象的选择结果

（2）选择刀具

单击图 3-101 上的"刀具"按钮，选择直径为"1"的球刀"BN10R2"，如图 3-111 所示。

（3）设定刀路参数

单击图 3-101 上的"刀路参数"按钮，前 4 项参数设定参考图 3-112 进行，采用圆弧进、退刀，曲面公差设定为"0.005"，目的是提高加工精度。

后几项参数项设定见图 3-113。

（4）设定机床参数

单击图 3-101 上的"机床参数"按钮，各项参数设定参考图 3-114。

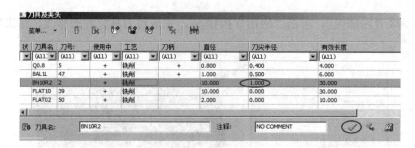

图 3-111　选择球刀

图 3-112　精加工刀路参数前 4 项参数设定

图 3-113　其余精加工刀路参数设定

（5）保存并计算

单击图 3-101"保存并计算"按钮 ，完成刀路轨迹的计算，如图 3-115 所示。

6. 左侧槽清角程序编制

本步骤是使用直径为"0.8"的刀具清掉半径为"0.4"的角落，对尖角处本练习不作处理，因为这些部位需要火花放电加工。详细的操作步骤如下：

（1）选择工艺和加工对象

单击图 2-83 中编程向导栏"程序"按钮 ，在弹出的对话框中"主选项"切换为"清角"选项，"子选择"切换为"笔试"如图 3-116 所示。

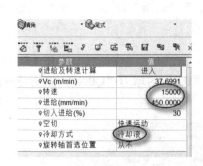

图 3-114 机床参数设定

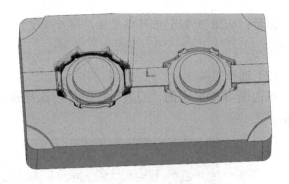

图 3-115 精加工轨迹

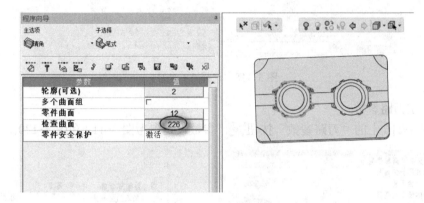

图 3-116 清角工艺和加工对象的选择结果

边界默认上面程序中选择的 2 个轮廓（此清根程序也可以取消掉不选择轮廓）。

单击图 3-110 中"零件曲面"右侧按钮 238，在空白处右击选择"重置所有"命令，取消上面精加工所选择的 238 张曲面。单击图 3-117 中箭头所指的面，共 4 处 12 张面，单击鼠标中键以确认选择。

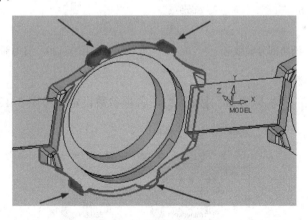

图 3-117 选择零件曲面

单击图 3-110 中"检查曲面"右侧按钮 0，框选所有曲面，单击鼠标中键确认选择，则有 226 张面被选择，结果如图 3-116 所示。

135

（2）选择刀具

单击图 3-116 上的"刀具"按钮 $\boxed{T}$，选择直径为"0.8"的球刀"Q0.8"，如图 3-118 所示。

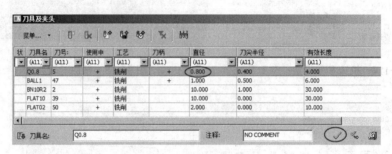

图 3-118　选择 0.8 球刀

（3）设定刀路参数

单击图 3-116 上的"刀路参数"按钮 $\boxed{}$，参数设定参考图 3-119 和图 3-120。

图 3-119　清角部分参数（一）　　　　　　图 3-120　清角部分参数（二）

（4）设定机床参数

单击图 3-116 上的"机床参数"按钮 $\boxed{}$，各项参数设定参考图 3-121。

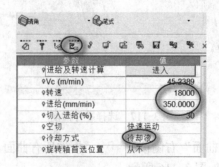

图 3-121　机床参数设定

（5）保存并计算

单击图 3-116 "保存并计算"按钮![icon]，完成刀路轨迹的计算，如图 3-122 所示，在每个角落产生了 3 条相互平行的刀路轨迹。

7. 左侧槽水平面和立面加工程序编制

这个步骤是采用直径为"2"的平底刀编制图 3-123 箭头所指的水平面和立面程序，也使用"根据角度精铣"工艺，这样使用平刀一个程序即可把该部位加工到位，之所以不和上面那个程序连在一起进行加工，是因为上面程序使用了球刀，工艺上不适合加工水平面和立面。

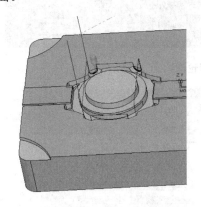
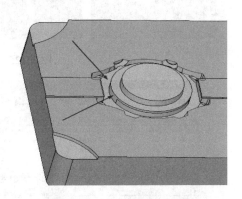

图 3-122　清角加工轨迹　　　　　　　图 3-123　本程序加工的部位

（1）选择工艺和加工对象

单击图 2-83 中编程向导栏"程序"按钮![icon]，在弹出的对话框中将"主选项"切换为"曲面铣削"选项，"子选择"切换为"根据角度精铣"，如图 3-124 所示。

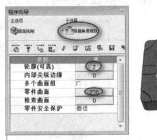
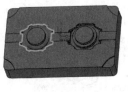

图 3-124　工艺和加工对象的选择结果

单击图 3-124 中"轮廓（可选）"右侧的按钮![icon]，在空白处右击选择"重置所有"命令，先把默认选择的两个轮廓取消掉，然后把图 3-125 中刀具位置切换成"轮廓内"，按照图 3-125 右边箭头所指，先选择平面的外轮廓，单击鼠标中键确认，再选择里面轮廓，单击鼠标中键确认，再次单击鼠标中键退出轮廓的选择。

取消默认选择的所有检查面，再单击图 3-124 中"零件曲面"右侧按钮，框选所有曲面，单击鼠标中键确认选择，则有 238 张面被选择，结果如图 3-124 所示。

（2）选择刀具

单击图 3-124 上的"刀具"按钮![icon]，选择直径为"2"的平刀"FLAT02"，如图 3-126

所示。

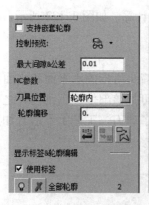 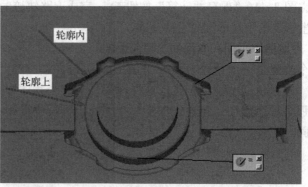

图 3-125　选择轮廓

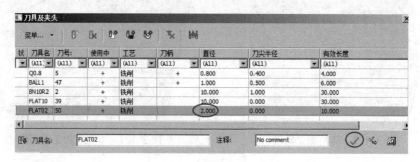

图 3-126　选择平刀

（3）设定刀路参数

单击图 3-124 上的"刀路参数"按钮，参数设定参考图 3-127 和图 3-128。

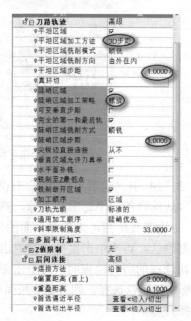

图 3-127　刀路部分参数（一）　　　图 3-128　刀路部分参数（二）

（4）设定机床参数

单击图 3-124 上的"机床参数"按钮 ▣，各项参数设定参考图 3-129。

（5）保存并计算

单击图 3-124 中"保存并计算"按钮 ▣，系统完成刀路轨迹的计算，如图 3-130 所示。

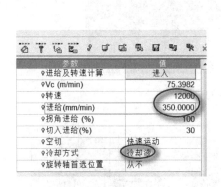

图 3-129　机床参数设定

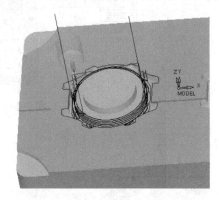

图 3-130　水平面和立面的精加工轨迹

8．复制左侧槽的所有程序

因为模具右侧和左侧具有相同特征，可以用复制程序的方法编制右侧加工程序。单击图 2-83 中编程向导栏"程序"按钮 ✎，在弹出的对话框中将"主选项"切换为"转换"选项，"子选择"切换为"复制"，如图 3-131 所示。

单击图 3-131 中"程序"参数右侧的按钮 ▢ 0 ▢，在弹出的对话框中选择要复制的程序，如图 3-132 所示，单击"确定"按钮。

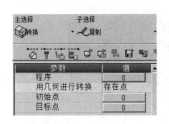

图 3-131　选择工艺

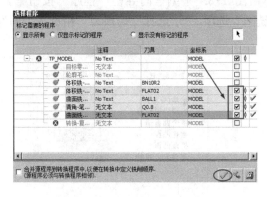

图 3-132　选择复制的程序

单击图 3-131 中"初始点"参数右侧的按钮 ▢ 0 ▢，单击选择左侧槽的顶面圆弧中心（结合过滤器圆心点功能即可把圆心点捕捉到），再单击选择右侧顶面圆弧中心，如图 3-133 所示，然后单击"确定"按钮，选择完的结果如图 3-134 所示。

单击图 3-131 中"保存并计算"按钮 ▣，完成刀路轨迹的计算，如图 3-135 所示，程序管理器上显示复制的程序使用了多把刀具。

9．其他水平面的精加工程序编制

因为剩下的没有加工的零件面是水平面或者是立面，因此可以使用"精铣水平面"工艺用一个程序完成这些面的加工。

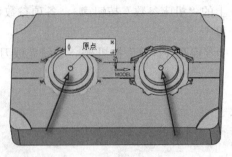

图 3-133　初始点的选择

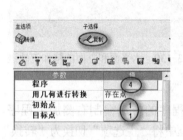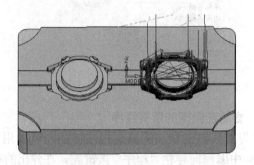

图 3-134　复制对象的选择结果　　　　图 3-135　复制的刀路轨迹

（1）选择工艺和加工对象

单击图 2-83 中编程向导栏"程序"按钮 ，在弹出的对话框中将"主选项"切换为"曲面铣削"选项，"子选择"切换为"精铣水平面"，如图 3-136 所示。

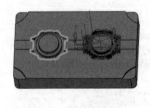

图 3-136　工艺和加工对象的选择结果

单击图 3-136 中"零件曲面"右侧按钮，框选里所有曲面，单击鼠标中键确认选择，则有 238 张面被选择，结果如图 3-136 所示。

（2）选择刀具

单击图 3-136 上的"刀具"按钮 ，选择直径为"10"的平刀"FLAT10"，如图 3-137 所示。

（3）设定刀路参数

单击图 3-136 上的"刀路参数"按钮 ，参数设定参考图 3-138 和图 3-139。其他参数采用系统默认设置。

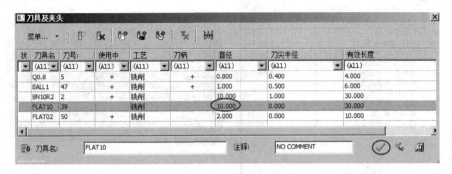

图 3-137　选择平刀

图 3-138　刀路部分参数（一）

图 3-139　刀路部分参数（二）

（4）设定机床参数

单击图 3-136 上的"机床参数"按钮 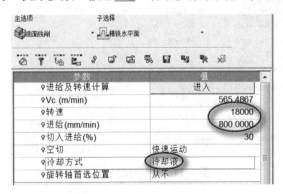，各项参数设定参考图 3-140。

图 3-140　机床参数设定

（5）保存并计算

单击图 3-136 上"保存并计算"按钮 ，系统完成刀路轨迹的计算，如图 3-141 所示。

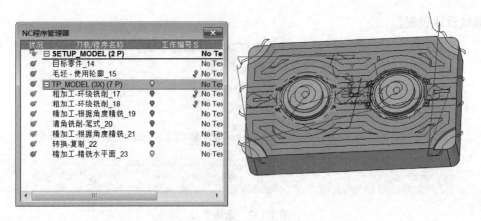

图 3-141　精铣水平面的刀路轨迹

10．模拟所有程序

单击图 2-83 编程向导栏上"机床模拟"按钮 ，在出现的"机床模拟"对话框里单击"增加所有"按钮 ，把所有程序移到模拟的程序序列，选中"标准"模式、"材料去除"和"检查参照体"，不选择"使用机床"，如图 3-142 所示。

图 3-142　程序模拟的设定

进入到"模拟控制"对话框，单击其上的"运行"按钮 ，模拟最终结果如图 3-143 所示，可见模拟过程中没有出现过切和碰撞提示。

11．保存文档

最后单击"保存"按钮，完成本章练习任务。

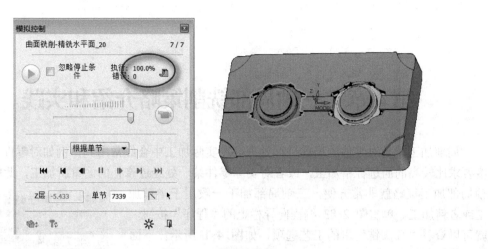

图 3-143 模拟的结果

第4章 三轴局部铣削策略介绍和实践

局部加工就是对零件的局部进行处理，在实际加工中会经常用到，例如对零件某一个精度要求比较高的面进行精加工，或者对实际零件某一处经过修补的面重新加工，此时使用三轴局部加工策略就非常方便，三轴局部加工一般用于半精加工或者精加工。单击图 2-83 编程向导栏上的"程序"按钮，就可以查看"局部铣"里的工艺选项，如图 4-1 所示。下面将介绍其参数和功能。

图 4-1 局部加工的工艺选项

4.1 瞄准曲面-三轴

图 4-1 中"瞄准曲面-三轴"功能是根据目标曲面确定的范围在多个零件面上创建刀具路径，如图 4-2 所示，"瞄准曲面-三轴"最实用的是对 STL 格式文件的精加工。

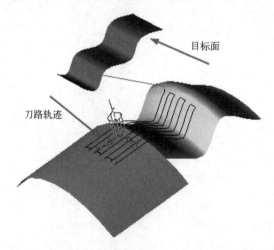

图 4-2 使用"瞄准曲面-三轴"功能创建的刀路轨迹

4.1.1 瞄准曲面-三轴的加工对象和轨迹类型

图 4-1 中"瞄准曲面-三轴"的加工对象有一个"选择目标曲面根据"选项，如图 4-3 所示，目标曲面不仅可以用于选择曲面，也可以用于选择点和线，拾取不同的目标曲面会生成不同的轨迹。

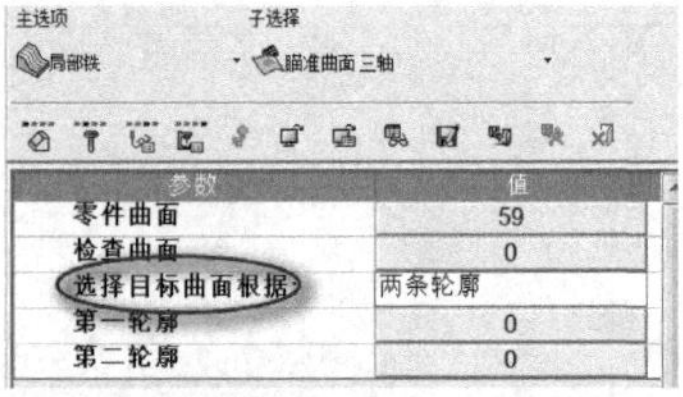

可以根据"两条轮廓""曲面"和"轮廓和点"选择目标曲面，例如图 4-4a、图 4-4b 和图 4-4c 是以两条轮廓为目标曲面生成的刀路轨迹，

图 4-3 "瞄准曲面-三轴"的加工对象

生成的路径在两条轮廓之间。

图 4-5a 和图 4-5b 是以曲面为目标曲面生成的刀路轨迹，它们生成的刀具路径在 Z 方向上投影的形状和目标曲面一样。

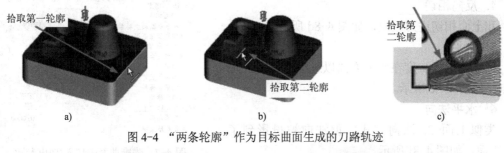

图 4-4 "两条轮廓"作为目标曲面生成的刀路轨迹

图 4-5 "曲面"作为目标曲面生成的刀路轨迹

图 4-6a、图 4-6b 和图 4-6c 是以一条轮廓和一个点为目标曲面生成的刀路轨迹，它们生成的路径在点和轮廓组成的三角形内。

图 4-6 "轮廓和点"作为目标曲面生成的刀路轨迹

4.1.2 瞄准曲面-三轴加工参数

图 4-1 中"瞄准曲面-三轴"的加工参数和以前介绍的策略很多是相同的，不同的参数主要是在"切入/切出"选项设置中，如图 4-7 所示。

瞄准曲面的"切入/切出"有以下 7 种方式，见图 4-7"曲面切入"选项下拉列表。

1．Z 向

沿着 Z 方向以进给速度从缓刀距离进入第一个加工点，如图 4-8a 所示。

2．法向

按照指定的长度沿着加工面的法向以进给速度进入加工点，如图 4-8b 所示。

3．相切

按照指定的圆弧半径和加工面相切以进给速度进入加工点，如图 4-8c 所示。

4．反向相切

和上面相切进刀相反，如图 4-8d 所示。

5．水平

按照指定的长度在水平方向以进给速度进入加工点，如图 4-8e 所示。

6．水平法向

类似上面 2. 法向方式，但法向被投影到了 XY 平面，如图 4-8f 所示。

7．水平相切

以水平方向和加工面相切切入，如图 4-8g 所示。

图 4-7　瞄准曲面的切入/切出参数

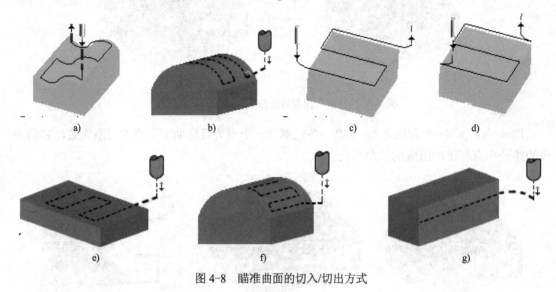

图 4-8　瞄准曲面的切入/切出方式

4.2　零件曲面-三轴

"零件曲面-三轴"是在相邻的面上生成刀路轨迹，刀路轨迹的走向由选择面的 U、V 方向决定。

4.2.1　零件曲面-三轴的加工对象

"零件曲面-三轴"的加工对象比较简单，只有"零件曲面"和"检查曲面"2 个参数，如图 4-9 所示。其中"零件曲面"是必选项，但数量不能超过 90 张，"检查曲面"不是必选项，选择数量没有限制。

> **注意：**"零件曲面"不能框选，只能手动一个个选择；"检查曲面"则可以框选，也可以

选择零件曲面时会在选择的面上出现一个箭头，用来指示刀具加工的 U、V 方向，如图 4-10 所示，通过单击箭头可以改变加工方向。

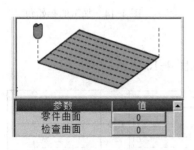

图 4-9 "零件曲面 三轴"的加工对象

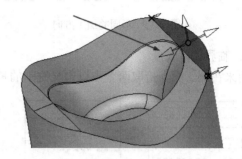

图 4-10 加工的 U、V 方向

4.2.2 零件曲面-三轴刀路轨迹参数

"零件曲面-三轴"的刀路轨迹参数如图 4-11 所示，后面几项参数是不同于其他策略的参数，下面介绍后面几项参数，以前介绍的将不再赘述。

1．干涉检查

选中此项可以防止在加工过程中刀具和零件或者检查面发生干涉。

2．铣削位置

单击图 4-11 中这项右侧的按钮可以使刀具位置在加工面的两侧进行切换，如图 4-12 所示，刀具可以在加工面不同侧的位置进行加工。

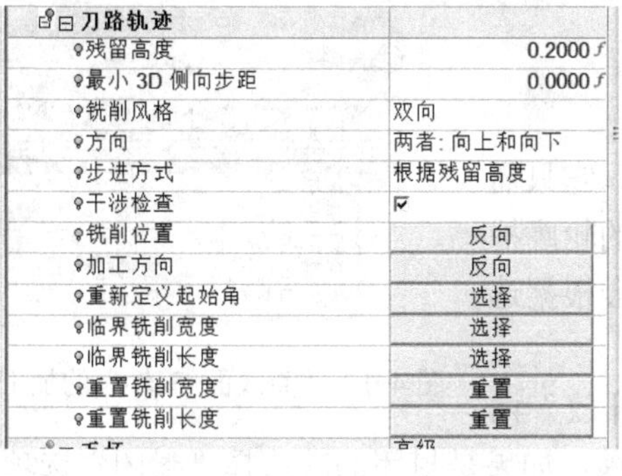

📂🗖 刀路轨迹	
残留高度	0.2000 ƒ
最小 3D 侧向步距	0.0000 ƒ
铣削风格	双向
方向	两者：向上和向下
步进方式	根据残留高度
干涉检查	☑
铣削位置	反向
加工方向	反向
重新定义起始角	选择
临界铣削宽度	选择
临界铣削长度	选择
重置铣削宽度	重置
重置铣削长度	重置

图 4-11 "零件曲面-三轴"的刀路轨迹参数

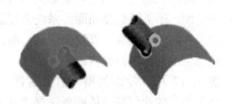

图 4-12 不同的铣削位置

3．加工方向

用来改变加工的 U、V 方向，如图 4-13 所示，虚线是刀具路径。

4．重新定义起始角

用来改变从加工面哪个角点开始加工，如图 4-14 所示，可以通过此命令切换加工是从左上角还是从左下角开始。

5．临界铣削宽度

用来在加工面上拾取两个点以定义铣削的宽度，如图 4-15 所示。

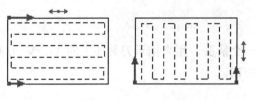

图 4-13　不同的加工方向　　　　　　　　图 4-14　加工的起始角

6．临界铣削长度

用来在加工面上拾取两个点以定义铣削的长度，如图 4-16 所示。

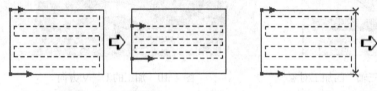

图 4-15　铣削宽度　　　　　　　　图 4-16　铣削长度

7．重置铣削宽度

用来取消设定的铣削宽度，改为加工整个曲面。

8．重置铣削长度

用来取消设定的铣削长度，改为加工整个曲面。

4.3　直纹面-三轴

"直纹面-三轴"是为直面加工所设定的工艺，是在由两条轮廓构成的直纹面上生成三轴的加工轨迹，轨迹和构成直纹面的参数相关。

4.3.1　直纹面-三轴的加工对象

"直纹面-三轴"的加工对象如图 4-17 所示，它只需要选择轮廓，不需要选择曲面，系统会根据选择的轮廓捕捉到由选择的轮廓生成的直纹面信息，而且系统会根据选择的轮廓生成合适的刀路轨迹。

图 4-17　"直纹面-三轴"的加工对象

图 4-17 中"轮廓类型"有"封闭"和"开放"两种，如果加工的曲面是开放的就选择"开放"选项，如果是封闭的就选择"封闭"选项，不管是哪种类型的轮廓，两个轮廓包含的线条数必须相等。

为了防止过切到其他面或者限制加工范围，直纹面的加工对象有时需要设定图 4-17 中"顶部限制"和"底部限制"参数，"顶部限制"参数后面有"顶部轮廓""平面"和"Z 顶面"3 个选项供选择，"底部限制"参数后面有"底部轮廓""平面"和"曲面"3 个选项供选择。

4.3.2　直纹面-三轴的加工参数

"直纹面-三轴"的加工参数和以前的相比没有特别的，如图 4-18 所示，读者只要把前面的内容掌握了，直纹面的参数也就好掌握了。

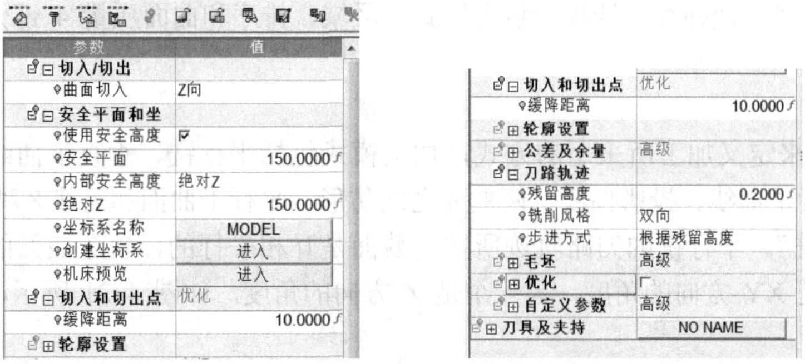

图4-18 "直纹面-三轴"的加工参数

4.4 局部-三轴

"局部-三轴"是从 CimatronE9 版本开始才有的加工策略，其特点是功能强大，编程灵活，应用范围广，学好它可为后面的多轴加工打下基础，这部分和第 3 章是本书的重点。

图4-19 进入局部三轴编程操作

进入局部-三轴对话框：如图 4-19 所示，设定好"主选择"和"子选择"后，单击"刀路参数"按钮 ，再单击箭头所指的"进入"按钮，即可进入到局部 三轴的编程对话框。

注意：局部-三轴加工设定参数对话框和以前不同，进入方式也不同，需要单击图 4-19 箭头指示的"进入"按钮打开参数对话框。

图 4-20 是"三轴局部加工"对话框，下面介绍其中各个功能参数的含义。

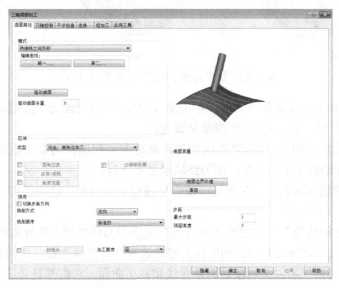

图4-20 "三轴局部加工"对话框

4.4.1 曲面路径

图 4-20 中"曲面路径"选项卡包含模式、区域、排序和曲面质量 4 部分，下面介绍其主要参数。

1. 模式

"模式"用来定义加工所采用的方式，加工模式包括平行铣、垂直于曲线铣削、两曲线之间仿形、平行于曲线、投影曲线、两曲面之间仿形、平行于曲面和流线 8 种。

1)"平行铣"。平行铣的刀路轨迹所在的截面是互相平行的，轨迹截面的方向由两个角度确定，一个是 XY 方向的角度，另一个是 Z 方向的角度，如图 4-21 所示，不同的设置会有不同结果。

图 4-21 设置平行铣的加工角度

① 如果"XY 平面内的加工角度"设置成 0°、"Z 平面内的加工角度"设置成 90°，刀路轨迹截面就平行于 Y 轴，如图 4-22a 所示；

② 如果"XY 平面内的加工角度"设置成 90°、"Z 平面内的加工角度"设置成 90°，刀路轨迹截面就平行于 X 轴，如图 4-22b 所示；

③ 如果"XY 平面内的加工角度"设置成 0°、"Z 平面内的加工角度"设置成 0°，就会产生一个封闭的刀路轨迹，每层刀路轨迹之间 Z 方向的距离是一个常数，如图 4-22c 所示。

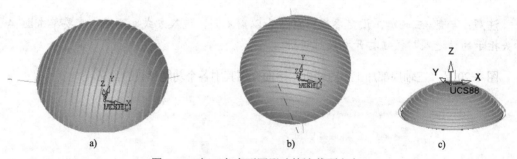

a)   b)   c)

图 4-22 加工角度不同影响轨迹截面方向

"平行铣"的加工对象是驱动曲面，单击图 4-20 中"驱动曲面"按钮即可去选择要加工的面，加工余量在"驱动曲面余量"参数里设置。

2)"垂直于曲线铣削"。该选项生成的刀路轨迹方向和选择的曲线垂直，如图 4-23 所示，如果选择的导动曲线不是直线，则刀路轨迹是不平行的。

如果垂直于曲线铣削的加工对象是一条引导线和驱动曲面，这项就必须选，否则系统无法算出刀路轨迹。

3)"两曲线之间仿形"。"两曲线之间仿形"生成的刀路轨迹在选择的两曲线之间生成，如图 4-24 所示，其轨迹特点是靠近曲线的刀路轨迹形状和曲线类似，中间逐渐过渡。

"两曲线之间仿形"的加工对象是两条曲线和驱动曲面，它们都是必选项。

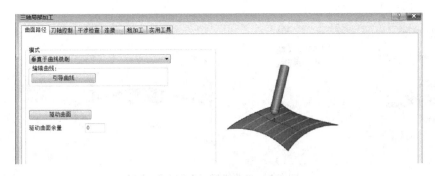

图 4-23 "垂直于曲线铣削"加工模式

图 4-24 "两曲线之间仿形"加工模式

4）"平行于曲线"。"平行于曲线"生成的刀路轨迹平行于所选的引导轮廓曲线，如图 4-25 所示，①指示的是导引线，②指示的是刀路轨迹，邻近的刀路轨迹皆平行于导引线。

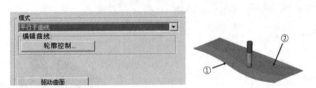

图 4-25 "平行于曲线"加工模式

"平行于曲线"的加工对象是一条引导线和驱动曲面，选择导引线时，一定要在加工面上选择，否则可能产生错误的轨迹。

5）"投影曲线"。"投影曲线"是按照一定的投影方向并可以指定轨迹类型生成的刀具路径，如图 4-26 所示。

"投影曲线"里可选择的加工对象有投影曲线和驱动曲面，选择的投影曲线可以在加工面上也可以离开一段距离，通过"最大投影距离"参数控制选择的投影曲线是否有效。

从 Cimatron13 版本开始，图 4-20 中"投影方向"可以选择"曲面法向""X 轴""Y 轴""Z 轴"和"直线"，生成的轨迹类型有"用户定义""半径""螺旋铣"和"偏置"。

6）"两曲面仿形"。"两曲面仿形"生成的刀路轨迹在两个曲面之间并沿着驱动面分布，如图 4-27 所示，轨迹两端的形状和两张曲面与驱动面的交线类似。

"两曲面仿形"的加工对象是驱动面和控制轨迹形状及区间的两张面，它们都是必须要选择的，否则刀路轨迹不会被计算。

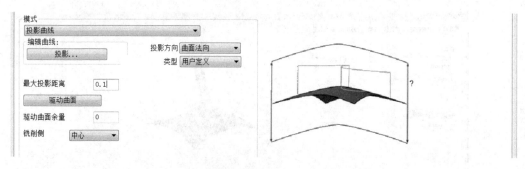

图 4-26 "曲线投影"加工模式

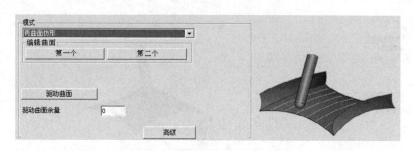

图 4-27 "两曲面仿形"加工模式

7）"平行于曲面"。其轨迹特点是平行于所选择的导引面，如图 4-28 所示，编程时必须选择控制刀路轨迹形状的面和驱动面。

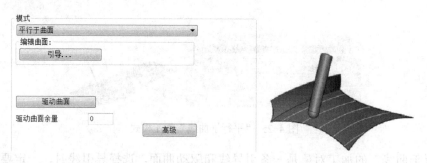

图 4-28 "平行于曲面"加工模式

提示：图 4-28 中"曲面驱动余量"可以给负值，这样可以把加工模型缩小，其负值不要超过刀具直径，如果要超出直径，要在"有效工具"选项里设置轴向移动来实现。

8）"流线"。此功能可以沿着驱动面的 U、V 线加工，在"模式"里可以通过"沿着"和"环绕"进行切换。

2. 区域

图 4-20 中的"区域"包括指定加工类型、圆角过渡、延伸|修剪和 2D 限制轮廓等功能。其主要加工参数解释如下：

1）"类型"。图 4-20 中"类型"选项用来定义刀具在驱动曲面上的加工范围，加工模式不同，出现的选项也不同，但最多有以下 4 种类型可以选择。

① "完全，避免边加工"：不会在驱动面的边线生成加工轨迹，如图 4-29a 所示。

② "完全，曲面起始边和最终边"：会在驱动面的边线生成加工轨迹，如图 4-29b 所示。

③ "根据切削数量决定"：通过设定轨迹数量来确定加工范围，4-29c 所示。

④ "以一点或两点限制铣削"：通过选择两个点来确定加工范围，如图 4-29d 所示。

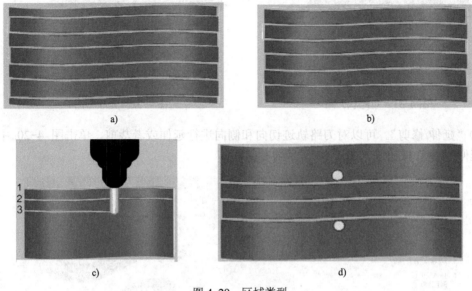

图 4-29　区域类型

2）"圆角过渡"。选中图 4-20 中"圆角过渡"选项，可以除掉在尖角处产生的类似"鱼尾"形状的刀路轨迹。

选中并单击图 4-20 中"圆角过渡"按钮，显示图 4-30 所示的"圆角过渡"对话框，可以在"附加半径"参数文本框中输入一个数值来指定刀路轨迹拐角半径的大小。

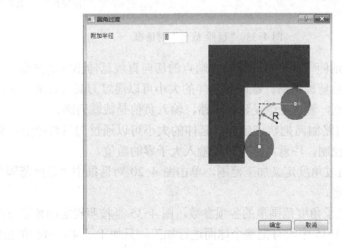

图 4-30　"圆角过渡"对话框

图 4-31 所示的零件有尖角部位，在不选择"圆角过渡"时，刀路出现了"鱼尾"形状的刀路轨迹，图 4-32 所示的刀路轨迹是使用了"圆角过渡"功能时得到的效果。

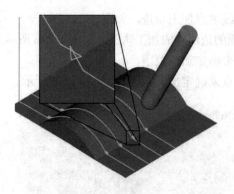

图 4-31　鱼尾状刀路　　　　　　　　　　　　图 4-32　光顺刀路

3）"延伸/修剪"。可以对刀路轨迹切向和侧向进行延伸或者裁剪，单击图 4-20 中面板上"延伸/修剪"按钮进入图 4-33 所示的对话框。

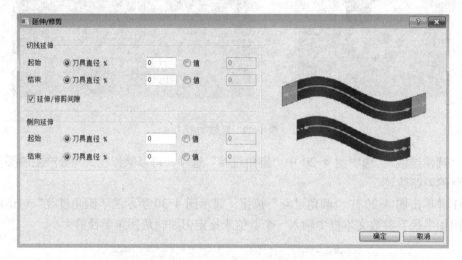

图 4-33　"延伸/裁剪"对话框

图 4-33 中"切线延伸"是沿着刀路轨迹端点的切向直线延伸出驱动曲面，裁减刀路就是按照一定的数值部分地剪掉刀路。裁减和延伸的大小可以通过刀具直径的百分比或者是实际的数值两个参数来控制，输入正值是延伸刀路，输入负值是裁减刀路。

"侧向延伸"是在刀路侧向把轨迹延伸，延伸的大小可以通过刀具直径的百分比或者是实际的数值两个参数来控制。注意，这里只能输入大于零的数值。

4）"角度范围"。通过角度定义加工范围，单击图 4-20 对话框中"角度范围"按钮，便可以对各项参数进行设定。

例如图 4-34 中设定了角度范围里的各项参数，图 4-35 是按照设定的角度范围对一个零件的编程结果，可见图 4-35 中没有把整个球面进行加工，只加工了45°～65°的范围。

5）"2D 限制轮廓"。通过一条封闭的 2D 边界和视图投影方向决定加工范围，单击图 4-20 对话框中"2D 边界"按钮，出现图 4-36 所示的对话框，其功能是按照投影方向把2D 包容曲线投影到驱动曲面上，用投影线对刀路进行裁剪，可以用于选择多个 2D 边界。

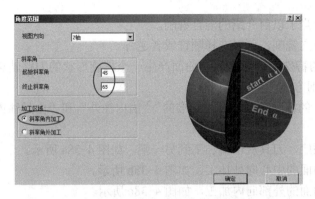

图 4-34 "角度范围"对话框

图 4-35 编程结果

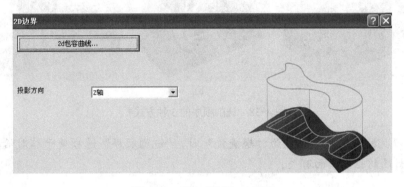

图 4-36 "2D 边界"对话框

3．排序

在图 4-20 中此参数项里，可以对加工的铣削方式、铣削顺序、加工的起始点进行设置。

1）"切换步距方向"。此选项用来改变加工方向，对于封闭轮廓的铣削通过切换步距方向可以使刀具从外或者从内进行加工，对于开放区域可以把加工方向从一端改变到另一端，如图 4-37 所示。

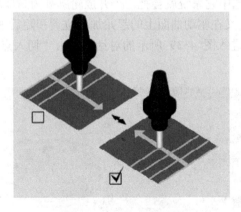

图 4-37 切换步距方向

2）"铣削方式"。定义刀具加工时的铣削方式，有"双向""单向"和"螺旋铣"3 个方式可供选择。

①"双向"：刀具来回铣削，相当于以前介绍的混合铣削。

②"单向"：刀具总是以一个方向铣削，可以选择顺铣或者逆铣。

③"螺旋铣"：上面单向铣削的特殊形式，在驱动曲面产生一个螺旋形状的刀路轨迹，在某些场合其加工效果优于单向铣削方式。

3）"铣削顺序"。用于定义刀具的铣削顺序，有"标准的""由内往外"和"由外往内"3 种方式。

①"标准的"：是默认的铣削顺序，刀具从一端加工到另一端，如图 4-38a 所示。

②"由内往外"：刀具从驱动曲面的中心向外加工，如图 4-38b 所示。

③"由外往内"：刀具从驱动曲面的外部向内加工，如图 4-38c 所示。

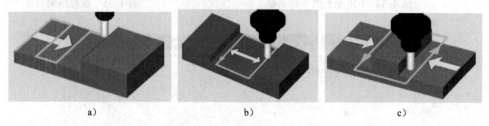

图 4-38 铣削顺序的 3 种方式

注意：刀具的铣削方式设置为"螺旋铣"时，"铣削顺序"选项处于非激活状态，这与它用于加工封闭的驱动曲面有关。

4）"单向铣削方向"。这个参数只有在上面 2）铣削方式参数为"单向"或者为"螺旋铣"时才可用。

共有"顺铣""逆铣""封闭轮廓使用顺时针方向"和"封闭轮廓使用逆时针方向"4 个选项，其中"顺铣"及"逆铣"由主轴旋转方向和刀具移动方向之间的关系来确定，而"封闭轮廓使用顺时针方向"及"封闭轮廓使用逆时针方向"和主轴旋转方向无关。

5）"强制铣削方向（设定封闭轮廓）"。此选项也是在上面 2）铣削方式为"单向"或者为"螺旋铣"时才可用。选中它系统就会把一个开放轮廓视为封闭轮廓来使用。

6）"起始点"。用于定义在驱动曲面上的起始加工位置和随后加工位置，单击图 4-20 对话框中"起始点"按钮，进入图 4-39 所示的对话框，有"切入点设置"和"起始点应用于下列选择中"2 个选项。

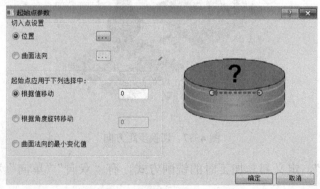

图 4-39 "起始点参数"对话框

① "位置"：通过拾取零件几何面上的点或者给定坐标值来定义起始加工的位置，选择的点如果不在驱动曲面上，系统会在驱动面上自动搜索与之最近的点，单击"…"按钮即可拾取点或者输入坐标值。

② "曲面法向"：通过一个矢量方向来定义加工的起始点，可以输入数值或者选择一条直线来确定起始位置，起始点处面的法向和设定的矢量方向一致或者非常接近。

③ "根据值移动"：通过在"根据值移动"选项的文本框中输入值来定义后续加工起始点移动的距离，如图 4-40a 所示。

④ "根据角度旋转移动"：通过在"根据角度旋转移动"选项的文本框中输入角度值来定义后续加工起始点移动的角度，如图 4-40b 所示。

⑤ "曲面法向的最小变化值"：选中这个选项可以使每层加工的起始点的法向变化是最小的，很多时候是一致的，常用于叶片的加工，如图 4-40c 所示。

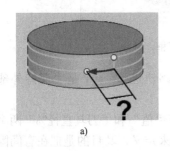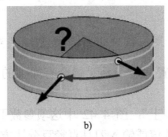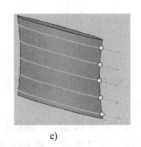

图 4-40　起始点的控制选项

7) "加工顺序"。在加工多个区域时，通过图 4-20 中这个选项来决定是"根据区域"还是"根据层"来加工。

① "根据区域"：每个区域单独加工，也就是加工完一个区域后再去加工另一个区域，如图 4-41a 所示。

② "根据层"：多个区域同时加工，把多个区域视为一个区域加工，如图 4-41b 所示。

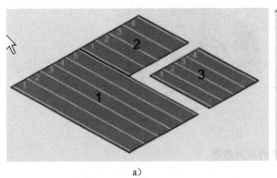

图 4-41　加工顺序

4. 曲面质量

图 4-20 中"曲面质量"下面有"曲面边界处理"和"高级"2 个选项，"曲面边界处理"可以对驱动曲面边界参数进行处理，"高级"可以对曲面的加工质量进行控制。

1) "曲面边界控制"。单击图 4-20 "曲面边界控制"按钮，则会出现图 4-42 所示的参数对话框。

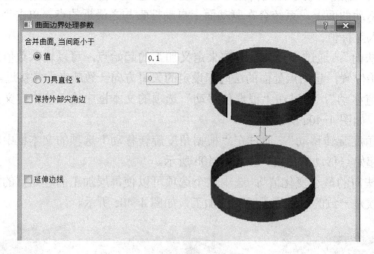

图 4-42 "曲面边界处理参数"对话框

这里有两项内容需要设置,一个是"融合有间隙的刀路轨迹",一个是"保持外部尖角边"。

①"合并曲面,当间距小于":图 4-42 中这项参数下有"值"和"刀具直径%"两个单选按钮,可以通过直接输入数值或输入刀具直径百分比方式来定义,其目的是把在有间隙的驱动曲面上生成的刀路轨迹进行合并,这样可以减少抬刀,当输入的数值比间隙大时,刀路轨迹就可以合并在一起。

②"保持外部尖角边":选中图 4-42 中这项用来保护驱动曲面上的尖角边,避免刀具对尖角边进行倒钝,通过输入"圆角"值来定义刀路轨迹从尖边走过时的圆弧的大小,如图 4-43 所示。图中的"尖角边检查角"参数是用来识别棱边相邻两个驱动面之间的夹角,给定的值小于这个夹角才能视为"尖角"。

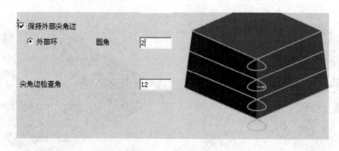

图 4-43 保持外部尖角边

2)"高级"。图 4-20 中这项包括设置刀路轨迹点的"串接公差""创建慢速安全路径"和"优化切削"3 个选项。

①"串接公差":用于控制系统正确识别后面刀路轨迹点范围的能力,值越小识别越准确,一般数值是切削公差的 1～100 倍,数值越小计算时间越久。

图 4-44 显示出了不同的公差计算轨迹的结果,图 4-44a 显示的是串接公差小时计算的刀路轨迹,图 4-44b 显示的是串接公差大时计算的刀路轨迹。

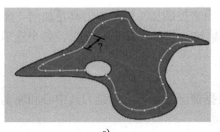 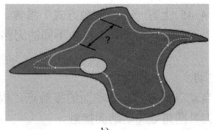

a)　　　　　　　　　　　　　b)

图 4-44　串接公差对刀路轨迹的影响

②"创建慢速安全路径"：选中这个选项，由串接公差设定生成的路径点间隔不会大于加工步距。

③"优化铣削"：选中这个选项，刀路轨迹会得到优化，可以随着驱动面的弯曲程度自动调整加工步距。

另外，还有"点分布设置"选项，通过设置"最大距离""最小距离"和"偏差系数"这 3 个参数进一步控制曲面加工质量。

5．步距

在图 4-20 中这项下面有"最大步距"和"残留高度"两个参数，用来控制刀路轨迹之间的疏密程度。

1)"最大步距"。用于指定两条刀路轨迹之间的最大距离。

2)"残留高度"。对使用球刀和牛鼻刀具有效，通过输入两条轨迹间的残留高度来控制最大步距。使用球刀编程时，残留高度和最大步距是相关的，改变一个另一个会随之改变。

4.4.2　刀轴控制

图 4-20 中"刀轴控制"选项卡如图 4-45 所示，在三轴编程里，局部三轴的刀轴控制比较简单，"输出格式"只有一个"三轴"选项，即使用局部-三轴至多是三轴的联动加工。

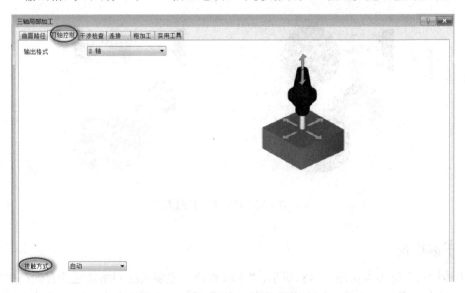

图 4-45　"刀轴控制"选项卡

在图 4-45 上有一个"接触方式"参数，用来控制加工过程中刀具是如何与驱动曲面接触的，使用不同的接触方式会产生不同的刀路轨迹，其后共有 5 个选项，各个选项的含义解释如下。

1. 自动

系统自动寻找刀具和导动面的接触点，根据情况的不同可以是刀具中心和驱动面接触，也可以是刀具圆角处和驱动面接触。

2. 使用刀具中心

使用刀具的中心（也就是端面的回转中心处）和驱动曲面接触，为了避免刀具和驱动面干涉应该把干涉检查打开以避免刀具过切零件。

3. 刀具半径

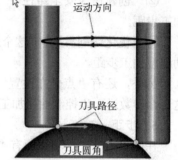

系统总是维持刀具和导动面的相切，对于牛鼻刀具，此选项不会使刀具中心和导动面接触，而总是使刀具 R 角处和驱动面接触，如图 4-46 所示。

4. 刀具前端

刀具总是以刀具的前端（沿着走刀方向看）和驱动曲面接触，刀具有可能切入到驱动面，需要设置 4.4.3 节介绍的"干涉检查"来避免过切。

图 4-46　刀具半径接触

5. 用户自定义点

它允许用户通过输入数值来确定接触点，可以使用"前后移动"和"侧向移动"两个参数来定义刀具和曲面的接触点。

1）"前后移动"：在刀具前进方向上移动接触点，移动的数值可正可负，相对于前进方向正值使刀具前移一段距离，负值使刀具后移一段距离，如图 4-47a 所示。

2）"侧向移动"：在加工方向的侧向移动接触点，移动的数值可正可负，相对于前进方向正值使刀具左移一段距离，负值使刀具右移一段距离，如图 4-47b 所示。

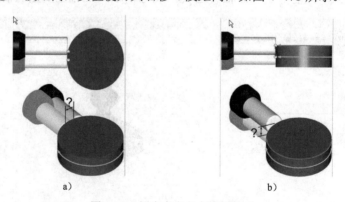

图 4-47　用户自定义点接触方式

4.4.3　干涉检查

"干涉检查"选项卡如图 4-48 所示，"干涉检查"主要关注刀路轨迹的有效产生并且用于定义一些与刀具和夹头等可能存在干涉的几何曲面，如果程序存在干涉，系统会根据"干涉检查"选项卡的参数和策略来排除干涉，干涉检查支持所有的刀具类型。

图 4-48 "干涉检查"选项卡

在"干涉检查"选项卡里，最多可以设置 4 种不同情形的干涉检查，如图 4-48 所示，检查过的刀路轨迹会用来做下一情形的干涉检查，以满足复杂零件的编程，该选项卡上有"状况""检查""策略和参数"和"几何" 4 个参数。

1. 状况

如图 4-48 所示，此项具有 4 个独立的控制碰撞操作的情形，从上到下以 1 到 4 进行排列，这样可以在不同干涉部位设置不同的解决策略，例如在第一阶段设置成"刀具切出"，在第二阶段设置成"停止刀轨计算"，在第三阶段设置成"修剪并重连接刀轨"。

2. 检查

图 4-48 中此项定义的是刀具哪一部分参与干涉检查，可以设置的选项有"刀刃""刀杆""刀柄"和"夹持"。

1）"刀刃"：用来对切削刃进行检查，选中会激活这个选项。

2）"刀杆"：用来对刀杆部分进行检查，选中会激活这个选项。

3）"刀柄"：用来对刀柄部分进行检查，选中会激活这个选项。

4）"夹持"：用来对夹持部分进行检查，选中会激活这个选项。

在设置时，根据实际编程情况进行设置，没必要的检查项不要选，因为会增加计算时间。

3. 策略和参数

图 4-48 中这个选项用来解决如果刀具和几何体发生干涉时，刀具是如何避让的问题，共有 4 种策略可供选择，如图 4-49 所示，下面对 4 种策略的用法进行介绍：

1）"刀具切出"。选择此项策略，当刀具和检查面或者驱动面发生干涉时，刀具会沿着指定的方向进行退刀。

图 4-49　三轴局部加工干涉检查选项卡

有 19 种方式可供选择，例如"沿刀轴""沿着 XY 平面"等，如图 4-50 所示，每种情况会用于不同的场合，这是编程时需要注意的。

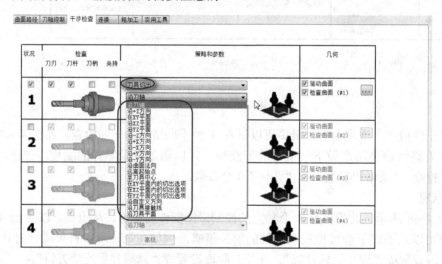

图 4-50　"刀具切出"子选项

2）"修剪并重连接刀轨"。使用图 4-48 中此功能可以把刀具与驱动面干涉的刀路轨迹从整个刀路轨迹中裁剪掉。它下面还有 6 个子选项，如图 4-51 所示，它使系统以第一个和最后一个干涉点为界对轨迹进行裁减。

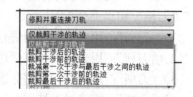

图 4-51　"修剪并重连刀轨"子选项

①"仅裁剪干涉的轨迹"：干涉前和干涉后的刀路轨迹不会被裁剪，只裁剪有干涉的部分。典型的例子如图 4-52a 所示。

提示：图 4-52 显示的是刀具加工圆弧面，采用平行于曲线铣加工工艺，3 个凸台顶面和侧面是干涉检查面。

②"裁剪干涉后的轨迹"：刀具在某一个方向铣削遇到干涉时，系统会把第一个干涉点

后面的刀路轨迹裁减掉，如图 4-52b 所示。

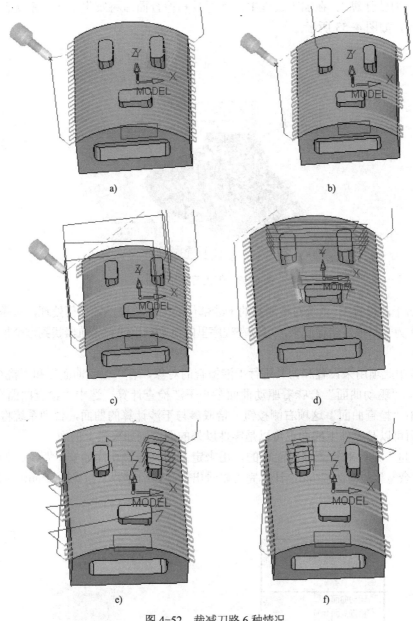

图 4-52　裁减刀路 6 种情况

③ "裁剪干涉前的轨迹"：和上面 "裁剪干涉后的轨迹" 选项相反，系统会把最后一个干涉点前面的同一方向的刀路轨迹裁减掉，如图 4-52c 所示。

④ "裁剪第一次干涉与最后干涉之间的轨迹"：系统会把第一个干涉点和最后的干涉点之间的刀路轨迹裁减掉，如图 4-52d 所示。

⑤ "裁减第一次干涉前的轨迹"：系统会把第一个干涉点以前的刀路轨迹裁减掉，如图 4-52e 所示。

⑥ "裁减最后干涉后的轨迹"：系统会把最后一个干涉点以后的刀路轨迹裁减掉，如

图 4-52f 所示。

3）"停止刀轨计算"。在加工过程中，当刀具和检查面即将发生干涉时系统自动停止后面的刀路计算，如图 4-53 所示。

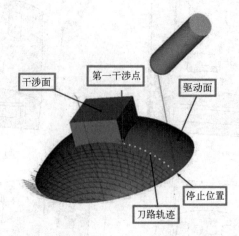

图 4-53　停止刀轨计算

4）"报告干涉检查"。系统对检测到的干涉部位的刀路轨迹不做任何处理，只是把检测到的干涉信息作为一个报告储存起来，可以在程序里的日志输出或者导航器找到这个报告信息。

4．几何

图 4-48 中此项用来设置和刀具进行干涉检查的对象，有"驱动曲面"和"检查曲面"2个选项。选中"驱动曲面"意味着驱动曲面参与干涉检查计算；选中"检查曲面"，必须单击图 4-48 中"检查曲面"这项右侧按钮，拾取参与干涉计算的曲面，否则系统将不计算轨迹，检查曲面可以是零件上的面也可以是零件以外的面，例如夹具上的面。

"毛坯余量"是针对检查曲面而言的，用来定义刀具与检查面的安全距离，如图 4-54a所示，"毛坯余量"设置为 2mm，计算完可以看出刀具已经避开了检查面 2mm，如图 4-54b所示。

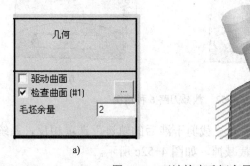

a)　　　　　　　　　　b)

图 4-54　干涉检查毛坯余量

图 4-48 中"干涉检查"选项卡下面还有"残料干涉""刀具安全值"和"高级"3 个选项，在"刀具安全值"参数里可以设定刀具各个部分和干涉面之间的安全值，在"高级"参数里可以设定更多的"干涉检查"参数，这部分内容在多轴加工教材里介绍。

4.4.4 连接

设置"连接"是编程的一项重要内容，它的主要任务是设定刀具是如何进入和退出驱动面的，包括最初、最终和加工过程中的连接处的进、退刀，"连接"选项卡如图 4-55 所示。

图 4-55 "连接"选项卡

1. 切入/切出

图 4-55 中的"切入/切出"包括对最初切入和最终切出的控制，其主要参数如下：

1）"首次切入"。"首次切入"定义的是两方面的内容，一个是刀具从何处开始进入驱动面，另一个是刀具以何种进刀类型进入驱动面。系统默认刀具是从安全区域进入加工面，其进刀位置有 5 种选项，如图 4-56 所示。

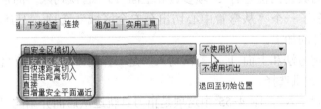

图 4-56 进刀设置

① "自安全区域切入"：系统默认设置是选此选项，刀具以后面介绍的 5. "安全区域"对话框中设定的安全高度位置进入驱动面，如图 4-57a 所示。

② "自快速距离切入"：刀具从后面介绍的 5. "安全区域"对话框中设置的"快速距离"位置进入驱动面，如图 4-57b 所示。

③ "自进给距离切入"：刀具从后面介绍的 5. "安全区域"对话框中设置的"切入进给距离"位置进入驱动面，如图 4-57c 所示。

④ "直接"：刀具直接以快速进给速度到达开始加工点，如图 4-57d 所示。

⑤ "自增量安全平面逼近"：刀具从后面介绍的 5. "安全区域"对话框中设置的"增

量步距"位置进入驱动面。

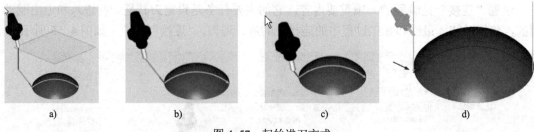

图 4-57　起始进刀方式

图 4-55 中"首次切入"参数最右侧有一个按钮，单击黑下三角按钮的箭头可以对"使用切入"和"不使用切入"进行切换。

选择"使用切入"意味着可以定义刀具进刀方式，单击图 4-55 中的按钮 ·· 即可进入选择进刀方式对话框，一共有 12 种进刀方式，分别用在不同的场合，后面会有图片显示。

选择"不使用切入"意味着不能定义刀具进刀类型，系统默认采用直接的进刀方式。

2）"最终切出"。图 4-55 中这项定义两方面内容，一个是刀具加工完毕后切出到何位置，另一个是以何种类型切出，其切出位置共有 6 种选择，如图 4-58 所示。

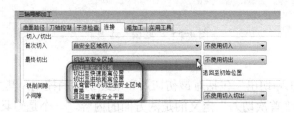

图 4-58　最终退刀设置

图 4-58 中，刀具切出位置有 5 项参数和上面 1）"首次切入"的含义是一样的，只有"最终切出"参数多了一个"从弯管中心切出至安全区域"选项，刀具将从弯管的中心切出，用于弯管类零件的加工。

切出方式的设定方法和上面 1）"首次切入"是一样的。如果选择"使用切出"，系统也会提供 12 种退刀方式供选择。

3）"从初始位置切入"。图 4-55 中这项是指刀具轨迹从后面介绍的"安全区域"对话框里定义的初始位置开始，意味着加工从这里开始。

4）"退回至初始位置"。图 4-55 中这项是指刀具轨迹在后面介绍的"安全区域"对话框里定义的初始位置结束，意味着加工到这里结束。

2. 铣削间隙

"铣削间隙"参数用于设置在驱动面的间隙处刀路轨迹是如何连接的，如图 4-59 所示。

图 4-59　间隙连接参数

间隙有大间隙和小间隙之分，可以使用两种方式来划分，一个是通过刀具尺寸的百分比来划分，例如可以设置小于刀具直径的 20% 为小间隙，另一个是指定具体数值来划分。

"大间隙"和"小间隙"的连接形式如图 4-60 所示，有 8 个不同的可选项。

1）"直接"：刀具遇到间隙时就会以最短直线距离按照进给速度到间隙的另一侧继续加工，如图 4-61a 所示。此连接形式有时会发生干涉，需要设置干涉检查以避免零件过切。

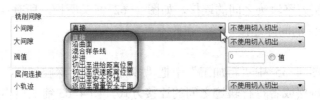

图 4-60　间隙连接的形式

2）"沿曲面"：刀具遇到间隙时试图去跟随加工的几何形状，如图 4-61b 所示，端刃经过上面的驱动面后才下移去加工下面的曲面。

3）"混合样条线"：刀具遇到间隙时以相切形式离开驱动面，再以相切形式进入另一侧的驱动面，刀路轨迹比较光顺，如图 4-61c 所示。

4）"步进"：是对"混合样条线"这种连刀形式的改进，此项把连接变成了水平和垂直直线段，走刀速度是进给速度，如图 4-61d 所示。

5）"切出至进给距离位置"：刀具退到在"安全区域"对话框中设置的进给距离位置去连接，走刀速度是进给速度，如图 4-61e 所示。

6）"切出至快速距离位置"：刀具退到在"安全区域"对话框中设置的快速距离位置去连接，走刀速度开始是进给速度，越过进给距离后变为快速速度，如图 4-61f 所示。

7）"切出至安全区域"：刀具退到在"安全区域"对话框中设置的安全平面位置进行连接，走刀距离是最长的，但安全性比较高，如图 4-61g 所示。

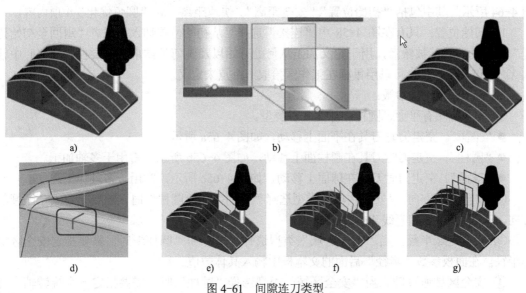

图 4-61　间隙连刀类型

8）"返回至增量安全平面"：刀具退到在"安全区域"对话框中设置的增量安全平面位置进行连接。

间隙连接也有"使用切入/切出"和"不使用切入/切出"的选项，同上面的介绍一样，编程时根据实际情况去选择。

3．层间连接

用于设置同一层刀路轨迹之间的连接，如图 4-62 箭头所指，所有连接类型的含义和以上 2．铣削间隙中介绍的间隙连接一样，在此不再赘述。

4．行间连接

此参数只有在图 4-55 中"粗加工"中把"多行开粗""深腔切削"等选项打开时才能被激活，设置的是每层或者每行轨迹之间的连接方式，图 4-63 箭头所指的两层轨迹之间是混合连接。这里的其他连接类型也与上面 2．铣削间隙中介绍的间隙连接一样，在此不再赘述。

图 4-62　层间连接

图 4-63　行间连接

5．安全区域

单击图 4-55 中"连接"上的"安全区域"按钮，就可以进入"安全区域"对话框，如图 4-64 所示。其中包括"初始位置""安全距离""快速距离"和"圆弧优化"4 项内容。

1）初始位置：只有在图 4-58 中"连接"选择"从初始位置切入"或者"退回至初始位置"时此功能才能被激活，用于定义加工从何处开始以及到何处结束，需要在图 4-64 中输入 X、Y 和 Z 坐标。也可以用鼠标在工作区拾取一个点来定义。

2）安全区域主要参数：

① 安全区域有平面、圆柱和球面 3 种类型。

● "平面"。空走刀时刀具在平面上移动，如图 4-65a 所示。

● "圆柱"。空走刀时刀具在圆柱面上移动，如图 4-65b 所示，常用于多轴加工。

● "球面"。空走刀时刀具在球面上移动，如图 4-65c 所示，常用于多轴加工。

② 安全区域方向。"安全区域"类型选择"平面"和"圆柱"时，需要指定安全区域的方向，有 X、Y、Z 和直线 4 个方向。

③ 安全区域半径。当"安全区域"类型选择"球"和"圆柱"时，需要指定安全区域的半径，在面板参数"半径"后面的文本框中输入具体数值。

④ 安全区域通过轴。当"安全区域"类型选择"圆柱"时，需要指定一个旋转轴，可以在"通过"参数后面的文本框中输入矢量值。

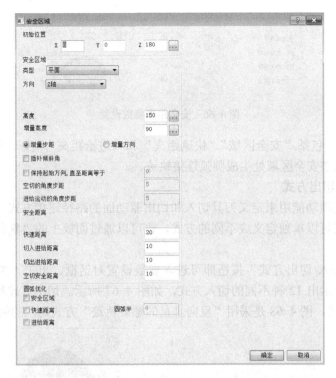

图 4-64 "安全区域"设置对话框

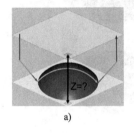

a)

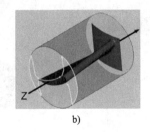

b)

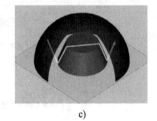

c)

图 4-65 安全区域类型

⑤ 安全区域环绕点。当"安全区域"类型选择"球体"时,需要指定球的中心,需要在"环绕"参数后面的文本框中输入一个点坐标,或者用鼠标在工作区上拾取一个点。

⑥ 安全区域高度和增量高度。当"安全区域"类型选择"平面"时,需要指定"安全高度"和"增量高度"。可以在其参数后的文本框中输入数值或用鼠标在工作区拾取一个点。

⑦ 增量步距和增量方向。当"安全区域"类型选择"平面"时才会出现这两个参数,用来定义增量连接时刀具是如何走到下一个位置点的。如果两个连接点高度不一样,采用"增量步距"会使刀具平动连接,采用"增量高度"会使刀具斜向连接。

⑧ 其他参数。"插补倾斜角""保持起始方向,直至距离等于""空切的角度步距""进给运动的角度步距"参数用于多轴加工。具体含义见多轴加工教材。

3)安全距离:用来定义刀具接近或者退出加工点的距离,有"快速距离""切入进给距离""切出进给距离"和"空切安全距离"4个参数,如图4-66所示,图中带有问号"?"那段距离是进给距离,刀具在进给距离这段轨迹走的是G01,之上走的是G00。

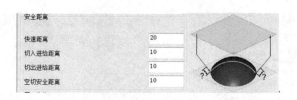

图 4-66　安全距离参数设置

4）圆弧优化：包括"安全区域""快速距离"和"进给距离"，及一个可以输入半径的选项，此功能可以在安全区域处生成圆弧连接轨迹。

6. 默认切入/切出方式

图 4-55 中此项功能用来定义刀具切入和切出驱动面的路径连接方式，切入和切出驱动面的路径连接方式可以单独定义成不同的方式，也可以通过面板上的"复制"按钮定义成相同的方式。

单击"默认切入/切出方式"按钮即可进入参数设置对话框，单击"类型"参数右侧下三角按钮，系统显示出 12 种不同的切入方式，如图 4-67 所示。切出方式和切入方式一样，也有 12 种不同方式，图 4-68 是采用"反向垂直的螺旋轨迹"方式切入的例子。

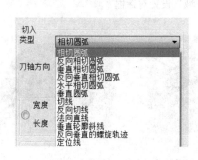

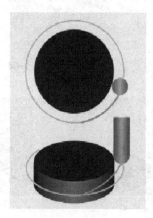

<table>
<tr><td>图 4-67　进刀类型</td><td>图 4-68　反向垂直的螺旋轨迹切入示例</td></tr>
</table>

4.4.5　粗加工

"粗加工"可以实现"多行开粗""深腔切削""插铣"等，其参数设置选项卡如图 4-69 所示。

1. 毛坯定义

选中图 4-69 中此项可以为加工定义毛坯形状。对于粗加工，毛坯的主要作用是裁减掉多余的空切刀路，单击"毛坯定义"按钮，用鼠标拾取毛坯曲面即可完成对于毛坯的定义。

2. 毛坯参数

只有选中图 4-69 中"毛坯定义"选项时此功能才被激活，单击"毛坯参数"按钮出现图 4-70 所示的"毛坯参数"对话框，其中各选项的含义如下。

1）"往内偏置"：对毛坯的三维尺寸进行缩小，通过在其右侧的文本框中输入数值来实现。

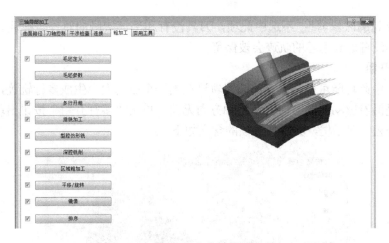

图 4-69 "粗加工"参数设置选项卡

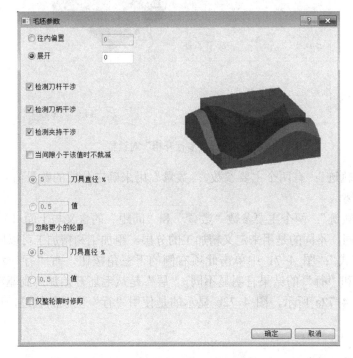

图 4-70 "毛坯参数"对话框

2) "展开": 对毛坯的三维尺寸进行放大, 通过在其右侧的文本框中输入数值来实现。

3) "检查刀杆干涉": 使用此功能时, 刀路路径包含刀杆和毛坯干涉的运动轨迹。

4) "检查刀柄干涉": 使用此功能时, 刀路路径包含刀柄和毛坯干涉的运动轨迹。

5) "检查夹头干涉": 使用此功能时, 刀路路径包含夹头和毛坯干涉的运动轨迹。

6) "当间隙小于该值时不裁剪": 当毛坯间隙小于给定值时不裁剪刀路轨迹, 这样能避免更多的抬刀, 可以直接给定数值或者用刀具直径的百分比来定义间隙的大小。

7) "忽略更小的轮廓": 使用此功能, 可以把尺寸比较小的毛坯忽略掉, 这样能提高加工效率, 可以直接给定数值或者用刀具直径的百分比来定义轮廓的大小。

8）"仅整轮廓时修剪"：不选中此项，刀具没有和毛坯接触的轨迹会被裁减掉；选中此项，部分刀具没有遇到毛坯的轨迹会被保留。

3. 多行开粗

图 4-69 中此功能可以将当前的刀路轨迹在同一个驱动面上生成多行轨迹，行与行之间的步进方向是沿着驱动面的法向而和刀轴方向无关，单击"多行开粗"按钮出现图 4-71 所示的"多行开粗"对话框，其中各选项的含义如下。

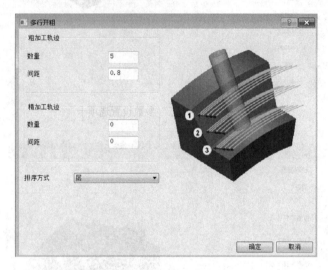

图 4-71 "多行开粗"对话框

1）"粗加工轨迹"：有两个主要参数，"数量"用来确定分层的数量值，"间距"用来确定每层之间的距离。

2）"精加工轨迹"：两个主要参数"数量"和"间距"的含义与上面 1）"粗加工轨迹"里的两个参数相同，不同的是用来定义精加工的分层，粗加工和精加工可以同时设置。

3）"排序方式"：图 4-71 中单击此项右侧的下三角按钮，有"行"和"层"两个参数，使用"层"和"行"的结果有明显不同，"层"是从毛坯开始加工到驱动面后再进行下一个循环，如图 4-72a 所示，图 4-72b 显示的是使用"行"生成的轨迹，可以看出它们的明显区别。

4. 插铣加工

图 4-69 中此功能允许刀具沿着它的刀轴方向插向驱动面进行加工，单击"插铣加工"按钮，显示图 4-73 所示的"铣加工"对话框。"步距长度"相当于侧向步距；"插入高度"相当于插入的深度；"滑动长度"指的是刀具沿着"步距长度"方向退回的距离，一般要小于"步距长度"。

5. 型腔仿形铣

图 4-69 中此功能用于简单的型腔加工，单击此项出现图 4-74 所示的"型腔仿形铣"对话框。

1）"铣削顺序"：单击图 4-74 中此项右侧三角按钮，共有两个参数，"由外往内"定义的是刀具从外向内加工，"由内往外"定义的是刀具从内向外加工。

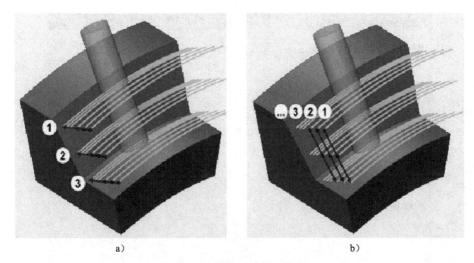

a)　　　　　　　　　　　　　　b)

图 4-72　粗加工里的层与行

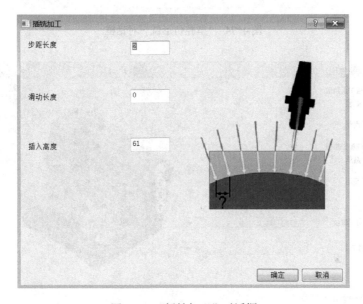

图 4-73　"插铣加工"对话框

2）"步距"：定义的是每行刀路轨迹之间的最大距离。

3）"型腔区域"：单击图 4-74 中此项右侧三角按钮，共有"完全"和"根据铣削数量"两个选项。"完全"是指整个槽都会被加工；"根据铣削数量"可以限定加工的圈数，选中此项，下面会出现"铣削次数"选项，以便对加工的圈数进行定义。

4）"真环切"：选中可以使刀具以螺旋的路线切削。

6. 深腔铣削

图 4-69 中此项虽然和上面"3.多行开粗"选项一样都用来粗加工，但是它和"多行开粗"选项有所不同，它用于在刀轴方向上分层加工，其参数设置对话框如图 4-75 所示。

图 4-75 中的粗加工轨迹、精加工轨迹以及分类参数和多行开粗里的参数一样，这里不再赘述。其余参数含义如下：

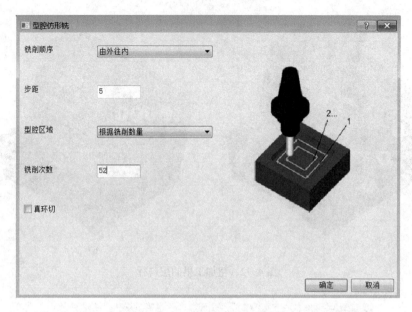

图 4-74 "型腔仿形铣"对话框

图 4-75 "深腔铣削"对话框

1）"应用深度至"："完整的刀轨""仅第一层"和"仅第一行"有 3 个选项，"完整的刀轨"是系统默认的选项，意思是整个刀路轨迹都进行分层加工；"仅第一层"是刀具仅在第一条刀路分层加工，如图 4-76a 箭头所指的区域；"仅第一行"是仅在第一行刀路轨迹分层加工，注意这要和上面"3.多行开粗"一起使用（和设置排列方式也有关），如图 4-76b所示。

2）"使用斜向切入"：此功能可以使用螺旋形状的轨迹加工封闭零件，选中可以激活此功能。

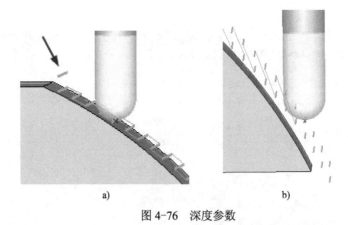

图 4-76　深度参数

> **提示：** 图 4-75 中的"深腔铣削"和图 4-71 中的"多行开粗"有很大的不同，"多行开粗"是从面的法向方向一层层加工，和刀轴方向无关，而"深腔铣削"和刀轴方向有关，是沿着刀轴方向加工的。图 4-77 显示的是深腔铣削轨迹，图 4-78 显示的是多行开粗轨迹，可见最上层的轨迹是不同的。

图 4-77　深腔切削

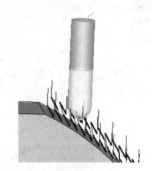

图 4-78　多行开粗

图 4-69 中"区域粗加工""平移/旋转""镜像"和"排序"功能多应用于多轴加工，具体参数解释见多轴加工教材。

4.4.6　实用工具

"实用工具"可以在特殊场合提高软件的加工能力，其参数设置选项卡如图 4-79 所示。

1. 进给率控制

可以使刀具在加工不同曲面或者不同区域时采用不同的进给值。

1)"基于曲面半径优化"。选中图 4-79 中此项系统可以自动对进给率进行优化。它以编程者设置的进给率为基础根据曲面的曲率大小自动调整进给率。单击按钮 … 会出现图 4-80 所示的"高级进给控制参数"对话框，此对话框可以设置刀具在加工不同曲率的曲面时所采用的进给值和实际设定的进给值的百分比。

2)"进给控制区"。通过定义一个局部区域，设置在此区域内、外不同的进给率。选中图 4-79 中此选项，然后单击右侧的按钮 ···，会出现图 4-81 所示的"进给控制区"对话框。

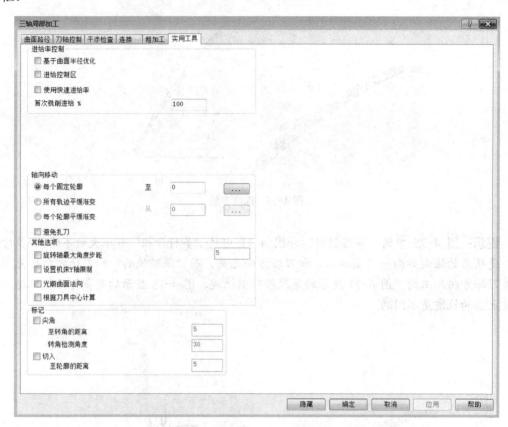

图 4-79 "实用工具"参数设置选项卡

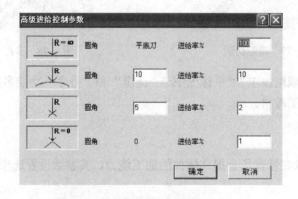

图 4-80 "高级进给控制参数"对话框

①"几何"：此选项可以通过后面的按钮拾取曲面来定义一个区域。

②"偏置"：在选择"几何"的基础上做一定的偏移，使刀具在接近定义的几何体时就会发生进给率的变化。

③"内部进给率"：用来定义所选"几何"内部的进给值与实际设定的进给值的百分比。

④"外部进给率"：用来定义所选"几何"外部的进给值与实际设定的进给值的百分比。

3)"使用快速进给率"。选中图 4-79 中此项，可以把快速运动转化成进给运动，右侧文本框中给定的数值是进给速度值。

4)"首次铣削进给%"。图 4-79 中此项用于设定刀具第一行切入零件进给值和上面设定的内部进给值的百分比，如果第一行切掉的毛坯很大，此选项可以较好地保护刀具。

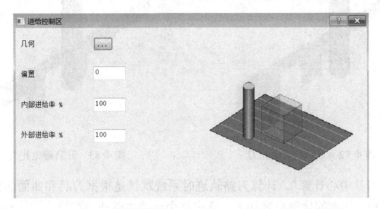

图 4-81 "进给控制区"对话框

2. 轴向移动

图 4-79 中"轴向移动"选项可以把刀路轨迹在刀轴方向上进行移动。

1)"每个固定轮廓"。此项可以把所有轨迹都沿着轴向移动一个距离，移动的距离可以直接在文本框里输入也可以单击文本框右边的按钮 … 手动拾取一点来确定移动的大小。

2)"所有轨迹平缓渐变"。此项可以使轨迹不是移动相同的距离，而是逐渐变化。移动的距离可以直接在文本框里输入也可以单击文本框右边的按钮 … 手动拾取一点来确定移动的大小。

3)"每个轮廓平缓渐变"。此项可以使每条轮廓上的轨迹点逐渐进行移动，移动的距离是渐变的。渐变移动的数值可以在上面"每个固定轮廓"或者"所有轨迹平缓渐变"选项的文本框里输入数值来指定，也可以同时在这两处输入进行叠加。

4)"避免扎刀"。此功能可以避免刀具加工过程中急剧地上下变换，通过移动把不光顺的刀路轨迹变成光顺的刀路轨迹。

图 4-82 显示的刀路轨迹没有采用"避免扎刀"功能，图 4-83 显示的刀路轨迹是使用"避免扎刀"功能的结果。可见系统把尖角处的轨迹进行圆角过渡，过渡半径默认设置是刀具直径的 2 倍。

3. 其它选项

图 4-79 中"其它选项"中有"设置机床 Y 轴限制""光顺曲面法向"和"根据刀具中心计算"3 个实用的功能。

1)"设置机床 Y 轴限制"。这是个特殊的选项，可以对机床的 Y 轴行程进行设定，在行程有限的机床上加工大的零件会用到这个选项。

2)"光顺曲面法向"。此项可以光顺曲面的法向，以 mm/° 为单位，当曲面的法向变化大于给定的值时将被光顺。

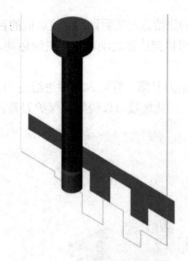

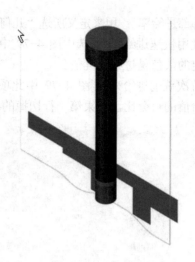

图 4-82　未开启避免扎刀　　　　　　　　图 4-83　开启避免扎刀

3）"根据刀具中心计算"。计算刀路轨迹时系统默认是根据刀具和曲面的接触点来计算的，刀具沿着和驱动面的接触点来加工。选中这个选项可以使刀路轨迹计算不基于接触点，而是基于刀具的中心。图 4-84a 是等高加工的路径，没有选中此项各个面的接触点不在一个水平面上，此时刀具需要上下移动；图 4-84b 显示的是选中此项的结果，此时刀具的中心在一个水平面上，在加工每一层时，刀具不需要上下移动。

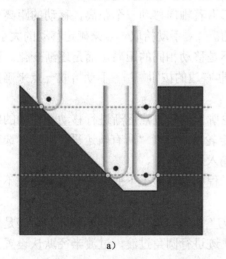

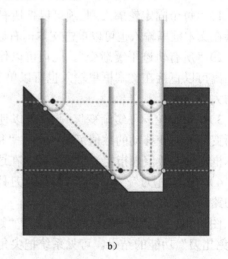

图 4-84　根据接触点和刀具中心计算刀路轨迹

图 4-79 中的其他功能将在多轴加工教程中介绍。

4.5　局部铣削-三轴综合练习

本练习用于掌握局部铣削以下内容：曲面路径功能、连接功能、干涉检查功能、粗加工功能、有效工具功能、刻字练习。

练习的文档名称是"局部加工.elt"，是一个 NC 文档，文档路径在：电子资源\参考文档\

第 4 章参考文档。

最终完成的编程文件路径在：电子资源\练习结果\第 4 章练习结果，可供读者参考，下面详细介绍练习的步骤：

进入图 2-82 Cimatron 编程环境窗口并打开"局部铣.elt"文件，如图 4-85 所示，这个文件中已经对零件进行了粗加工，有两个面已经加工到位，现在使用局部-三轴策略加工其他未加工完的面。

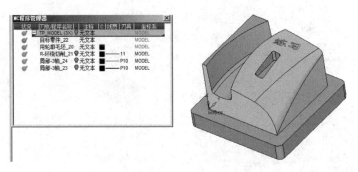

图 4-85   局部加工练习模型

4.5.1   平行铣练习

单击图 2-83 中编程向导栏"程序"按钮，在"主选择"一项选择"局部铣"策略，"子选择"切换到"局部-三轴"，如图 4-86 所示。

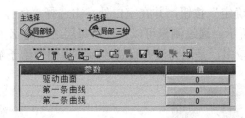

图 4-86   选择局部-三轴工艺

单击图 4-86 中"刀具"按钮，选择直径为"6"的球刀后单击"确定"按钮，如图 4-87 所示。

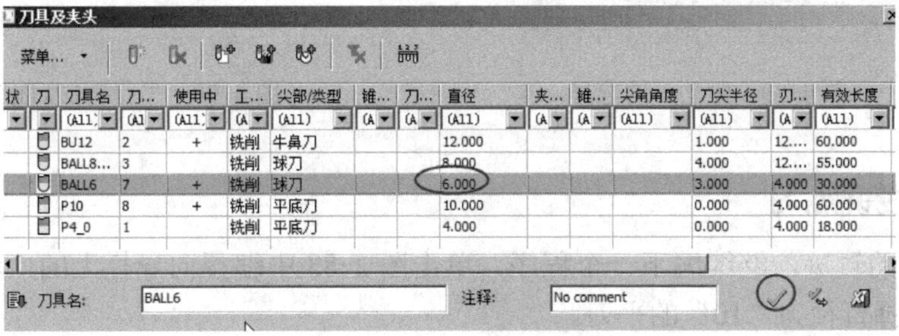

图 4-87   选择球刀

单击图 4-86 中"刀路参数"按钮，并在出现的对话框单击"进入"按钮，打开

图 4-88 中 "3 轴局部加工控制面板" 对话框，在 "曲面路径" 选项卡下，在 "模式" 一项选择 "平行铣" 工艺，加工角度都设定为 "0"，也就是选择 "等高" 加工，如图 4-88 所示，单击 "驱动曲面" 按钮，选择图 4-89 箭头所指的面。其他参数设置参考图 4-88。

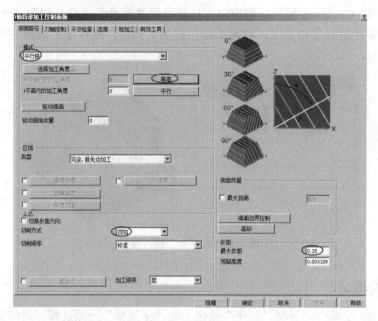

图 4-88　"3 轴局部加工控制面板" 对话框

单击图 4-88 中的 "确定" 按钮，并在空白处右击选择 "保存并前台计算" 按钮，完成轨迹的计算，如图 4-90 所示。通过测量可以发现，每层之间的 Z 向步距是 0.35，采用了等高加工。注意轨迹抬刀比较多，是因为没有设置连接，后面会给予解决。

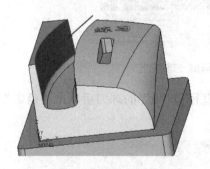

图 4-89　驱动面的选择

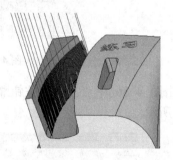

图 4-90　平行铣的刀路轨迹

4.5.2　沿曲线铣练习

隐藏上面的轨迹，继续编下一个程序。单击图 2-83 中编程向导栏上的 "程序" 按钮，并为此程序选择直径为 "10" 的平刀。

按上面 4.5.1 小节介绍的方法进入图 4-88 中 "3 轴局部加工控制面板" 对话框，在 "曲面路径" 选项卡下，将 "模式" 切换到 "沿曲线切削" 工艺，引导曲线和驱动曲面选择参照图 4-91 箭头所指的几何（把前一个程序的加工曲面取消掉），把图 4-88 上的 "最大步距"

改为"3"。单击图 4-88 上的"确定"按钮，并在空白处右击选择"保存并前台计算"按钮，系统计算的轨迹如图 4-92 所示。

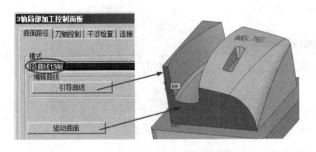

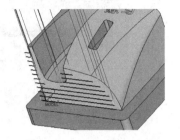

图 4-91 "沿曲线切削"加工对象选择　　图 4-92 "沿曲线切削"刀路轨迹

通过导航器查看，可见刀路轨迹总是和选择的引导线垂直。

4.5.3 两曲面之间仿形铣练习

隐藏上面的轨迹，单击图 2-83 中编程向导栏上的"程序"按钮，并为此程序选择直径为"6"的球刀。

按上面 4.5.1 小节介绍的方法进入图 4-88"3 轴局部加工控制面板"对话框，在"曲面路径"选项卡下，将"模式"切换到"两曲面之间仿形"工艺，并分别选择图 4-93 所指的目标面（仿形曲面是箭头指的两张立面，驱动曲面是两个立面之间的那 3 张面，也就是底面加上两个圆角的面），并把图 4-88 上的"最大步距"改成"0.35"。

单击图 4-88 上的"确定"按钮，并在空白处右击选择"保存并立即计算"按钮，系统计算的轨迹如图 4-94 所示。

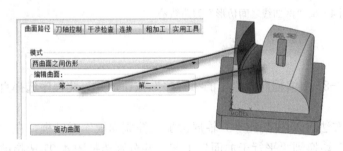

图 4-93 "两曲面之间仿形"加工对象选择　　图 4-94 "两曲面之间仿形"刀路轨迹

4.5.4 两曲线之间仿形铣练习

隐藏上面的轨迹，单击图 2-83 中编程向导栏上的"程序"按钮，并为此程序选择直径为"8"的球刀。

按上面 4.5.1 小节介绍的方法进入图 4-88"3 轴局部加工控制面板"对话框，在"曲面路径"选项卡下，将"模式"切换到"两曲线之间仿形"工艺，并分别选择图 4-95 所示的加工对象，把"最大步距"改成"0.4"。

单击图 4-88 上的"确定"按钮，并在空白处右击选择"保存并立即计算"按钮，系统计算的轨迹如图 4-96 所示。

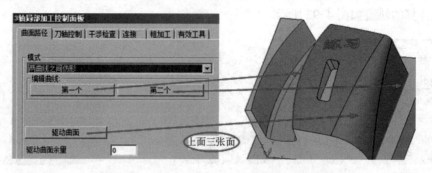

图 4-95 "两曲线之间仿形"加工对象选择

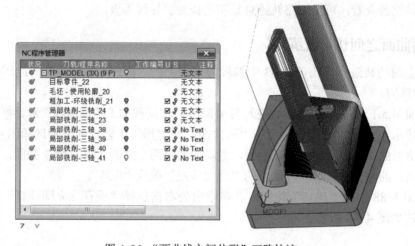

图 4-96 "两曲线之间仿形"刀路轨迹

4.5.5 平行于曲面铣练习

　　隐藏上面的轨迹，单击图 2-83 中编程向导栏上的"程序"按钮，并为此程序选择直径为"3"的平刀。

　　按上面 4.5.1 小节介绍的方法进入图 4-88"3 轴局部加工控制面板"对话框，在"曲面路径"选项卡下，将"模式"切换到"平行于曲面"工艺，并分别选择图 4-97 所指的目标面（也就是引导曲面选择槽的底面，驱动曲面选择槽的侧壁周边面），把"最大步距"改成"1.5"。

　　单击图 4-88 上的"确定"按钮，并在空白处右击选择"保存并立即计算"按钮，系统计算的轨迹如图 4-98 所示。

4.5.6 曲线投影铣练习

　　隐藏上面的轨迹，单击图 2-83 编程向导栏上的"程序"按钮，并为此程序选择直径为"0.5"的球形刀具。

　　按上面 4.5.1 小节介绍的方法进入图 4-88"3 轴局部加工控制面板"对话框，在"曲面路径"选项卡下，将"模式"切换到"曲线投影"工艺，并分别选择图 4-99 中箭头所指的加工对象。

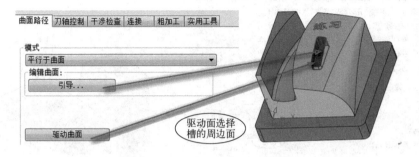

图 4-97 "平行于曲面"加工对象选择

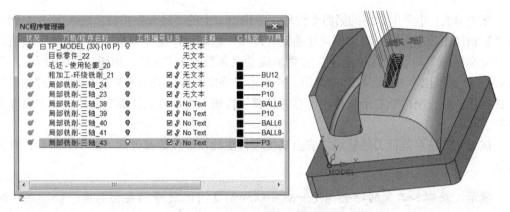

图 4-98 "平行于曲面"刀路轨迹

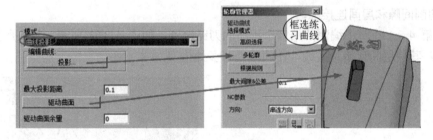

图 4-99 "曲线投影"加工对象选择

在图 4-88 中"3 轴局部加工控制面板"对话框中，切换到"有效工具"选项卡，并在"轴向移动"参数输入"-0.15"，也就是刻字的深度是 0.15，如图 4-100 所示。

单击图 4-88 上的"确定"按钮，并在空白处右击选择"保存并立即计算"按钮，系统计算的轨迹如图 4-101 所示。读者可以通过隐藏顶面查看刀路轨迹。

4.5.7 连接练习

1. 更改安全高度

上面刀路轨迹的安全高度系统默认是 150，对于有些机床这个高度会造成超程问题，现在介绍如何更改安全高度值。

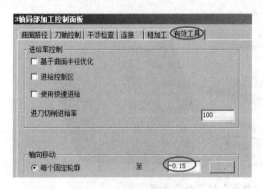

图4-100 轴向移动参数

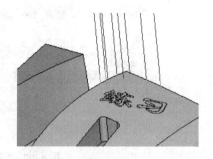

图4-101 "曲线投影"加工轨迹

双击 4.5.1 小节中介绍的第四个程序，单击窗口上的"进入"按钮，进入到图 4-100 中的"3 轴加工控制面板"对话框，切换到"连接"选项卡，继续单击"安全区域"按钮，进入"安全区域"对话框在"高度"参数后面的文本框输入"80"，如图 4-102 所示，单击"确定"按钮退出"安全区域"对话框，再单击"确定"按钮退出"3 轴局部加工控制面板"对话框。最后在空白处右击选择"保存并计算"按钮，可以看到计算完的轨迹安全高度已经降低了。

按上述方法对其他刀路轨迹的安全高度进行更改，高度值都改成"80"并重新计算刀路轨迹。

> 提示：局部加工里的安全高度一般可以和创建 TP 选择的安全高度一致，也可以比它低。

2. 切削间隙和层间连接练习

观察第 4.5.3 小节中编制的第六个程序的刀路轨迹，如图 4-103 所示，箭头所指的路径并不理想，其中层间连接是直线，在间隙处有多处抬刀。

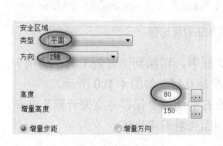

图4-102 安全高度设定

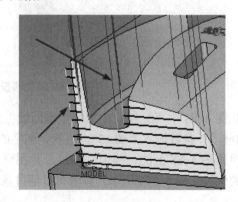

图4-103 需要更改的轨迹

双击 4.5.3 小节中编制的第六个程序，进入到图 4-100"3 轴局部加工控制面板"对话框，切换到"连接"选项卡，按照图 4-104 所示进行参数设定。

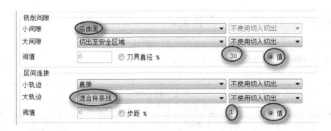

图 4-104 "铣削间隙"和"层间连接"的参数设定

退出图 4-100 "3 轴局部加工控制面板"对话框并计算，最终的轨迹如图 4-105 所示，按上述方法将 4.5.5 小节中绘制的第八个程序改成图 4-106 所示的情形。

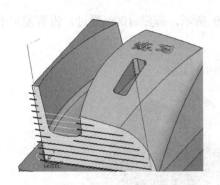

图 4-105　改进的刀路轨迹

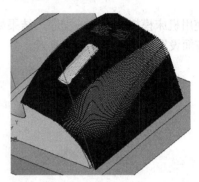

图 4-106　改进第八个程序轨迹结果

4.5.8　干涉检查练习

仔细观察 4.5.5 小节中编制的第八个程序的刀路轨迹，可以发现刀具切削刃和零件面已经发生了干涉，如图 4-107 箭头所指的区域。通过机床模拟，可以发现刀具在顶面也有干涉，这是因为设置了连接的原因。下面通过干涉检查功能排除干涉。

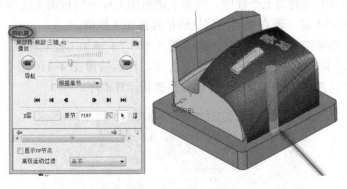

图 4-107　底部轨迹发生干涉

双击 4.5.5 小节中编制的第八个程序，进入图 4-100 "3 轴局部加工控制面板"对话框，然后切换到"干涉检查"选项卡，并选中第一项，如图 4-108 所示。然后按照图 4-108 中进行参数设定。单击按钮 ⋯ 去拾取检查面（图 4-107 箭头所指的面），确定后退出图 4-100

"3 轴局部加工控制面板"对话框并计算轨迹。

图 4-108　干涉检查设定

使用机床模拟模拟此条程序，结果如图 4-109 所示，程序 100%通过，没有发生干涉，说明前面设置的"干涉检查"有效。

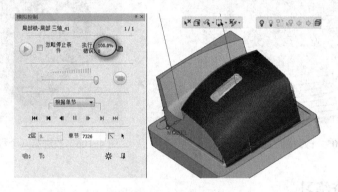

图 4-109　没有干涉的刀路轨迹

4.5.9　粗加工练习

对于 4.5.4 小节编制的第七个程序，因为上道粗加工程序给精加工留量 0.6，只使用一层进行精加工效果有些不好，现在采用两层轨迹把底部加工到位。

双击 4.5.4 小节编制的第七个程序，进入图 4-100 "3 轴加工控制面板"对话框，并切换到"粗加工"选项卡，并选中"深腔切削"选项，然后按照图 4-110 进行参数设定，退出图 4-100 的"3 轴局部加工控制面板"对话框并重新计算程序。

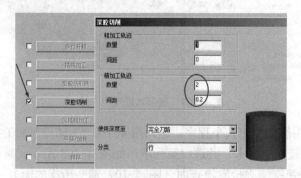

图 4-110　粗加工参数设定

通过导航器查看，发现已经产生了两层加工轨迹，如图 4-111 所示，最后一层的加工量是 0.2。

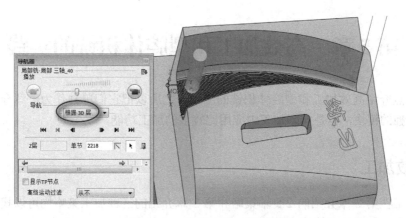

图 4-111　查看两层刀路轨迹

4.5.10　实用工具练习

在 4.5.6 小节的刻字程序里已经用到了实用工具功能，在刻字时，如果不应用实用工具里的"轴向移动"功能，刀具只能在字母所在的面上加工，通过设定轴向移动，系统可以在字母所在的曲面下面生成刀路轨迹，以得到一定深度的字母轨迹。

以上练习完毕，结果可以参考练习答案。

第 5 章 高效加工和型腔体积铣的实践

本章重点介绍高效加工和型腔体积铣的应用，之所以把它们单独作为一章介绍，是因为这两个是单独的模块，也是实际加工中应用比较多的加工功能。

5.1 高效加工

高效加工在第 2 章介绍的 2.5 轴策略和第 3 章介绍的三轴加工策略均可以找到，和传统加工相比，高效加工具有的特点是：

- 最小的空切路径。
- 最大的加工效率。
- 恒定的材料去除率。
- 光顺的刀具路径，智能调整进给速度。
- 全刃切削，提高刀具利用率。

5.1.1 2.5 轴的高效加工

首先熟悉一下和高效加工有关的参数。

1. 切入和切出点

高效加工时的相关参数如图 5-1 所示。

① "自动-创建预钻孔点的集合"。用于计算高效加工轨迹后会在封闭腔内创建一个点，这个点是高效加工之前预钻孔的位置点，相当于高效加工之前钻一个引导孔，目的是更好地保护刀具。

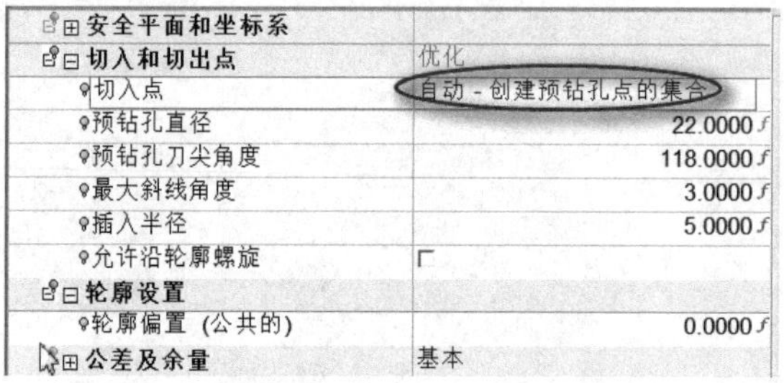

图 5-1 "切入和切出点"参数设定

> 提示：软件安装完后高效加工的默认设置是没有这个选项的，需要在预设定设置后才能出现，具体设置见图 5-2。

② "预钻孔直径"。用于定义预钻孔使用钻头的直径。

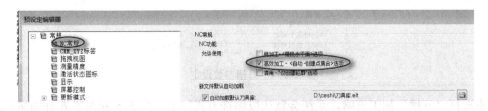

图 5-2　预设定编辑器

③"预钻孔刀尖角度"。用于定义在钻孔使用钻头的刀尖锥度。

④"允许沿轮廓螺旋"。选中此项可以沿着型腔轮廓插入铣削，一般此项应用在比较小的型腔加工场合。

2. 刀路轨迹

高效加工的刀路轨迹参数如图 5-3 所示。

🔒 □ 刀路轨迹	
♀Z顶部	25.0000 ƒ
♀Z底部	5.0000 ƒ
♀下切步距	20.0000 ƒ
♀侧向步距	3.0000 ƒ
♀铣削模式	顺铣
♀允许往复铣削	☑
♀连接抬升高度	0.1000 ƒ
♀排序	深度优先
♀清角	☑
♀前一把刀具直径	20.0000 ƒ
♀上一次轮廓偏置	0.0000 ƒ
♀上一次光顺半径	9.0000 ƒ

图 5-3　2.5 轴"刀路轨迹"参数设定

①"允许往复铣削"：Cimatron13 版本开始有此功能，允许加工采用顺、逆铣削加工。

②"连接抬升高度"：定义的是刀具在加工完一处到另一处时离开当前切削层的高度，刀具在这个高度进行移动，移动的速度可以在机床参数里进行定义。

③"排序"：其下有"深度优先"和"层优先"2 个选项，"深度优先"用于定义每个腔加工到深度再去加工另一个腔，"层优先"用于定义所有的腔以同一个 Z 层加工，直到所有的腔都加工到位。

④"清角"：选中可以对零件的角落进行加工，用于对前一把刀具在角落剩余毛坯的清理。

⑤"前一把刀具直径"：选中上面"清角"会出现此参数，用于定义前一个程序使用刀具直径的大小，直径大小不同，计算结果也会不同。

⑥"上一次轮廓偏置"：上个程序轮廓的偏移值，也就是留的加工余量。

⑦"上一次光顺半径"：上个程序使用高速铣削时采用的光顺半径，采用的值越大，清角生成的轨迹就越多。

3. 开槽

高效加工里还多一个"开槽"参数输入项。如图 5-4 所示，"开槽"是加工比较窄长区域时可选的一种加工策略，它可以分几层加工，其切削速度可以在机床参数里进行控制。

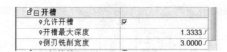

图 5-4　开槽参数设定

不选择"开槽"加工策略，系统会默认以侧铣方式加工，图 5-5 和图 5-6 分别显示的是"开槽"和"侧铣"轨迹的不同。"侧铣"采用的是摆线加工，"开槽"则不同。"开槽"可以做到和侧刃一样的材料去除率。

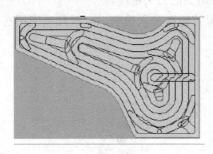

图 5-5　开槽加工轨迹

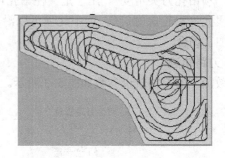

图 5-6　侧铣加工轨迹

图 5-4 中"开槽"功能会涉及以下两个参数：

①"开槽最大深度"。指开槽时每层的加工深度。系统默认设置是刀路轨迹里"下切步距"的 1/3。

②"侧刃铣削宽度"。指开槽时刀具的横向步距，系统默认设置等于刀路轨迹里的"侧向步距"，最大可以输入刀具直径的 0.99 倍。

5.1.2　三轴的高效加工

和 2.5 轴高效加工的不同在于"刀路轨迹"下有一个"平面补铣"选项，如图 5-7 所示，它是对型腔的底面多余材料进行清理，目的是保证底部加工余量满足技术要求，"平面补铣"下有 3 个选项下面分别介绍它们的功能。

①"无"：不对底部过多的余量进行清理，结果会存在底部余量多于程序设定的加工余量，但是相对来讲加工时间较短。

②"是，下一层之后"：对底部余量进行清理，"下一层之后"的意思是等每个腔的主加工层加工完毕再去做水平面的补铣工作。

③"是，下一层之前"：对底部余量进行清理，"下一层之前"的意思是每个腔加工到要求的余量后再对另一个腔的主层进行加工，直到加工到要求的余量。

如图 5-8 所示，零件有 A 和 B 两个区域。如果采用"是，下一层之前"的工艺，就是把 A 腔加工到要求的余量后再去加工 B 腔；如果采用"是，下一层之后"的工艺，就是等A、B 腔的主层加工完毕，再去分别补铣 A 和 B 处的水平面。

5.1.3　高效加工编程练习——2.5 轴

本练习用于掌握以下知识：

2.5 轴高效加工参数设置方法、掌握高效加工轨迹特点、开放边的定义——保证加工从外部进刀、清根的应用——高效加工自动清根设置方法。

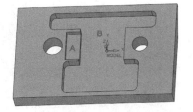

图 5-7 三轴"刀路轨迹"参数设定　　　　　　　图 5-8 零件模型

练习文档文件路径在：电子资源\参考文档\第 5 章参考文档，下面是详细的步骤。

1）打开练习文档"2.5 轴高效加工.elt"，文件已经编好 2 个程序，一个是加工 4 个角的程序，一个是钻孔程序。

2）在钻孔程序下面创建一个高效加工程序，加工策略"主选项"切换到"2.5 轴"，"子选择"切换到"高效加工"，如图 5-9 所示。

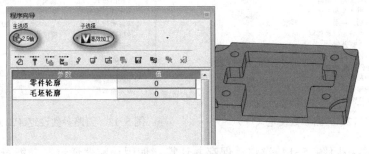

图 5-9 "程序向导"中确定加工策略

3）单击"零件轮廓"右侧按钮，选择图 5-10 箭头所指的面，单击鼠标中键确认，系统会提取此面的最大外轮廓，再单击鼠标中键退出轮廓的选择。

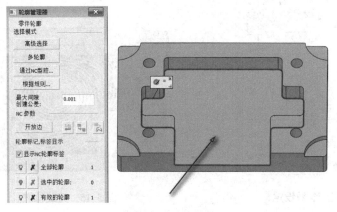

图 5-10 选取轮廓

4）从"刀具及夹持"对话框刀具表选择刀具"D16"，如图 5-11 所示，再单击"确定"按钮。

5）刀路参数设定参考图 5-12 和图 5-13。

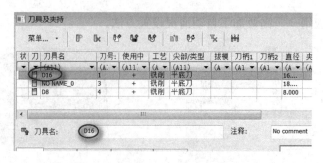

图 5-11 选择工具

图 5-12 刀路参数设定（一）

图 5-13 刀路参数设定（二）

6）机床参数按照图 5-14 设定，保存并计算，使用导航器通过层功能查看，可以发现轨迹分两层，每一层轨迹的特点都是中间螺旋进刀，轨迹圆弧连接，步距均匀，如图 5-15 所示。

图 5-14 机床参数设定

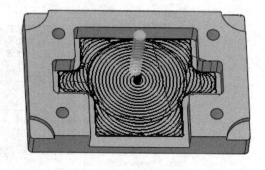

图 5-15 刀路轨迹

应该注意的是零件有开放边界，从中间螺旋下刀并不是理想的，可以继续做如下修改：

7）编辑这个高效加工程序，打开这个程序的"轮廓管理器"对话框，单击"开放边"按钮，如图 5-16 所示，并单击图 5-17 所指的开放边，两次单击鼠标中键退出轮廓管理器，再保存并计算，结果如图 5-18 所示。使用导航器可以发现刀具是从外部进入的。

图 5-16　轮廓管理器

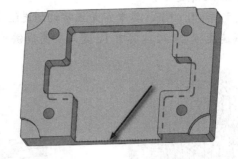

图 5-17　选择开放边

8）对高效加工轨迹进行如下分析。

① 使用导航器先查看进刀：如图 5-19 所示，进刀是以摆线形式切入，避免了整个刀具的切削，步距均匀，达到了载荷均匀的效果。因为采用顺铣，程序提供了快速光滑的切削轨迹之间的连接，保证了切削顺畅。

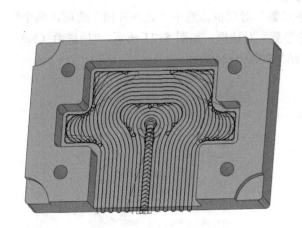

图 5-18　修改后的刀路轨迹

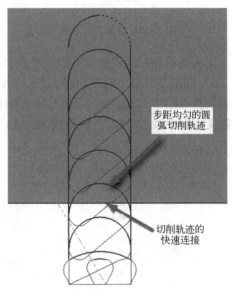

图 5-19　查看进刀

② 查看侧向步距：如图 5-20 所示，整个侧向步距均匀分布，顺铣加工，步距间的大小由刀路轨迹里的"侧向步距"控制。

③ 再查看角落处轨迹：如图 5-21 所示，角落的切削轨迹也是均匀的，同样是顺铣加工，步距间的大小由刀路轨迹里的"侧向步距"控制，不同于以往的传统加工轨迹。

提示：进入网站http://www.volumill.com，可以找到采用高效加工推荐的切削参数，下面是这个网站推荐的加工铝合金的一组加工参数的例子：

① 垂直步距 = 2 * Tldi，其中 Tldi 是采用的刀具直径。

② 侧向步距 = 0.07 * Tldi。

③ 螺旋 C 插入角度 = 1°。

④ 插入进给率 = 0.1 * F，其中 F 是正常切削进给率。

⑤ 刀具线速度 = 2 * Vc，其中 Vc 是刀具商提供的线速度。

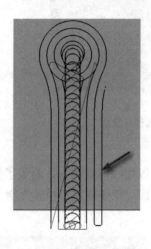

图 5-20　查看侧向步距

图 5-21　查看角落处轨迹

下面练习使用高效加工里的"开槽"参数。

9）双击高效加工程序，进入到"刀路参数"对话框，选中"允许开槽"选项，两个加工参数按照图 5-22 设置；再进入到"机床参数"对话框，如图 5-23 所示，"槽进给（%）"参数文本框中输入"50"；计算程序轨迹，结果如图 5-24 所示。

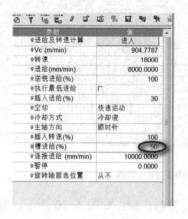

图 5-22　开槽参数设定　　　　图 5-23　机床参数设定

从导航器可以看出，进刀不是采用摆线加工，而是以小的切深、小的切削速度进行加工的，图 5-25 导航器信息栏里可以看出切槽进入是以实际切削进给的 50% 进行加工的，这个 50% 就是在机床参数里设定的。

提示：有时尽管开启了"开槽"模式，但如果按照"开槽"模式设置的加工参数切入的时间多于"摆线进刀"模式，则在轨迹开始系统不会以开槽形式切入工件。

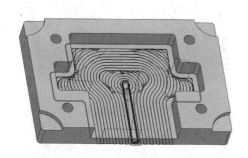

图 5-24　刀路轨迹

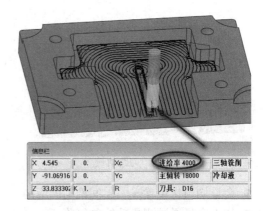

图 5-25　导航器信息栏

通过测量，零件槽立面拐角半径是 5mm，高效加工采用的是半径是 "8" 的刀具，会在角落处留下残料，下面练习采用高效加工里的清角功能去掉这些残料。

10）在高效加工后面创建一个清根程序：加工策略按图 5-26 进行设置，刀具选择 D8 平底刀具。

11）在刀路参数里，"下切步距" 改成 "3"，选中 "清角" 功能，"前一把刀具直径" 输入 "16"，"上一次轮廓偏置" 输入 "0.3"，"上一次光顺半径" 输入 "2"，如图 5-27 所示。

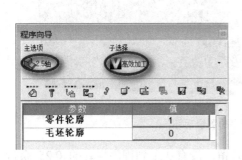

图 5-26　选择加工策略

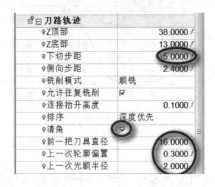

图 5-27　刀路参数设定

12）注明：这 3 个数值都是按照上面的高效加工程序设置的，不是随便给的。其余参数默认上次程序的设置，计算程序，结果如图 5-28 所示。

13）带着毛坯模拟整个加工程序，读者可以在模拟高效加工时放慢速度观察高效加工特点。图 5-29 是模拟的结果。

练习结束，答案文件路径在：电子资源\练习结果\第 5 章练习结果，另外，在加工结果文件夹，还有高效加工的视频，可以打开观赏。

5.1.4　高效加工编程练习——三轴

5.1.3 小节练习的是 2.5 轴的高效加工，这节练习三轴的高效加工，主要用于掌握以下知识：

● 底面余量设置技巧——如何保证底面余量达到要求。

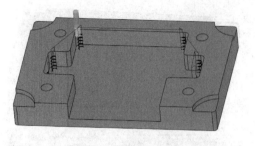
图 5-28　刀路轨迹

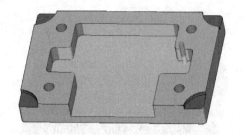
图 5-29　模拟结果

● 余量均匀化设置——层间铣削的应用。
● 加工余量通过测量功能如何验证。
● 加工安全方面训练——掌握预钻孔功能和参数设置。

练习文档路径在：电子资源\参考文档\第 5 章参考文档，下面详细介绍练习步骤。

打开练习文档"Rough VoluMill.elt"。文件里包括了 4 个 TP，每个 TP 有一个高效加工程序，是为下面练习而做的，TP 上的注释说明了每个 TP 的练习目的。

查看第一个 TP 下程序的剩余毛坯，单击图 5-30 箭头所指按钮，显示毛坯剩余情况。

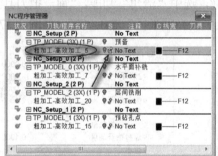

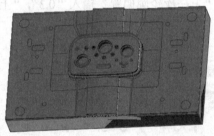

图 5-30　查看程序的剩余毛坯

可以发现零件上面 3 个孔的底部均有毛坯残留，没有加工到程序需要的 0.25 余量，下面开始编辑程序，把这些部位的余量加工到设定值（0.25）。

> **提示**：通过测量轨迹点和水平面之间的距离可以精确地知道水平面余量大小。

1）双击图 5-30 中第二个 TP 下的高效加工程序，把"平面补铣"参数切换到"是，下一层之后"，如图 5-31 所示，计算程序轨迹。

和修改之前相比，可见在水平面上面创建了额外的刀路轨迹，孔的底部包括其他水平面的余量均达到编程设置的加工余量 0.25，可以通过测量最底层轨迹点和底面距离进一步验证余量情况，如图 5-32 所示。

测量技巧是打开导航器功能，用光标拾取孔里最底层轨迹，再切换到"根据层"的方法导航刀路轨迹，可以更方便、准确地测量加工余量的剩余情况。

通过模拟，可以发现由于程序采用大的切深，模拟结果上有大的台阶存在，余量不均匀，如图 5-33 箭头所指区域，可以通过下面的练习去掉这个毛坯上的大台阶。

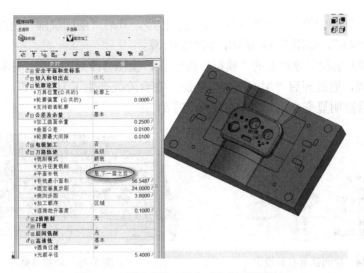

图 5-31　采用"下一层之后"的刀路轨迹

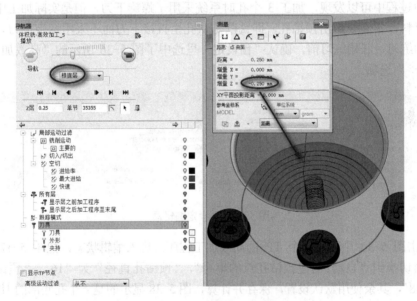

图 5-32　验证加工余量

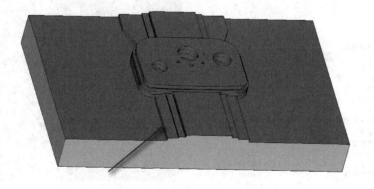

图 5-33　毛坯上存在大台阶

2）双击图 5-30 中第三个 TP 下的高效加工程序，开启"层间铣削"功能，"固定垂直步距"参数输入"4.8"，如图 5-34 所示，保存并计算。

单击图 2-83 编程向导栏上的"模拟"按钮 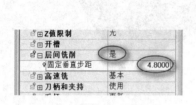，模拟修改后的程序，模拟结果如图 5-35 所示，可以发现，通过开启"层间铣削"功能，在台阶处产生了刀路轨迹，与图 5-33 的模拟结果相比，台阶明显变小，加工余量更均匀了。

图 5-34 层间铣削参数设定

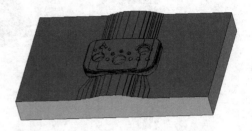

图 5-35 模拟结果

在模拟过程中可以发现，加工 3 个孔时系统采用了螺旋下刀，但是实际加工中，尤其是加工硬的材料，常需要做出预钻孔，即铣削是从孔里直接下刀而不采用螺旋下刀。下面将进行这方面的练习，开始练习前，确认"预设定"里选中了图 5-36 所示的"高效加工-<自动-创建点集合>"选项。

图 5-36 预设定编辑器

3）双击图 5-30 中最后这个 TP 的高效加工程序，进入编辑状态，把图 5-37 中"切入点"参数项切换到"自动-创建预钻孔点的集合"，"预钻孔直径"为"16"，"预钻孔刀尖角度"为"118"，其余使用默认设置，保存并计算，图 5-38 显示的是一个孔底部的刀路轨迹。

图 5-37 切入和切出点参数设定

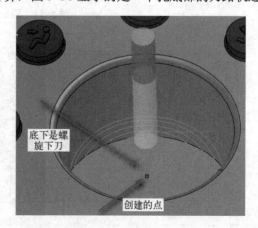

图 5-38 孔底部的刀路轨迹

通过导航器分层查看功能可以发现，在孔的下方创建了钻孔点，钻孔点自动创建在集合里，底部加工时有一小段还是螺旋走刀。这是因为钻孔时钻头有锥度底部有剩余毛坯，因此系统会采用螺旋的进刀轨迹，以保证加工安全。

上面 3）介绍的是如何创建预钻孔的点。下面介绍利用生成的钻孔点在高效加工之前创建钻孔程序。

4）单击图 5-39 箭头所指位置，也就是最后一个"TP-MODEL"所处的位置，创建一个钻孔程序。

在图 2-83 中编程向导栏选择"程序"按钮，在弹出的对话框中，"主选项"选择"钻孔"，"子选项"选择"钻孔三轴"，如图 5-40 所示。

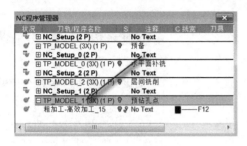

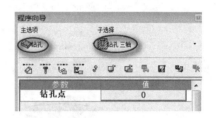

图 5-39　创建钻孔程序　　　　　　　　　　图 5-40　确定加工策略

钻孔点通过集合规则选取，选择的集合就是高效加工自动创建的预钻孔点的集合，如图 5-41 所示。钻孔刀具从刀具库选择 DRILL16，加工参数按照图 5-42 设置，保存并计算。

提示：因为创建的 3 个预钻孔点在同一个高度上，因此图 5-42 中"全局深度类型"选择"全局 Z 顶部"比较合适，因为毛坯最高点是 66，因此"全局 Z 顶部"输入"70"比较安全。

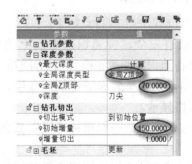

图 5-41　选取钻孔点　　　　　　　　　　图 5-42　加工参数设定

当在高效加工之前创建出钻孔程序时，高效加工程序前旗标会发生变化，有 R 出现，如图 5-43 所示，意味着高效加工参考的毛坯已经改变。可以在高效加工程序上右击，选择最下面的"清除'R'和'D'符号"命令，如图 5-43 所示，此时会弹出一个对话框，如图 5-44 所示，选择"是"就可以去掉图 5-43 中高效加工程序前的 R。

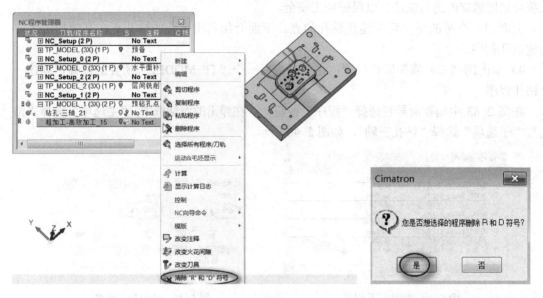

图 5-43　清除 "R" 和 "D" 符号命令　　　　图 5-44　是否删除 "R" 和 "D" 的信息框

读者可以自己模拟最后这个高效加工程序，查看钻孔后铣削刀具开始加工时是如何进入预钻孔的。以上练习结果文件路径在：电子资源\练习加工\第 5 章练习结果。

5.2　型腔体积铣

型腔体积铣是专门为模具型板或者类似零件的快速编程而开发的模块，是 Cimatron 13 版本开始有的功能。介绍型腔体积铣之前，需要了解"型腔管理器"。

5.2.1　型腔管理器

型腔管理器的主要特点如下：

① 具有安全、快速识别型板上的型腔和槽的分析工具，可以自动识别型腔和槽（包括开放的）几何特征。

② 自动识别型腔和槽特征的高度、形状和拔模角度，可以用表格显示。

③ 被识别的型腔和槽特征可以被自动输入用于进行铣削操作。

④ 可以通过几何特征例如是否开放、通槽、盲槽、是否具有拔模角度这些属性进行快速过滤选择。

单击图 2-83 编程向导栏上"型腔管理器"按钮，即可弹出其对话框，如图 5-45 所示，其中主要参数的含义见表 5-1。

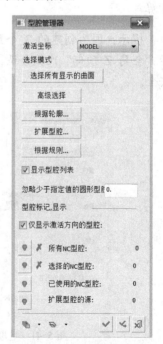

图 5-45　型腔管理器

表 5-1 型腔管理器参数含义

参 数	含 义
激活坐标	识别型腔特征参考的坐标系,在图面单击哪个坐标系,那个坐标系就会被参考,会被自动激活
选择所有显示的曲面	选择用来识别型腔特征的曲面。单击此按钮会自动选择界面所有曲面
高级选择	手动定义选择方式,可以自由选择或者自底面来分析型腔特征
根据轮廓	手动选择一个或者多个轮廓来分析型腔特征
扩展型腔	通过"层"的方式来识别型腔,是一种辅助识别法,系统默认设置是采用"垂直"方式识别型腔
根据规则	根据选择的坐标系方向和曲面颜色等规则识别型腔
显示型腔列表	对型腔列表显示和隐藏
忽略少于指定值的圆形型腔	对于其右侧的数值,如果圆的直径小于这个值则被忽略,不被识别
仅显示激活方向的型腔	显示按照某一个坐标系方向识别的型腔
所有 NC 型腔	显示所有型腔数目
选择的 NC 型腔	显示选择的型腔数目
已使用的 NC 型腔	程序已经使用的型腔数目
扩展型腔的源	用以生成扩展型腔参考的型腔数目

5.2.2 型腔体积铣参数设置

型腔体积铣加工策略被放在三轴加工策略里,如图 5-46 所示,在加工对象里多了一个"型腔"参数,编程时必须选择型腔才能计算刀路轨迹。单击"型腔"右侧按钮,即可弹出"型腔选择"对话框,如图 5-47 所示,从这个对话框可以对型腔进行管理,可以完成如下操作:

① 选择、取消选择型腔。

② 设定捕捉圆孔型腔的大小。

③ 设定型腔"Z 顶部增量"和"Z 底部增量"。

④ 显示和隐藏型腔等。

同三轴加工一样,型腔体积铣同样可以对零件上的面进行安全保护,避免过切和碰撞,也可以参考毛坯和更新毛坯。

下面将对型腔管理器和型腔体积铣功能进行练习。

5.2.3 型腔管理器和型腔体积铣综合练习

本练习主要用于掌握以下内容:

型腔管理器的应用、型腔体积铣参数设置。

1)打开文档"Pocket-Manager.elt",文档路径在:电子资源\参考文档\第 5 章参考文档。

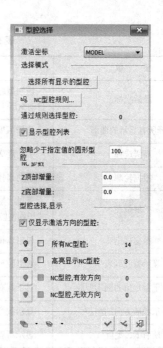

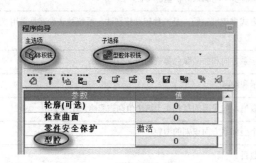

图 5-46 确定加工策略　　　　　　图 5-47 "型腔选择"对话框

2）单击图 2-83 中编程向导栏上"型腔管理器"按钮 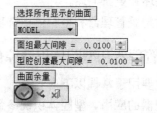，打开型腔管理器，如图 5-48 所示。

3）单击"选择所有显示的曲面"按钮，弹出图 5-49 所示的一个对话框，单击"确定"按钮。

图 5-48 型腔管理器　　　　　　图 5-49 选择所有显示的曲面

结果如图 5-50 所示，细心观察可以发现左边有一处没有被识别，是因为这个槽有一个

202

斜面，也有直面，这种情况下系统不会自动识别，下面通过手动进行识别。

4）参照图 5-51，先隐藏所有 NC 型腔，随后单击型腔管理器上的"高级选择"按钮。

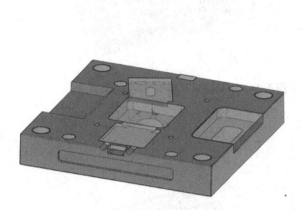

图 5-50　显示曲面结果　　　　　　　　　　　　图 5-51　高级选择

5）拾取图 5-52 所示的型腔底面，接着拾取相邻的斜面，再单击"确认"按钮。

这样通过部分手动的方法生成了一个型腔，如图 5-53 所示。型腔加工本质是 2.5 轴的加工，识别型腔也是在一定方向进行的，以适合这个方向的加工。

> **提示**：在图 5-51 型腔管理器中，有一个参数"激活坐标"，这个坐标系就是决定系统是从哪个方向来识别型腔的，型腔底面总是与激活坐标系的 Z 方向垂直，坐标系可以通过型腔管理器上的下拉列表框进行切换，或者可以按照以前版本方法激活所需要的坐标系。

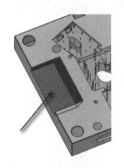

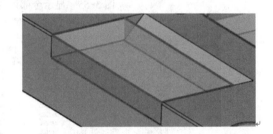

图 5-52　拾取型腔底面　　　　　　　　　　图 5-53　手动生成型腔

下面学习一种新方法来识别不同方向的型腔，不同方向型腔可以用在 5 轴定位加工里。

6）再次单击图 5-51 中型腔管理器中的"高级选择"按钮，并把选择面的方式切换到"自底部的面"，如图 5-54 所示，单击箭头所指的面，然后点击鼠标中键或者单击"确定"按钮即可完成侧面型腔的识别，可以发现系统同时会创建这个方向上的坐标系。

7）不选中图 5-51 中"仅显示激活方向的型腔"选项时，系统会把所有识别出的型腔全部显示出来，如图 5-55 所示。

8）选中图 5-55 中"显示型腔列表"，不选中"仅显示激活方向的型腔"，系统会显示所有识别出的型腔列表，一共 53 个，如图 5-56 所示。

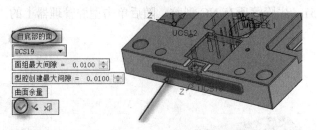

图 5-54　识别侧面型腔

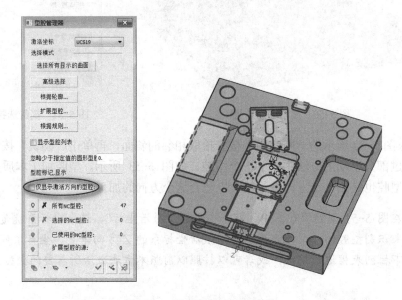

图 5-55　显示全部识别的型腔

状况	型腔名称	型腔有效性	型腔编号	坐标系名称	可见性	Z顶部	Z底部	简单的型腔
(A▼)	(All)▼	(All)▼	(All)▼	(All)▼	(All▼)	(A1▼)	(A1▼)	(All)▼
✖	型腔_36	☑	1.17.6	MODEL	♀	-31.053	-80.000	+
✖	型腔_37	☑	1.17.3	MODEL	♀	-31.053	-80.000	+
✖	型腔_38	☑	1.17.9	MODEL	♀	-31.053	-80.000	+
✖	型腔_39	☑	1.17.10	MODEL	♀	-31.053	-80.000	+
✖	型腔_40	☑	1.17.16	MODEL	♀	-31.053	-80.000	+
✖	型腔_41	☑	1.17.15	MODEL	♀	-31.053	-80.000	+
✖	型腔_42	☑	1.17.14	MODEL	♀	-31.053	-80.000	+
✖	型腔_43	☑	1.17.13	MODEL	♀	-31.053	-80.000	+
✖	型腔_44	☑	1.17.12	MODEL	♀	-31.053	-80.000	+
✖	型腔_45	☑	1.17.11	MODEL	♀	-31.053	-80.000	+
✖	型腔_46	☑	1.17.17	MODEL	♀	-31.053	-80.000	+
✖	型腔_47	☑	1.17.18	MODEL	♀	-31.053	-80.000	+
✖	型腔_48	☑	1.17.19	MODEL	♀	-31.053	-80.000	+
✖	型腔_49	☑	1.17.20	MODEL	♀	-31.053	-80.000	+
✖	型腔_50	☑	1.17.21	MODEL	♀	-31.053	-80.000	+
✖	型腔_51	☑	1.17.22	MODEL	♀	-31.053	-80.000	+
✖	型腔_52	☑	1.19	MODEL	♀	-0.000	-24.446	+
✖	型腔_53	☑	2.1	UCS18	♀	8.000	0.000	+

图 5-56　NC 型腔列表

提示：图 5-56 NC 型腔列表里显示了型腔名称、有效性、参考坐标系和 Z 坐标值，每一个型腔都可以通过这个表进行显示和隐藏，通过表格上的按钮 🔲 对列进行管理，例如增加或者删除某一列，对列的左右顺序进行调整。

上面提到的别的型腔也包括孔，实际在车间里，这些孔可能已经被钻到尺寸了或者后期要通过钻孔工艺加工，因此需要在识别型腔时把孔过滤掉，下面做这方面的练习。

9）显示所有型腔，在"忽略小于指定值的圆形型腔"参数右侧文本框中输入"50"，如图 5-57 所示，图中只有 15 个型腔被识别，直径小于 50 的孔被忽略掉了，型腔列表中也不会显示这些被忽略掉的型腔。

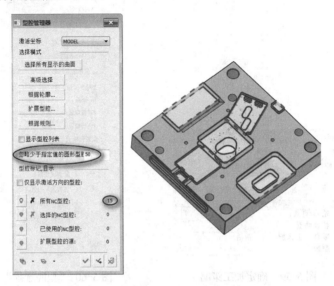

图 5-57　忽略小于指定值的圆形型腔

10）单击图 5-58 箭头所指位置，单击可见性灯泡，练习对某一个型腔的显示和隐藏。

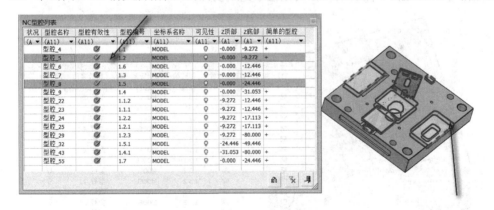

图 5-58　型腔的显示和隐藏

11）单击图 5-57 型腔管理器"确定"按钮，完成型腔的识别，保存文件，被识别的型腔数据也会保存到这个文件中。

这个文件将用于下面的编程练习。

12）单击图 2-83 中编程向导栏上"创建程序"按钮，"主选项"选择"体积铣"，"子选择"切换到"型腔体积铣"，如图 5-59 所示，注意图中有一个"型腔"参数。

13）单击图 5-59"型腔"参数右侧按钮，打开"型腔选择"对话框，如图 5-60 所示。

提示：系统默认的激活坐标系和程序使用的坐标系一致，并且在图 5-60 中"仅显示激活方向型腔"处于选中状态，也就是通过这个方向识别的型腔系统会自动全部显示。

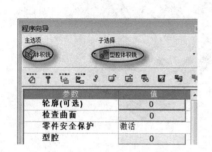

图 5-59　确定加工策略

图 5-60　"型腔选择"对话框

14）单击图 5-60"选择所有显示的型腔"按钮，并在"NC 型腔列表"里取消图 5-61 箭头所指的型腔，这几个型腔需要在其他程序完成设置。

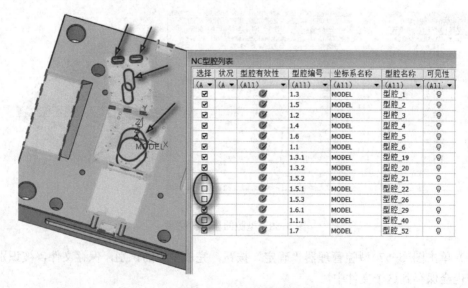

图 5-61　取消某些型腔

15）单击图 5-60 "型腔选择" 对话框 "确定" 按钮 ✔，图 5-62 显示有 10 个型腔被选择。

16）单击 "窗口刀具" 按钮，为此程序选择直柄刀具 "F12 平底刀"。

17）在刀路参数设置对话框中，"加工曲面余量" 输入 "0.5"，"固定垂直步距" 默认为系统参数 "4.8"，"侧向步距" 也是 "4.8"，如图 5-63 所示。

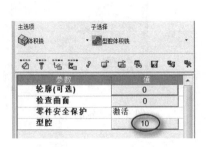

图 5-62　选择型腔

图 5-63　刀路参数设定

18）保存并计算，结果如图 5-64 所示，图 5-65 是模拟的结果。

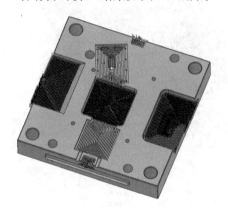

图 5-64　刀路轨迹

图 5-65　模拟结果

下面分析轨迹：

① 通过导航器查看并结合测量功能，可以发现型腔底部都留有 "0.5" 的加工余量，这说明系统可以根据型腔信息自动捕捉型腔的深度。

② 开放区域刀具会切出轮廓外，这样做的目的是完全地切除毛坯。

③ 再仔细观察，可以发现尺寸比刀具小的型腔不会被加工。

这些是 2.5 轴无法做到的，也是把型腔体积铣放到 3 轴加工策略的原因。

下面继续练习型腔轮廓其他应用。

19）接着上面的练习，在图 2-83 中编程向导栏选择 "创建程序" 按钮 ✐，选择图 5-66 所示的 2.5 轴 "开放轮廓" 加工策略，并单击选择 "轮廓" 按钮，进入轮廓管理器，如图 5-67 所示。

20）在轮廓管理器里单击 "通过 NC 型腔" 按钮，打开 "型腔选择" 对话框，选中 "显示型腔列表" 和 "显示非简单型腔"，在图 5-68 中显示所有已经被系统识别出来的型腔，单击图 5-68 箭头所指的轮廓，注意"NC 型腔列表"会标记哪个轮廓已被选择，被选择的轮廓在零件上以黄色显示。

图 5-66　确定加工策略

图 5-67　轮廓管理器

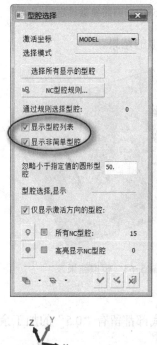

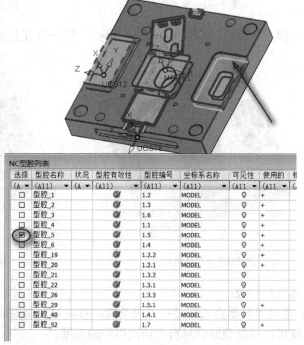

图 5-68　显示已被识别型腔

21）单击图 5-68 中"确定"按钮 ✓，退出"型腔选择"对话框，返回到图 5-67 轮廓管理器，选中"使用每个轮廓的 Z 值"，如图 5-69 所示，再单击图 5-70 箭头所指的轮廓标签，可以发现轮廓管理器上显示了被选择的轮廓所有的信息，例如 Z 值和拔模角。

单击轮廓管理器中"确定"按钮 ✓，进行下一步刀具设置。

22）因为槽立面是 3°的锥度面，所以精加工时选择"3"度锥形刀具，刀具名字是"F12_ZHUIDU"，如图 5-71 所示。

23）在刀路参数里选取系统的默认设置，如图 5-72 所示，计算结果如图 5-73 所示，会

208

发现轮廓被正确识别了，开放边也被自动识别了，以保证型腔全部被加工到位。

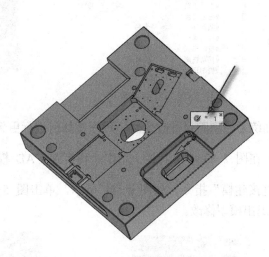

图 5-69　使用每个轮廓的 Z 值　　　　　　　　　　图 5-70　选择轮廓

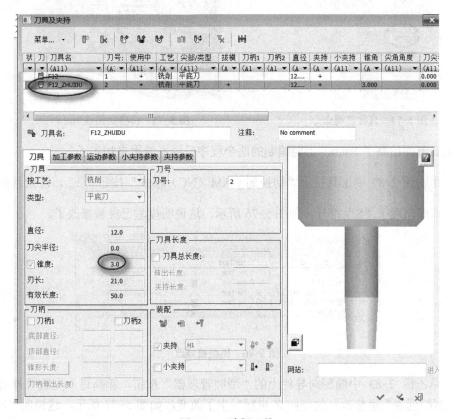

图 5-71　选择刀具

刀路轨迹	
Z值方式	自轮廓
Z顶部	-0.0000
Z顶部增量	0.0000
Z底部	-24.4460
Z底部增量	0.0000
参考 Z	-0.0000
参考Z增量	0.0000
下切步距	6.0000
毛坯宽度:	0.0000
裁剪环	全局
样条逼近	线性
铣削模式	标准
拐角铣削	尖角
铣削风格	双向

图 5-72　刀路参数　　　　　　　　　　　　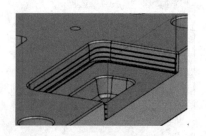

图 5-73　刀路轨迹

下面练习当型腔尺寸改变时，程序是如何进行更新的。

24）在图 2-83 中工具栏上单击"切换到 CAD 模式"按钮 ，单击"实体"菜单里的"直接建模"指令，如图 5-74 所示，单击图 5-75 所示槽底部面，偏移 5mm，单击"确定"退出模型修改。

图 5-74　直接建模命令

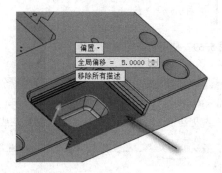

图 5-75　将槽底偏移 5mm

注意底部面抬高了 5mm，上面编制的两个程序已经不能用来加工了。

25）单击图 2-83 中工具栏上"切换到 CAM（NC）模式"按钮 ，注意目标零件和两个程序前面出现了"S"符号，如图 5-76 所示，这说明模型已经被修改了。

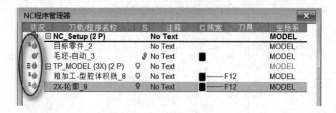

图 5-76　模型被修改

26）单击图 2-83 中编程向导栏上的"型腔管理器"按钮，重新进入型腔管理器，注意到"NC 型腔列表"里修改过的型腔 Z 坐标发生了改变，如图 5-77 所示，这说明"NC 型腔列表"和模型完全相关。

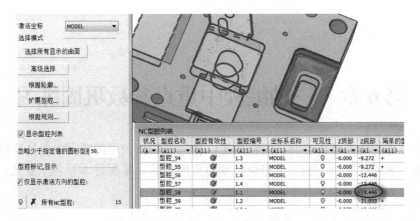

图 5-77　型腔 Z 坐标发生改变

27）双击图 5-76 中"目标零件"，再单击"保存并关闭"按钮，分别双击两个程序并单击"保存并计算"按钮 🖳，完成对所有程序的修改，保存文档。

练习答案文件路径在：电子资源\练习结果\第 5 章练习结果\ Pocket-Manager.elt。

第6章　三轴编程中重点参数巩固练习

本章主要是帮助读者练习并巩固粗加工、精加工和清根里的重要参数的实际含义，以便在实际加工里灵活应用，加工出安全、高质量的产品。掌握好本章各个参数，会提高编程水平。

6.1　粗加工参数练习

6.1.1　进刀方式参数练习

本小节主要是练习粗加工几种进刀方式，以提高加工安全性。

以下练习的参考文档路径在：电子资源\参考文档\第 6 章参考文档，答案文档路径在：电子资源\练习结果\第6章练习结果。

1）打开文档"Entry Mode.elt"，如图6-1所示，零件是开放零件，文档里只有一个粗加工程序，程序设置了分8层加工，编程设定了从里往外加工模式。

> 提示：如果使用从外往里加工模式，那后面的练习结果是不同的。

2）复制第 1 个刀轨程序，包括毛坯，（读者自己对刀轨做注释，以便区别）再双击复制的粗加工程序，可以发现进刀采用了图6-2所示的"钻孔"方式，切入角度是"90"。

> 提示：如果刀具有盲区，这种加工方式是非常危险的。

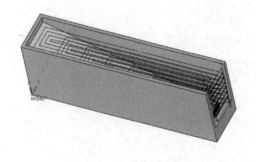

图 6-1　零件模型

图 6-2　钻孔方式

3）修改"进入方式"为"不插入"，选中 "切入/切出_超出轮廓限制"选项，如图 6-3 所示，重新计算程序，结果如图6-4所示。

用导航器分层浏览轨迹，可以发现每一层的切削都是从外部没有毛坯的地方进刀，而在右侧最底部图 6-5 箭头所指的区域系统没有生成轨迹。这是因为编程使用了上面 3）介绍的

"不插入"的"进入方式",系统无法找到不从毛坯进入的区域了(零件右侧底部有封闭区域,不插入就是封闭区域不被加工了)。

图 6-3　进行参数设置(一)

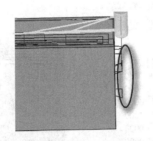
图 6-4　修改参数后的刀具轨迹(一)

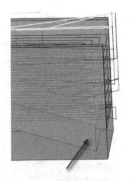
图 6-5　箭头所指处无刀具轨迹

4)复制第 2 个刀轨程序,包括毛坯,再双击复制的粗加工程序,把"进入方式"改成"根据长度","最大进入长度"输入成"320",如图 6-6 所示,系统重新计算的结果如图 6-7。可以看出,刀具有两处采用了螺旋下刀,最上面采用螺旋进刀是因为外边进入点和里面进刀点距离大于图 6-6 设定的"320";下面采用螺旋进刀是因为找不到空切进刀点(因为右侧底部是封闭的区域)。右侧超出零件的轨迹显示中间的加工层是从外部进刀的,如图 6-8 所示。

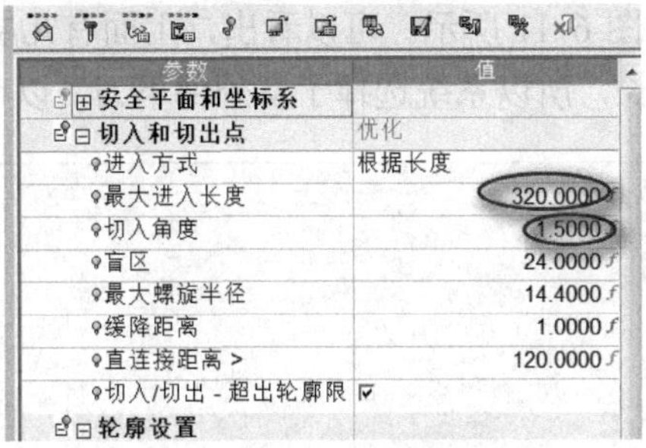

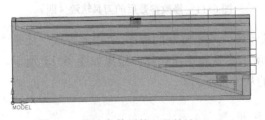
图 6-6　进行参数设置(二)

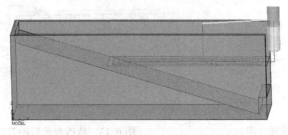
图 6-7　修改参数后的刀具轨迹(二)

图 6-8　对中间的加工层从外部进刀

5）复制第 3 个刀轨程序，双击复制的程序，"最大进入长度"输入成"200"，如图 6-9 所示，重新计算结果如图 6-10 所示，可以发现有更多的位置从内部螺旋进刀。

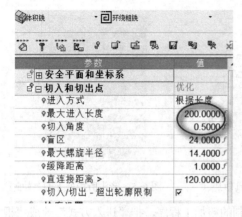

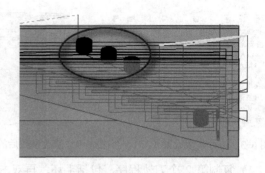

图 6-9　进行参数设置（三）　　　　　　图 6-10　修改参数后的刀具轨迹（三）

提示：太长的从外部进刀轨迹，会影响加工时间。

6）复制第 4 个刀轨程序，双击复制的程序，"进入方式"改成"优化"，"切入角度"输入成"10"，重新计算结果如图 6-11 所示。可以看出，上面有几层也没有选择螺旋下刀，这是因为以 10°螺旋角下刀距离长，所以系统选择了从外部下刀，以节省时间和提高刀具寿命。

图 6-11　修改参数后的刀具轨迹（四）

7）复制第 5 个刀轨程序，双击复制的程序，"进入方式"还是"优化"，"切入角度"输入成"20"，如图 6-12 所示，系统重新计算，结果如图 6-13 所示。可以看出，上面有几层采用螺旋下刀，中间有的从外部下刀。

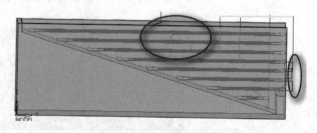

图 6-12　进行参数设置（四）　　　　　　图 6-13　修改参数后的刀具轨迹（五）

8）复制第 6 个刀轨程序，双击复制的程序，取消程序选择的底部轮廓，保存并计算，轨迹结果如图 6-14 所示。取消轮廓，系统会自动选择从外部进刀，因为底部是封闭区域，系统采用螺旋和斜向进刀。

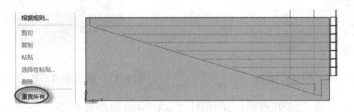

图 6-14　修改参数后的刀具轨迹（六）

6.1.2　垂直步距和深度限制参数练习

生产车间经常对加工深度进行限制，例如开始使用短的刀具加工，再使用长一点的刀具继续加工，或者加工到一半时发现刀具磨损，换刀具继续加工等都需要本练习介绍的内容。

以下练习的参考文档路径在：电子资源\参考文档\第 6 章参考文档，答案文档路径在：电子资源\练习结果\第 6 章练习结果。

1）打开文档"Vertical Step.elt"，修改毛坯程序，"毛坯类型"改成"长方体"，"第二角落点"的"Z"尺寸改成"140"，单击"计算并关闭"按钮，如图 6-15 所示。

图 6-15　修改毛坯参数

2）双击粗加工程序，在 "Z 值限制"参数里，可以发现程序里没有对 Z 值进行限制，如图 6-16 所示，单击"保存并计算"按钮 💠，计算结果如图 6-17 所示。注意：因为图 6-17 中上部有毛坯，上部会有刀路轨迹出现。

图 6-16 对 Z 值进行限制

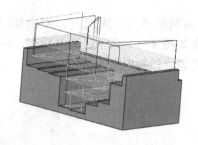

图 6-17 修改参数后的刀具轨迹（七）

3）为了后面练习看得更清楚，单击图 2-83 中编程向导栏上"全局过滤"按钮 ，隐藏掉"切入/切出"和"空切"轨迹，如图 6-18 所示。再次单击编程向导栏上"全局过滤"按钮 ，退出隐藏操作。

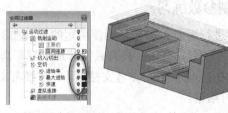

图 6-18 隐藏"切入/切出"和"空切"轨迹

4）复制整个刀轨程序，并双击复制的程序，"Z 值限制"参数后面选择"仅顶部"，"Z 顶部"右侧文本框输入"100"，如图 6-19 所示。单击"保存并计算"按钮，结果如图 6-20 所示。

图 6-19 进行参数设置（五）

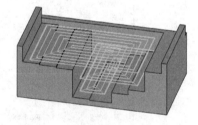

图 6-20 修改参数后的刀具轨迹（八）

5）测量第一层轨迹到顶面的距离是"25"，如图 6-21 所示。

提示：编程时设定 Z-TOP 是"100"，则零件顶部距离坐标系原点是"100"，又因为 Z 向固定步距是"25"，因此加工是从顶部下来 25 的地方开始加工。

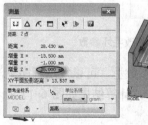

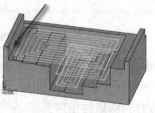

图 6-21 设置参数并得到相应的刀具轨迹（一）

6) 复制第 2 个刀轨程序,并双击复制的程序,重新编辑程序,"Z 顶部"右侧文本框输入"66",单击"保存并计算"按钮,结果如图 6-22 所示。

7) 复制第 3 个刀轨程序,并双击复制的程序,重新编辑程序,选中参数项"检查 Z 顶部之上的毛坯",如图 6-23 所示。保存并计算,可以发现结果不会生成刀路轨迹,这是因为系统检查到上面有毛坯了。

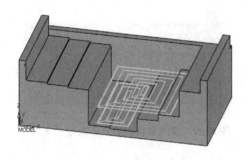

图 6-22　修改参数后的刀具轨迹(九)

图 6-23　进行参数设置(六)

提示: 系统对顶部加工进行限制,是因为有时候上面还有毛坯,因此会有撞刀危险,软件的这个功能,可以避免此种情况的发生。

8) 复制第 4 个刀轨程序,双击毛坯程序,"毛坯类型"修改成"限制盒",进行计算并关闭操作。

9) 双击粗加工程序,"Z 值限制"类型选择"仅底部","Z 底部"参数输入成"0",如图 6-24 所示。保存并计算,结果如图 6-25 所示。

图 6-24　进行参数设置(七)

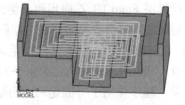

图 6-25　修改参数后的刀具轨迹(十)

10) 复制第 5 个刀轨程序,并双击复制的程序,"Z 底部"参数输入成"10","固定垂直步距"参数输入成"15",如图 6-26 所示。保存并计算,结果如图 6-27 所示。

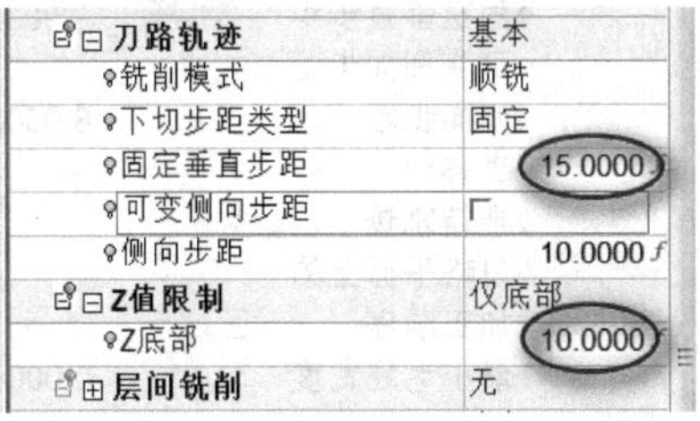

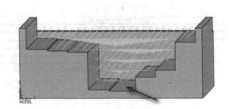

图 6-26　进行参数设置(八)

图 6-27　修改参数后的刀具轨迹(十一)

11) 通过测量,可以发现上面计算完的程序尽管在"Z 底部"参数输入了"10",但没有加工到 Z 为 10 这个位置，也就是图 6-27 箭头所指的面上；最底层轨迹距离箭头所指的平面是 Z 为 15，这是因为底部留量 0.5，固定垂直步距是 15，再继续加工就会过切，所以系统做了保护。

12）复制第 6 个刀轨程序，双击复制的程序，"Z 底部"参数输入成"12"，如图 6-28 所示。保存并计算，结果如图 6-29 所示，通过测量可知加工最低点在"Z12"这个位置。

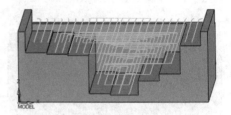

图 6-28　进行参数设置（九）　　　　　　　图 6-29　修改参数后的刀具轨迹（十二）

6.1.3　固定和水平面参数练习

此练习目的是：
- 选择"垂直步距"选项，结合其他加工参数，保证水平面余量达到工艺要求。
- 通过设置，忽略粗加工较少的毛坯，留给下一道工序，提高加工效率。
- 进一步学习导航器在实际加工中的使用。

以下练习的参考文档路径在：电子资源\参考文档\第 6 章参考文档，答案文档路径在：电子资源\练习结果\第 6 章练习结果。

1）打开文档"Down step control.elt"，使用前视图查看加工的每一层，如图 6-30 所示，程序是以每层 8mm 的 Z 向步距（切深）加工的，图中看到的每一层（就是粗实线）被称为主层，后面的练习会介绍如何在主层间增加轨迹。

2）复制整个刀轨程序（包括毛坯），双击复制的程序，把"下切步距类型"由 "固定"改成 "固定+水平面"，如图 6-31 所示，系统进行计算，结果如图 6-32 所示。通过前视图可见，程序使用了"固定+水平面"功能，可以在零件的水平面上进行补刀操作，加工余量留得更均匀了，图 6-32 中箭头所指区域是增加了的轨迹。

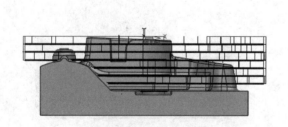

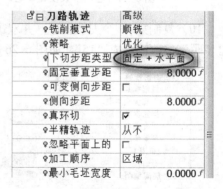

图 6-30　使用前视图查看加工的每一层　　　　图 6-31　进行参数设置（十）

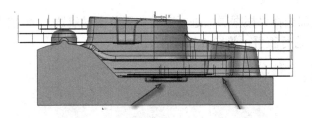

图 6-32　修改参数后的刀具轨迹（十三）

提示： 通过测量最下面的刀路轨迹和底面的距离，如图 6-33 所示。可以发现这个距离正好是程序的粗加工余量是 1mm，这也说明，通过这个功能可以保证加工余量为技术要求的数值。

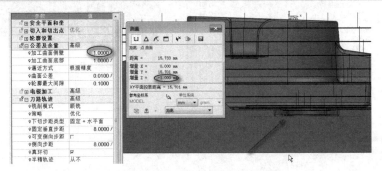

图 6-33　使加工余量为技术要求的数值

3）单击图 2-83 上编程向导栏上的"导航器"按钮 ✿，按照图 6-34 进行设置，开启"平面补铣"灯泡，隐藏"主要层"和"层间"轨迹，显示所有的水平面补铣轨迹，如图 6-34 所示。

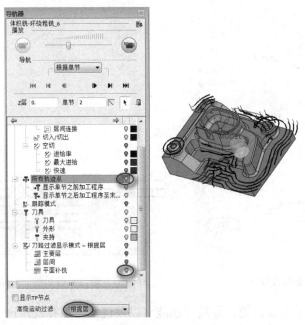

图 6-34　设置参数并得到相应的刀具轨迹（二）

4）在导航器上部选择"根据层"进行查看，再单击导航器上 ⏭ 按钮，也可以对每一层包括水平面补铣的层进行查看，见图 6-35 所示。

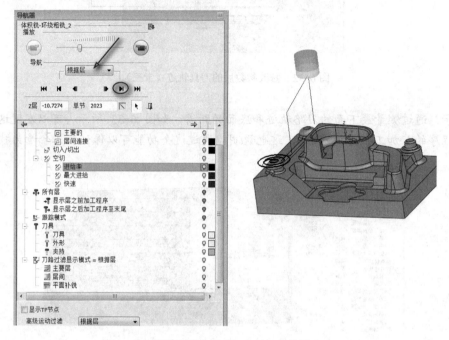

图 6-35　设置参数并得到相应的刀具轨迹（三）

5）关闭导航器，复制整个刀轨程序，双击复制的程序，选中"忽略平面上的余量"参数，在"Z 向余量"参数右侧文本框输入"4"，如图 6-36 所示，计算轨迹结果如图 6-37 所示。

图 6-36　进行参数设置（十一）

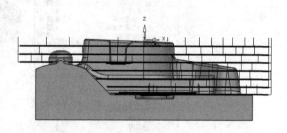

图 6-37　修改参数后的刀具轨迹（十四）

6）按照上面查看方法，通过导航器功能可以发现水平面补铣轨迹少了，如图 6-38 所示，在顶部没有出现补铣，这是因为当主层和其底下水平面之间的距离小于编程设定的"Z

向余量"4mm 时，系统就不会增加补铣轨迹，大于这个值才会出现补铣轨迹，读者还可以通过出加工报告将此程序和上面的程序进行比较，可以发现此程序的加工时间少了。

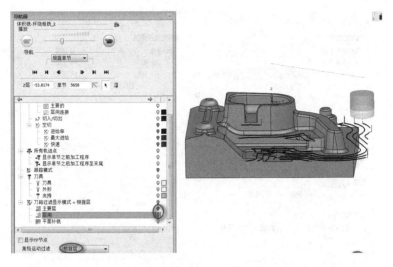

图 6-38　通过导航器发现水平面补铣轨迹减少

提示：实际加工经常会用到这个功能，把剩余的余量留给下一道工序加工，例如 0.025 这么小的余量，完全可以留给精加工去完成，而不需要在粗加工浪费额外的加工时间。

6.1.4　层间铣削参数练习

层间铣削功能就是在大切深加工过程中，在层间有毛坯处增加刀路轨迹层，相当于粗加工里自动增加半精加工轨迹。这项功能在薄壁加工和电极加工经常被用到，其主要目的是使粗加工后留出均匀的加工余量，这也是一个相当实用的加工技术。

以下练习的参考文档路径在：电子资源\参考文档\第 6 章参考文档，答案文档路径在：电子资源\练习结果\第 6 章练习结果。

1）打开文档"Rough between layers.elt"，如图 6-39 所示，模型和上面练习一样，文档只包含一个粗加工程序。

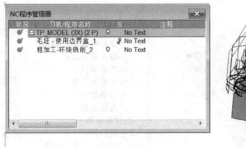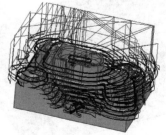

图 6-39　零件模型

2）单击图 2-83 中编程向导栏上的"模拟"按钮 ，使用"标准"模式模拟程序，不使用机床模拟，参数设置如图 6-40 所示。模拟结果如图 6-41 所示，这是没有使用层间铣削功能的效果。

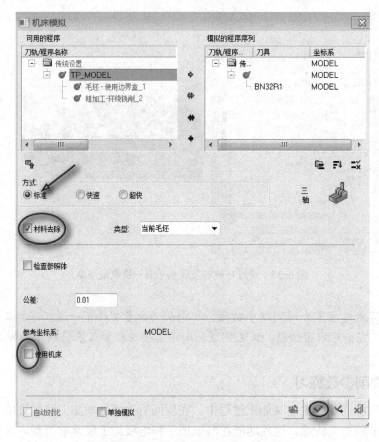

图 6-40　用"标准"模式对程序进行模拟

3）复制整个刀轨程序，双击复制的程序，"层间铣削"参数选择"基本"，残料台阶最大宽度输入成"8"，如图 6-42 所示。保存并计算，结果如图 6-43 所示。

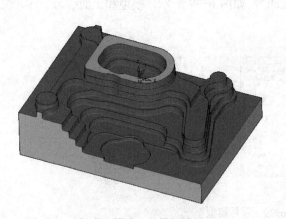

图 6-41　"标准"模式下的模拟结果（一）

图 6-42　进行参数设置（十二）

使用 2）的模拟方法，模拟结果如图 6-44 所示，和图 6-41 所示模拟结果对比，可以发现加工后的毛坯相对比较均匀，外形更趋近于实际零件，这是因为在层间加上了刀路轨迹。

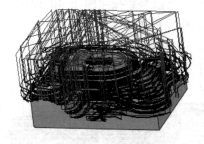

图6-43 修改参数后的刀具轨迹（十五）

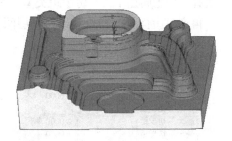

图6-44 "标准"模式下的模拟结果（二）

读者可以通过导航器查看层间铣削轨迹（就是主层之间的轨迹），导航器中参数设置如图6-45所示，"高级运动过滤"选择 "根据层"，"层间"轨迹灯泡开启，其余处于关闭状态。

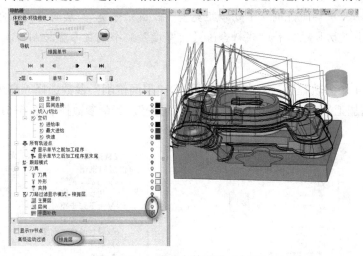

图6-45 进行参数设置（十三）

4）复制第 2 个刀轨程序，双击复制的程序，在"层间铣削"参数选择"高级"，"层间铣削策略"选择 "粗加工"，其余参数按照图 6-46 设置。保存并计算，再通过上面导航器查看轨迹，可以发现层间轨迹更多了，如图6-47所示。

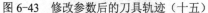

图6-46 进行参数设置（十四）

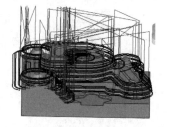

图6-47 修改参数后的刀具轨迹（十六）

提示：在台阶大的情况下会使用此功能，使用此功能可以发现，层间的步距越小，轨迹就会越多，余量就更均匀，但加工时间会长一些，使用导航器"根据层"查看轨迹，可以发现层间加工是从下往上加工的。

5）复制第 3 个刀轨程序，双击复制的程序，"层间铣削"参数选择"高级"，"层间加工策略"选择 "粗加工"，"下切步距类型"采用"可变"，其余参数按照图 6-48 设置。保存并计算，再通过上面导航器查看，得到层间铣削轨迹如图 6-49 所示。

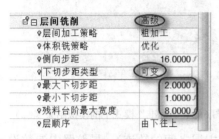

图 6-48　进行参数设置（十五）

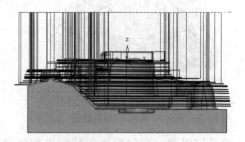

图 6-49　修改参数后的刀具轨迹（十七）

提示： 图 6-48 中层间铣削"下切步距类型"改成"可变"，层间 Z 向步距深度由"最大下切步距""最小下切步距"和"残料台阶最大宽度"3 个编程参数控制，其含义如图 6-50 所示。

6）复制第 4 个刀轨程序，双击复制的程序，"层间铣削"参数选择"高级"，"层间铣削策略"选择"精加工"，"下切步距类型"采用"可变"，其余参数按照图 6-51 设置，保存并计算。

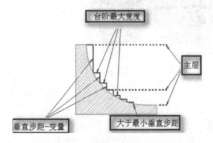

图 6-50　图 6-48 中 3 个参数的含义

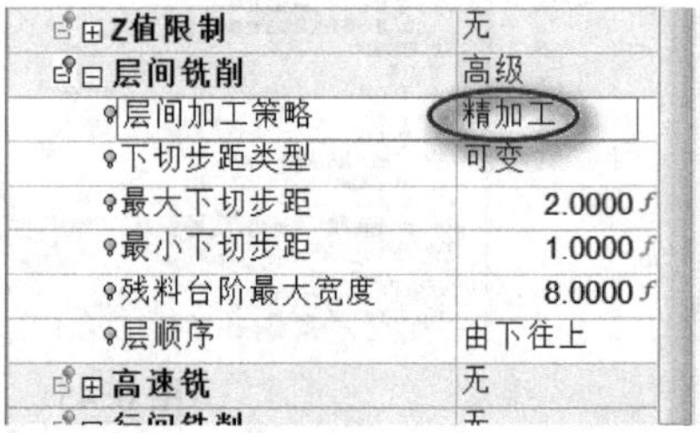

图 6-51　进行参数设置（十六）

再通过上面导航器 "根据层"查看，层间铣削轨迹如图 6-52 所示，它是一条精加工轨迹，精加工层间距离在编程中最大和最小步距设定的 1～2 之间。

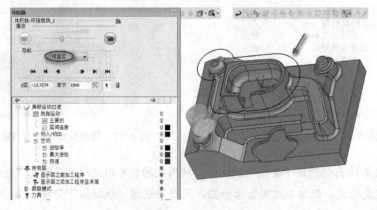

图 6-52　修改参数后的刀具轨迹（十八）

6.1.5　优化策略参数练习

粗加工编程策略有"系统优化"和"用户自定义"两种，当使用"体积铣|毛坯环切"时，用户可以控制加工的数量。本练习主要是熟悉如何人为定义一些参数以优化刀路轨迹。

以下练习的参考文档路径在：电子资源\参考文档\第 6 章参考文档，答案文档路径在：电子资源\练习结果\第 6 章练习结果。

1）打开文档"RoughReRoughOptimizeStrategy-TUT.elt"，使用导航器查看刀路轨迹，如图 6-53 所示，可以发现刀路采用顺铣环切的加工方式，有很多的抬刀路径。

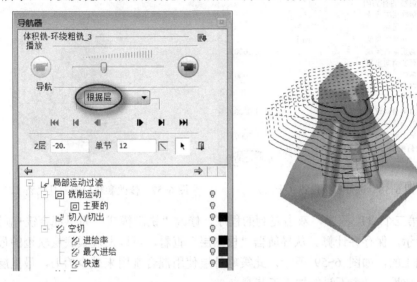

图 6-53　顺铣环切式的加工

2）复制整个刀轨程序，双击复制的程序，先选中"刀路轨迹"里"策略：由外到内"参数，其余设定见图 6-54。保存并计算，轨迹如图 6-55 所示。从导航器里可以看出刀路是从外往内环切的，最后两层是毛坯环切，有很少的抬刀轨迹。

> 提示：因为上面 2）介绍的刀路轨迹行数大于编程设定的"10"（原始程序的行数大于 10），因此"毛坯环切"策略被使用了；如果程序的行数小于 10，则"毛坯环切"策略不会被使用。

图 6-54　进行参数设置（十七）　　　　图 6-55　修改参数后的刀具轨迹（十九）

3）复制第 2 个刀轨程序，双击复制的程序，修改限制底部参数"Z 底部"为"-88"，如图 6-56 所示，保存并计算。使用导航器"根据层"查看，最后一层因为行数小于 10，所以采用了"毛坯环切"策略，如图 6-57 所示。

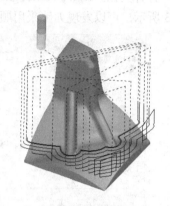

刀路轨迹	高级
铣削模式	顺铣
策略	用户自定义
策略:毛坯环切	☑
限制毛坯环切行数	☑
更改加工策略 如果 # 毛坯	10
策略:由外到内	☐
策略:由内到外	☑
连接区域	当前层
下切步距类型	固定
固定垂直步距	20.0000 ƒ
可变侧向步距	☐
侧向步距	6.0000 ƒ
真环切	
半精轨迹	所有周围
为半精轨迹留余量	1.0000 ƒ
加工顺序	区域
最小毛坯宽度	0.0000 ƒ
Z值限制	仅底部
Z底部	-80.0000

图 6-56　进行参数设置（十八）　　　　　图 6-57　修改参数后的刀具轨迹（二十）

4）复制第三个 TP 程序，双击复制的程序，修改"铣削模式"为"混合铣+顺铣边"，如图 6-58 所示，保存并计算。从导航器"根据层"查看，可以发现最底层轨迹的最后两刀是采用顺铣加工的，如图 6-59 所示，此策略外层使用混合铣用来减少抬刀，最里层采用顺铣保证了加工质量，是个不错的加工工艺。

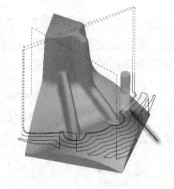

刀路轨迹	高级
铣削模式	混合铣+顺铣边
策略	用户自定义
策略:毛坯环切	☑
限制毛坯环切行数	☑
更改加工策略 如果 # 毛坯环切行数 >	10
策略:由外到内	☑
策略:由内到外	☐
下切步距类型	固定
固定垂直步距	20.0000 ƒ
可变侧向步距	☐
侧向步距	6.0000 ƒ
为半精轨迹留余量	1.0000 ƒ
最小毛坯宽度	0.0000 ƒ

图 6-58　进行参数设置（十九）　　　　　图 6-59　修改参数后的刀具轨迹（二十一）

6.1.6　快速预览参数练习

快速预览功能可以不通过程序计算就可以快速查看编程的结果，在规划程序期间可以随时修改加工参数并快速查看结果，直到设置的参数达到工艺要求，其实际的意义就是减少整个程序的规划时间，在复杂的零件编程时效果尤其明显，此项技术是同类软件中独有的。

以下练习的参考文档路径在：电子资源\参考文档\第 6 章参考文档，答案文档路径在：电子资源\练习结果\第 6 章练习结果。

1）打开文件"Preview.elt"，文件只含有一个粗加工程序，如图 6-60 所示。双击程序进行编辑，在出现的对话框中单击"快速预览"按钮 ，如图 6-61 所示。快速"预览"对话框即刻被打开，如图 6-62 所示。

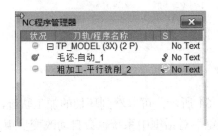

图 6-60　打开文件

图 6-61　单击"快速预览"按钮

快速"预览"对话框中的参数含义详见表 6-1。

表 6-1　快速"预览"对话框参数含义

轮　廓	对加工轮廓或者加工范围显示和隐藏
回复最初颜色	显示零件的初始颜色
刀具	对刀具进行显示和隐藏
夹持	对夹头进行显示和隐藏
Z 顶面	对毛坯的最顶部进行显示和隐藏
Z 底面	对毛坯的最底部进行显示和隐藏
型腔	显示平行切或者环切等切削模式
层	显示 Z 向层数，体现 Z 方向步距大小
之前毛坯	显示当前程序用到的毛坯
残留毛坯	显示当前程序加工后剩余毛坯
多余的毛坯	用来显示加工不到的毛坯
估计最小避开/伸度长度	计算最小刀长

图 6-62　打开"预览"对话框

2）在"子选择"下选择"环绕粗铣"工艺，侧向步距改成"20"，如图 6-63 所示。

图 6-63　进行参数设置（二十）

3）开启"预览"对话框"型腔"灯泡，如图 6-64 所示；可以看到环切的加工轨迹，如图 6-65 所示。如果更改程序步距参数大小，在"预览"对话框中系统也会自动改变步距。

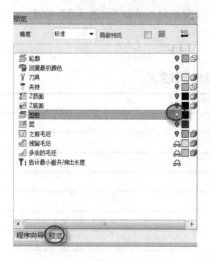

图 6-64　开启"型腔"功能

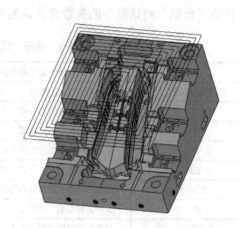

图 6-65　使用"型腔"功能的刀具轨迹

4）开启"之前毛坯"和"回复最初颜色"灯泡，单击箭头所指的按钮（切换透明和不透明状态），如图 6-66 所示，结果如图 6-67 所示，可以看出此程序之前的毛坯形状就是一个矩形盒。

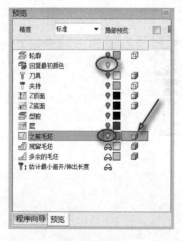

图 6-66　进行参数设置（二十一）

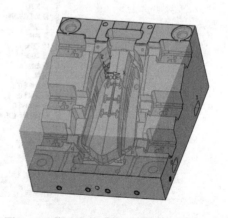

图 6-67　修改参数后的刀具轨迹（二十二）

228

5）开启"残留毛坯"灯泡，如图 6-68 所示，结果如图 6-69 所示，图中已经显示了剩余毛坯的多少。

图 6-68 开启"残留毛坯"功能

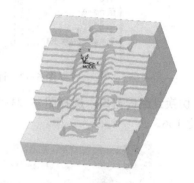

图 6-69 残留毛坯显示

6）开启"多余的毛坯"灯泡，如图 6-70 所示，结果如图 6-71 所示。

提示：看上去图 6-71 中显示的和图 6-69 差不多，实际上是有区别的，"多余的毛坯"的功能是显示多于本工序理论剩余的毛坯区域（考虑了粗加工的余量），最外周边没有显示多余毛坯，"残留毛坯"功能显示多余毛坯。

图 6-70 开启"多余的毛坯"功能

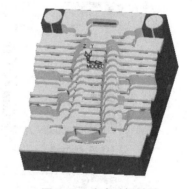

图 6-71 多余毛坯显示

7）开启"估计最小避开/伸出长度"功能，系统会计算出最小刀具伸出长度，如图 6-72 所示。注意，系统计算长度时，已经考虑了刀柄尺寸，因此如果要通过图 6-72 快速预览估算刀长，必须要设置刀柄才行。

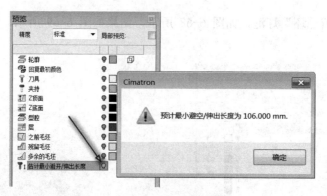

图 6-72　计算出最小刀具伸出长度

8）切换到编程窗口，选择图 6-73 中"BULL50R2×120"牛鼻刀，刀长为 120 大于估算的长度 106。

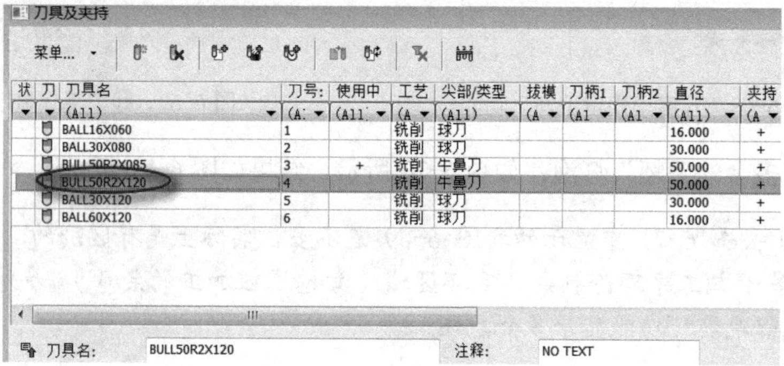

图 6-73　选择牛鼻刀

把程序里的"固定垂直步距"改成"6"，侧向步距改成"25"，再切换到快速"预览"对话框，开启"残留毛坯"灯泡，结果如图 6-74 所示，细看一下，可以发现剩余毛坯和图 6-71 比相对均匀些。

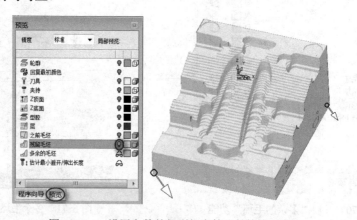

图 6-74　设置参数并得到相应的刀具轨迹（四）

9）选中"局部预览"功能，如图 6-75 所示，再单击其中的"特征局部预览区域大小"按钮囗，而后单击鼠标左键拖动图 6-76 两个箭头所指的矩形至所要浏览的区域，再次单击按钮，退出区域编辑操作，最后开启"残留毛坯"灯泡，便可以浏览局部的剩余毛坯情况。图 6-77 所示是局部毛坯剩余情况。

图 6-75　进行参数设置（二十二）

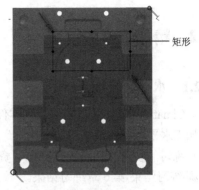

图 6-76　将矩形拖到所需浏览的区域

10）切换到编程窗口，单击"保存并计算"按钮，生成粗加工程序，单击图 2-83 编程向导栏"机床模拟"按钮 ，系统会对毛坯以粗加工程序进行模拟，结果如图 6-78 所示，其效果和快速预览的效果非常相似。

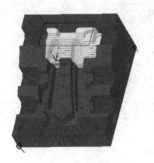

图 6-77　浏览局部的剩余毛坯

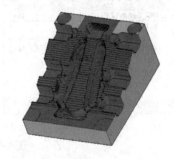

图 6-78　机床模拟方式下的模拟效果

11）复制粗加工程序，编辑程序，并把刀具改成直径"40"的"牛鼻刀"，如图 6-79 所示。其余编程参数不变，使用快速预览功能查看之前毛坯，结果如图 6-80 所示，计算并保存，完成快速预览练习。

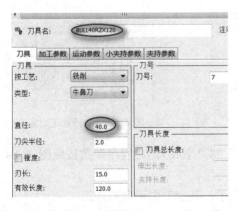

图 6-79　进行参数设置（二十三）

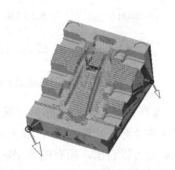

图 6-80　用快速预览功能查看毛坯

注意：上面 7）介绍的通过快速预览估算的刀长还可以用来确定精加工或者清根程序刀具的刀长。

6.2 精加工参数练习

6.2.1 水平区域加工

Cimatron 软件能自动侦测到零件的所有水平区域并存为一个集合，在加工方面有一个专门加工水平区域的策略"曲面铣削"|"精铣水平面"，下面进行这方面的练习。

练习的参考文档路径在：电子资源\参考文档\第 6 章参考文档，答案文档路径在：电子资源\练习结果\第 6 章练习结果。

1）加载 NC 零件：打开文件"Finish-01.elt"，文件里已经创建好零件、毛坯和"3x-TP"了，使用曲面创建的毛坯，如图 6-81 所示。

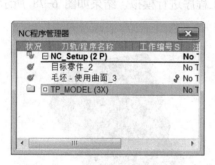

图 6-81　加载零件

2）创建一个精加工程序："主选项"切换到"曲面铣削"，"子选择"切换到"精铣水平面"，如图 6-82 所示。

3）选择加工对象：单击"零件曲面"右侧按钮选择所有加工面，一共 81 张面，如图 6-83 所示。

图 6-82　创建精加工程序

图 6-83　选择加工对象

4）选择刀具：从刀具库里选择直径"8"的"平底刀"，程序参数按照图 6-84 进行设置。保存并计算，结果如图 6-85 所示。

从轨迹可以看出，所有的水平区域被加工了，其余的面不会被加工。

5）编辑这个精加工程序：在刀路参数对话框，选中"多层平行加工"，参数按照图 6-86

设定。保存并计算，结果如图 6-87 所示，放大看可以发现水平区域分 3 层进行加工，上面是两层粗加工轨迹，最下面那层是精加工轨迹。

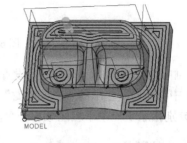

图 6-84　进行参数设置（二十四）　　　　图 6-85　修改参数后的刀具轨迹（二十三）

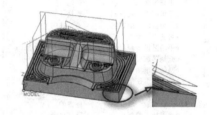

图 6-86　进行参数设置（二十五）　　　　图 6-87　修改参数后的刀具轨迹（二十四）

6.2.2　限制角度加工

限制角度加工是采用 Cimatron 内置的斜率分析技术，通过在程序设定曲面的法向和 Z 方向夹角来区分零件的陡峭和平坦区域，曲面法向和 Z 轴的角度小于限制角度就是平坦区域，曲面法向和 Z 轴的角度大于限制角度就是陡峭区域，系统对不同的区域采用不同的加工策略。

练习的参考文档路径在：电子资源\参考文档\第 6 章参考文档，答案文档路径在：电子资源\练习结果\第 6 章练习结果。

1）加载 NC 零件：打开文件"Finish-02.elt"，创建一个精加工程序，采用图 6-88 所示的加工策略，刀具选择直径"10"圆角为"2"的"牛鼻刀"，也就是"BN10R2-H"。

图 6-88　选择加工工艺（一）

2）加工对象选择：“轮廓”选择图 6-89 所示的底面周边，“刀具位置”选择“轮廓上”，“零件曲面”选择零件上的所有面，一共有 81 张面。

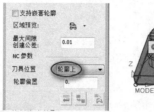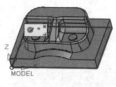

图 6-89　选择加工对象

3）加工参数按照图 6-90 进行设置，其余参数全部为系统默认设置。保存并计算，通过图 2-83 中编程向导栏上的“轨迹过滤”按钮 隐藏快速轨迹，结果如图 6-91 所示。图 6-91 中箭头分别指示了一个平坦区域和一个陡峭区域。

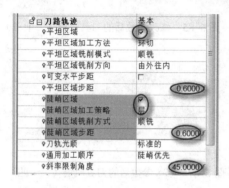

图 6-90　进行参数设置（二十六）　　　　图 6-91　修改参数后的刀具轨迹（二十五）

4）通过图 6-92 中导航器，可以查看出所有的平坦区域和陡峭区域“高级运动过滤”方式选择“陡峭/平坦”，再把 “陡峭”右侧灯泡开启，就可以单独显示陡峭区域的加工轨迹。可以看出陡峭区域每层采用恒定的 Z 向步距，而平坦区域的 Z 向步距是有变化的。

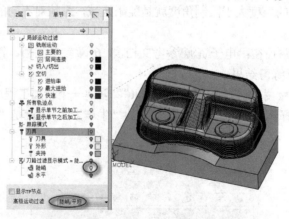

图 6-92　用导航器查看陡峭区域轨迹

5）关掉导航器，复制和粘贴上面的精加工程序，双击所复制的程序，在“斜率限制角度一项”输入“25”，如图 6-93 所示。保存并计算，再通过前面的方法进行观察，可以发现陡峭区域变大了,如图 6-94 所示。

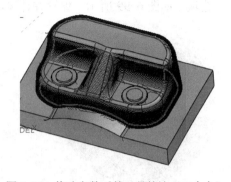

图 6-93　进行参数设置(二十七)　　　　图 6-94　修改参数后的刀具轨迹(二十六)

6.2.3　精铣所有

练习精铣所有的编程方法,选择零件上的面采用一个合适的策略进行精加工,例如层切、环切、螺旋加工等。

练习的参考文档路径在:电子资源\参考文档\第 6 章参考文档,答案文档路径在:电子资源\练习结果\第 6 章练习结果。

1)加载 NC 零件:打开文件"Mill_All_NC.elt",创建一个精加工程序,采用图 6-95 所示的加工策略,刀具选择直径"10"圆角为"2"的"牛鼻刀",也就是"BN10R2-H"。

图 6-95　选择加工工艺(二)　　　　　图 6-96　选择加工对象(二)

2)加工对象选择:"轮廓"选择图 6-96 所示的底面周边,"刀具位置"选择"轮廓上","零件曲面"选择所有零件上的面,一共 68 张面。

3)加工参数按照图 6-97 进行设置,其余参数全部为系统默认设置。保存并计算,结果如图 6-98 所示。

图 6-97　进行参数设置(二十八)

4）复制并粘贴上面的精加工程序，双击所复制的程序，开启"高级"编程模式，选中"真环切"选项，如图 6-99 所示。保存并计算，结果如图 6-100 所示。

图 6-98　修改参数后的刀具轨迹（二十七）

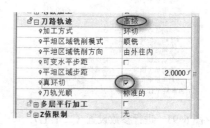

图 6-99　进行参数设置（二十九）

可以看出不同的是图 6-100 中轨迹连接没有 S 线，加工质量优于图 6-98 中的加工程序。

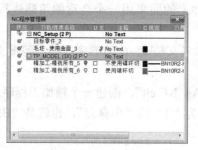

图 6-100　修改参数后的刀具轨迹（二十八）

6.2.4　层间连接

精加工里的"层间连接"参数用来控制加工层之间的连接，包括沿面连接和相切连接，此选项用来提高曲面的加工质量，下面进行这方面的练习。

练习的参考文档路径在：电子资源\参考文档\第 6 章参考文档，答案文档路径在：电子资源\练习结果\第 6 章练习结果。

1）加载 NC 零件：打开文件"LayerConnection.elt"，观察图 6-101 箭头所指处，放大看，可以发现层之间的连接是沿着加工面的，如图 6-102 所示。

图 6-101　加载零件（二）

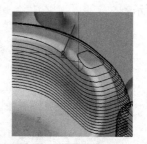

图 6-102　层间连接是沿着加工面的

2）复制并粘贴这个精加工程序，双击所复制的程序进入编辑状态，"层间连接"参数由"基本"改成"高级"，如图 6-103 所示，保存并计算。

3）复制这个精加工程序，并双击所复制的程序进行编辑，把参数 "偏置距离（面上）"由"5"改成"2.5"，如图 6-104 所示，保存并计算。

图 6-103　进行参数设置（三十）　　　　　图 6-104　进行参数设置（三十一）

4）同时显示这两个精加工程序，可以看到因为参数"偏置距离（面上）"的不同，连接就不同，如图 6-105 所示，上面箭头指的是"偏置距离（面上）"数值为"5"的层间连接，下面箭头指的是"偏置距离（面上）"为"2.5"的层间连接。

5）复制第一个精加工程序，粘贴在第二个程序下，双击复制的程序，在图 6-104 中"重叠距离"参数文本框中输入"2"，保存并计算，结果如图 6-106 所示，可以发现箭头所指的距离受"重叠距离"参数控制。

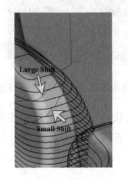
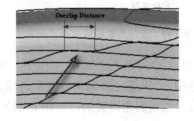

图 6-105　偏置距离不同的层间连接　　　　图 6-106　修改参数后的刀具轨迹（二十九）

6）在第 3 个程序下复制第 2 个精加工程序，双击所复制的程序进行编辑，参数按照图 6-107 进行设置，"连接方法"切换成 "切向"，"移动距离（切线）"参数文本框中输入"0"。保存并计算，结果如图 6-108 所示。可以发现层间连接是采用圆弧连接方式，圆弧大小可以在刀路参数对话框中的"切入和切出点"进行设置。

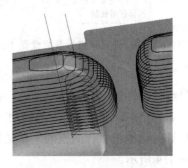

图 6-107　进行参数设置（三十二）　　　　图 6-108　修改参数后的刀具轨迹（三十）

6.2.5 高速加工和行间铣削参数

高速加工参数可以对拐角处的圆角进行控制，可以得到所需要的高速加工轨迹，目前企业使用高速加工越来越多，例如加工硬的模具、薄壁电极等。

练习的参考文档路径在：电子资源\参考文档\第 6 章参考文档，答案文档路径在：电子资源\练习结果\第 6 章练习结果。

1）打开文件"Round Corners_CBP_Ridges.elt"，观察第一个精加工程序轨迹，可以发现拐弯处没有圆角轨迹，全部是尖角。

2）在第 1 个刀轨下复制这个精加工程序，并双击复制的程序，把"高速铣"选项设置为"基本"，默认的设置"角落首选半径"为"0.6"，如图 6-109 所示。保存并计算，结果如图 6-110 所示。可以发现轨迹在所有的拐角处全部是圆弧轨迹，圆角半径大小受图 6-109 中"角落首选半径"参数控制。

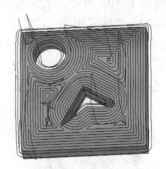

图 6-109　进行参数设置（三十三）　　　图 6-110　修改参数后的刀具轨迹（三十一）

3）复制第 1 个刀轨下的第 2 个程序，双击以进入编辑状态，把"高速铣"选项切换到"高级"，并选中"快速连接圆角过渡"选项，如图 6-111 所示。保存并计算，可以发现系统在快速连接时也是圆角过渡的，如图 6-112 所示。

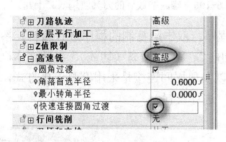

图 6-111　进行参数设置（三十四）　　　图 6-112　修改参数后的刀具轨迹（三十二）

下面练习一下"行间铣削"参数，"行间铣削"参数用来清掉轨迹行间剩余的残料，是为最终把零件加工到位而准备的，有时它可以节省钳工打磨时间。

4）复制第 2 个刀轨下的精加工程序，双击所复制的程序（也就是最后那条程序），在刀路轨迹对话框把"行间铣削"参数切换到"基本"，如图 6-113 所示。保存并计算，结果如图 6-114 所示。

⊞ 公差及余量	基本
⊞ 电极加工	否
⊞ 刀路轨迹	高级
⊞ 多层平行加工	Γ
⊞ Z值限制	无
⊞ 高速铣	基本
角落首选半径	2.0000 ƒ
⊟ 行间铣削	基本
清理筋策略	全部圆角延伸
⊞ 刀柄和夹持	从不

图 6-113　进行参数设置（三十五）　　　　图 6-114　修改参数后的刀具轨迹（三十三）

切换显示两个精加工程序，可以清楚地看到两者的区别，最下面这条程序由于开启"行间铣削"基本功能，在行间产生了一些刀路轨迹，目的是去掉行间的毛坯残留。

5）复制最后这条程序，并双击所复制程序进入编辑状态，把"行间铣削"选项切换到"高级"模式，"行间间隙策略"切换到"仅变轨"，其余具体设置见图 6-115。保存并计算，结果如图 6-116 所示。切换最后 3 个程序的轨迹的显示状态，就会看出它们之间的参数不同，轨迹也就不同。读者可以继续设定其他参数进行比对。

⊟ 刀路轨迹	高级
⊞ 多层平行加工	Γ
⊟ Z值限制	无
⊟ 高速铣	基本
角落首选半径	2.0000 ƒ
⊟ 行间铣削	高级
行间间隙策略	仅变轨
清理筋策略	全部圆角延伸
圆角延伸	1.0000 ƒ
有效半径	1.2000 ƒ
最小狭窄区域宽度	0.4000 ƒ
⊞ 刀柄和夹持	从不

图 6-115　进行参数设置（三十六）　　　　图 6-116　修改参数后的刀具轨迹（三十四）

提示：选择图 6-115 中"行间铣削"里的"仅变轨"选项，加工的是图 6-117 箭头所指的部位，选择"仅补铣"选项，加工的是图 6-118 所示的部位。

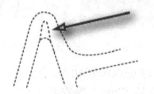

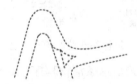

图 6-117　"仅变轨"所加工部位　　　　图 6-118　"仅补铣"所加工部位

6.3　清角加工参数练习

6.3.1　清根参数练习

本练习的参考文档路径在：电子资源\参考文档\第 6 章参考文档，答案文档路径在：电子资源\练习结果\第 6 章练习结果。

1）打开文档"Cleanup.elt"，查看最后一个精加工程序，通过导航器可以看出这个清根程序分陡峭区域和平坦区域，系统分别采用了不同加工工艺。图 6-119 显示的是陡峭区域的刀路轨迹，可以发现平坦区域的轨迹已经被隐藏。

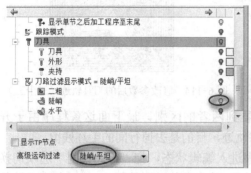
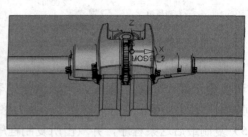

图 6-119   陡峭区域的刀路轨迹

2）复制这一清根程序，并双击所复制的程序进入编辑状态，把"加工区域"改成"全部随形"，如图 6-120。保存并计算，可以发现所有的部位系统均采用了相同工艺。图 6-121 是对局部进行放大得到的结果。

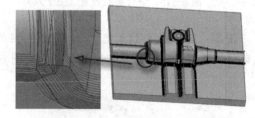

图 6-120   进行参数设置（三十七）　　　　图 6-121   局部放大后的刀具轨迹

3）复制最后这条清根程序，并双击所复制的程序进入编辑状态，把图 6-120 中"加工区域"切换成"仅陡峭"，"斜率限制角度"参数改成是"20"，保存并计算，结果如图 6-122 所示。对比图 6-119 中的清根轨迹，可以发现此程序仅仅加工了陡峭的区域。

4）复制最后这条清根程序，并双击所复制的程序进入编辑状态，把图 6-120 中"加工区域"切换成 "仅平坦"，为了能查看更清楚，"斜率限制角度"还是"20"，保存并计算，结果如图 6-123 所示，可以发现此程序仅仅加工的是平坦区域。

注意图 6-123 最左边程序轨迹，放大后在图 6-124 所示的部分，发现没有从统一的点切入。

5）复制最后这条清根程序，并双击所复制的程序进入编辑状态，在"切入和切出"一项选择"高级"模式，并选中"统一切入点"，如图 6-125 所示。保存并计算，结果如图 6-126 所示。

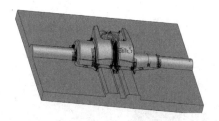

图 6-122　修改参数后的刀具轨迹（三十五）

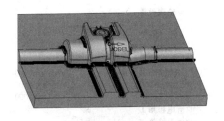

图 6-123　修改参数后的刀具轨迹（三十六）

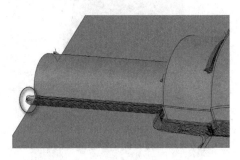

图 6-124　图 6-123 的局部放大

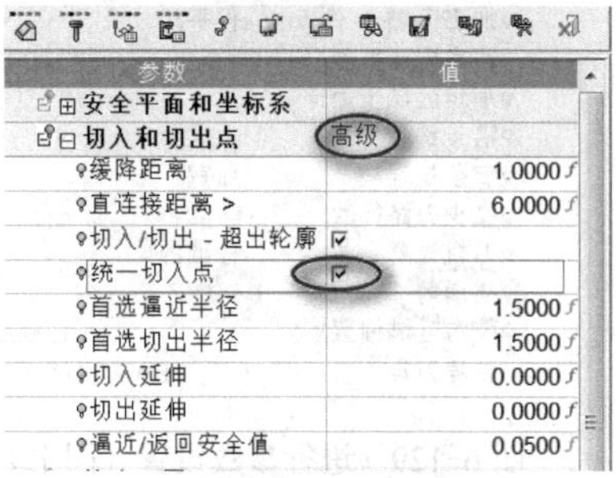

图 6-125　进行参数设置（三十八）

对比图 6-124，图 6-126 中系统将进刀点集中到了同一个点上。

6）继续复制最后这条清根程序，并双击所复制的程序进入编辑状态，不要选择加工轮廓，同时为了看清楚，把"切入延伸"和"切出延伸"输入"1"，如图 6-127 所示。保存并计算，对最右侧部位放大，结果如图 6-128 所示，可见图 6-128 中有下移的瀑布式刀路。

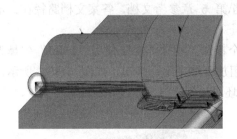

图 6-126　修改参数后的刀具轨迹（三十七）

图 6-127　进行参数设置（三十九）

7）为了去除掉图 6-128 中不理想的刀路，复制这条清根程序，并双击所复制的程序进入编辑状态，选中"防崩角"选项，如图 6-129 所示。保存并计算，对图 6-128 中右侧不理想部位的轨迹放大观察，结果如图 6-130 所示，可以发现瀑布式刀路被去掉了。

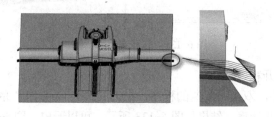

图 6-128　最右侧部位放大后的刀具轨迹

☞⊟ **轮廓设置**			
	⚲刀具位置(公共的)	轮廓上	
	⚲轮廓偏置 (公共的)	0.0000 ƒ	
	⚲支持嵌套轮廓	⌐	
☞⊟ **公差及余量**		基本	
	⚲加工曲面余量	0.0000 ƒ	
	⚲曲面公差	0.0100 ƒ	
	⚲轮廓最大间隙	0.1000	
☞⊟ **电极加工**		否	
☞⊟ **刀路轨迹**		高级	
	⚲铣削模式	混合铣	
	⚲二粗	⌐	
	⚲加工区域	仅平坦	
	⚲斜率限制角度	20.0000 ƒ	
	⚲平坦区域步距	0.3500 ƒ	
	⚲沿带铣削	☑	
	⚲窄条处理	加宽	
	⚲减少刀路行数	⌐	
	⚲刀轨光顺	标准的	
	⚲防崩角	☑	
	⚲参考区域偏置	1.0000 ƒ	
	⚲参考刀具	BALL6-H	

图 6-129 进行参数设置（四十）

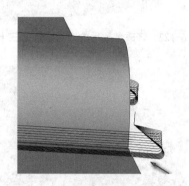

图 6-130 对右侧不理想部位的轨迹放大

6.3.2 清角–残料铣削参数练习

残料铣削策略用于清掉前一把刀具加工后在角落剩余的残料，因此编程时需要指定前一把刀具。它和二次开粗有些不同，二次开粗系统加工的不单单是角落，其他部位也进行了清理，因此轨迹就显得多，但实际加工中有时候并不需要这样。

本练习的参考文档路径在：电子资源\参考文档\第 6 章参考文档，答案文档路径在：电子资源\练习结果\第 6 章练习结果。

1）打开文档"残料铣削.elt"，文件里含有一个粗加工程序，加工使用"25R5"牛鼻刀开粗，单击 "毛坯可见性"灯泡，系统可以显示粗加工剩余毛坯情况，如图 6-131 所示，可以发现在角落处有很多剩余毛坯，再次单击"毛坯可见性"灯泡，使系统隐藏毛坯。

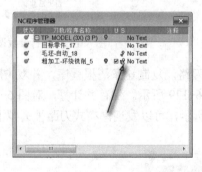

图 6-131 打开文档（一）

下面介绍两种二次开粗方法。

2）复制粗加工程序，双击所复制的程序，把刀具改为直径"8"的"球刀"，加工参数按照图 6-132 设定，保存并计算。结果如图 6-133 所示，可以看出，图 6-133 中不单单在角落有轨迹，其他区域也有刀路轨迹。通过浏览剩余毛坯，可以发现角落里剩余毛坯比开始的粗加工程序小了很多。

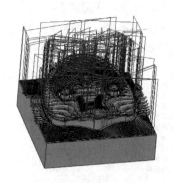

图 6-132　进行参数设置（四十一）　　　图 6-133　修改参数后的刀具轨迹（三十八）

下面采用清角里的残料铣削功能清掉多余毛坯。

3）复制整个刀轨程序，编辑最后这条粗加工程序，将加工策略"主选项"设为"清角""子选择"设为"残料铣削"，如图 6-134 所示。刀路轨迹参数按照图 6-135 设置，注意参考刀具是前一个程序用的刀具"25R5"。毛坯参数一项切换到"高级"，并选择参考和更新毛坯，如图 6-136 所示。保存并计算，结果如图 6-137 所示。

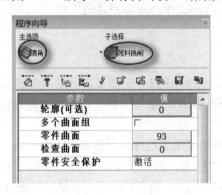

图 6-134　进行参数设置（四十二）

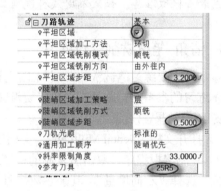

图 6-135　进行参数设置（四十三）

可以发现，使用残料铣削工艺生成的轨迹，只是在角落生成加工轨迹。浏览这个程序的剩余毛坯，可以发现角落里的剩余毛坯和上面程序基本一样，但由于其他区域没有加工轨迹，此程序加工时间更少。很多时候，粗加工后通过残料铣削后系统就可以直接精加工。

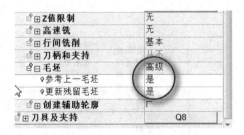

图 6-136　进行参数设置（四十四）

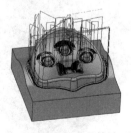

图 6-137　修改参数后的刀具轨迹（三十九）

还可以采用更小的刀具继续残料铣削。

4）复制最后这个残料铣削程序，双击最后所复制的程序，把刀具改成直径"6"的"球刀"继续角落清理，注意"参考刀具"改成"Q8"（前一次残料铣削使用的刀具），如图 6-138 所示，其余参数不变。保存并计算，结果见图 6-139。单击"毛坯显示"灯泡，可以发现根部残料已经变得很少了，如图 6-140 所示。

图 6-138　进行参数设置（四十五）

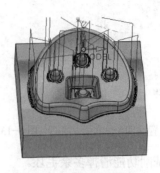

图 6-139　修改参数后的
刀具轨迹（四十）

图 6-140　使用"毛坯显示"
功能的刀具轨迹

> **提示：** 有时候零件的根部圆角小，需要多次使用残料铣削工艺清掉角落处的残料，为精加工或者清根做准备。如果不用残料铣削工艺，实际加工中会增加断刀的风险。

6.3.3　清角–笔试铣削参数练习

本小节主要练习笔试铣的分层加工，分层加工有曲面法向分层和 Z 向分层两个选择。

本练习的参考文档路径在：电子资源\参考文档\第 6 章参考文档，答案文档路径在：电子资源\练习结果\第 6 章练习结果。

1）打开文档"Pencil Multi.elt"，文档里有一个笔试加工程序，如图 6-141 所示。

2）复制清根程序，双击所复制的程序进入编辑状态，选中"多层加工"选项，"多层加工方式"选择"Z 向增量"，其余参数按照图 6-142 设定。保存并计算，结果如图 6-143 所示。刀路轨迹是按照 Z 方向三层加工，层与层之间距离是 1mm。读者可以通过图 2-83 中编程向导栏中"导航器"使用 "层"模拟方式进行查看。通过查看可知系统加工是按最外层、中间层、最里层的顺序加工。

图 6-141　打开文档（二）

图 6-142　进行参数设置（四十六）

3）复制最后这条清根程序，双击最后所复制的程序进入编辑状态，把 "多层加工方式"切换到"曲面偏距"，保存并计算，结果如图 6-144 所示。

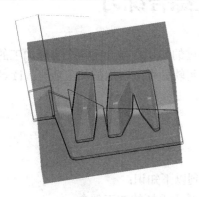

图 6-143　修改参数后的刀具轨迹（四十一）　　　图 6-144　"曲面偏距"功能的刀具轨迹

4）同时显示以上两个程序的刀路轨迹，可以发现它们没有重合，这说明采用不同的"多层加工方式"结果是不同的。

提示：笔试铣采用的刀具直径要和角落圆角直径相等或者大于角落圆角直径，否则系统不能生成轨迹。采用和角落圆角半径相等的刀具进行加工，可以为钳工打磨角落残留毛坯提供参考，甚至有时候在不重要的零件加工中可以免掉打磨工序。

第7章　数控加工综合练习

本章先介绍一个功能性的综合练习，巩固以前学过的知识；再介绍两个实际加工的综合性案例，每个实际加工案例后都有点评，主要介绍用到软件哪些实用的加工功能。读者学习本章后，可以提高在实际加工中独立应用软件的能力。

7.1　基础功能综合练习

此练习是一个综合性的功能练习，读者可以掌握到以下知识：

● 粗加工和二次开粗加工中各项参数练习，实践基于毛坯的加工理念。
● 精加工各项参数练习，巩固软件的一体化加工技术。
● 清根、笔试加工各项参数练习。
● 了解 NC-setup 设置的意义，带有机床的模拟过程。
● 了解工作管理器的实际意义。

本练习一共有 5 个程序，程序参数说明见表 7-1，因为是功能性练习，参数仅供参考。

表 7-1　程序参数列表

程序名称	刀具名称	直径/mm	刀尖圆角/°	刀长/mm	刀号	垂直步距/mm	转速/(r/min)	进给/(mm/min)	余量/mm	注释
环绕粗铣	BN20R4	20	4	89	25	15	5000	1500	0.5	整体粗加工
环绕粗铣	BN12R4	12	4	75	32	3	6000	2000	0.5	清理角落毛坯
曲面铣削	BALL8	8	4	75	1	0.5	8000	2000	0	精加工曲面
清根	BALL4	4	2	75	2	1	12000	1500	0	清掉根部毛坯
笔试加工	BALL4	4	2	75	2	0	12000	1500	0	精修

> **提示**：练习文档文件路径在：电子资源\参考文档\第 7 参考文档，参考答案文件路径在：电子资源\练习结果\第 7 章参练习结果

1）单击图 7-1 中"新 NC（mm）"按钮，进入编程环境窗口，如图 7-2 所示。

图 7-1　单击"新 NC（mm）"按钮

2）导入模型：单击图 7-2 中编程向导栏"读取模型"按钮，打开文件浏览器，从本书提供的参考文件中选择零件"凸模.elt"（文件路径在：电子资源\参考文档\第 7 章参

考文档）。

图 7-2　选择零件

3）在模型输入的窗口单击"确定"按钮，如图 7-3 所示，完成零件的加载。

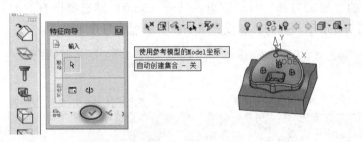

图 7-3　加载零件

4）创建刀具：从图 7-2 中编程向导栏上单击"刀具"按钮 🔨，打开"刀具及夹持"对话框，如图 7-4 所示。单击从 Cimatron 文件里"导入刀具"按钮 🔧，打开 Cimatron 文件浏览器，在本书提供的参考文档中选择文件"Cutters.elt"（文件路径在：电子资源\参考文档\第7 章参考文档），再单击"选择"按钮，如图 7-5 所示。

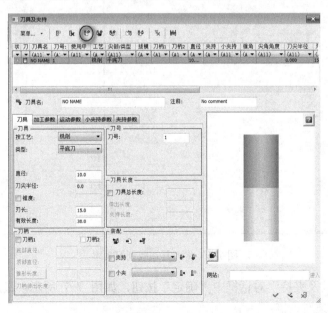

图 7-4　打开"刀具及夹持"对话框

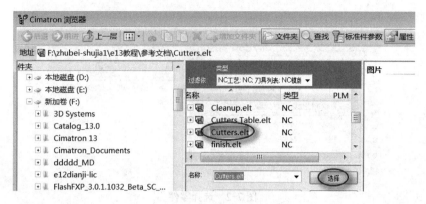

图7-5　导入刀具

5）在打开的"增加刀具"对话框里，结合〈Shift〉键选择所有的刀具，再单击"确定"按钮，如图7-6所示，把刀具加载到了当前要编程的刀具库里。

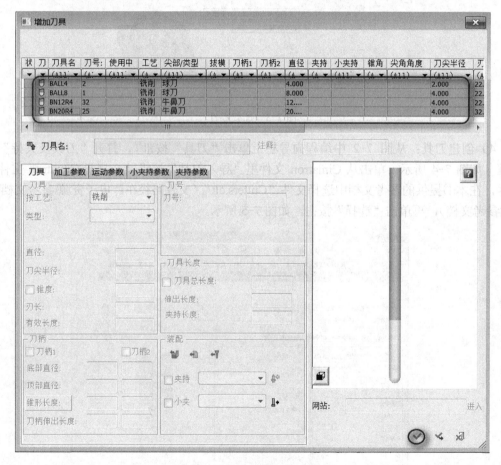

图7-6　将刀具加载到刀具库

6）单击"刀具及夹持"对话框中"确定"按钮，如图7-7所示，最后完成刀具的导入同时关闭了刀具创建对话框。

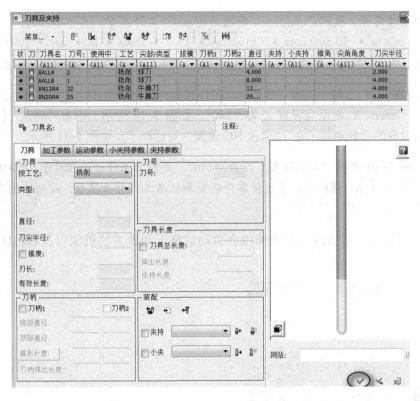

图 7-7　完成刀具的导入

7）双击"NC 程序管理器"上的"NC_Setup（2P）"，如图 7-8 所示，打开"修改 NC 设置"对话框，如图 7-9 所示。

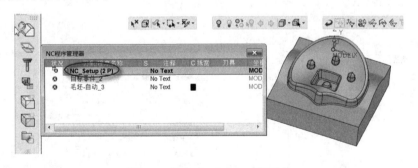

图 7-8　双击"NC_Setup（2P）"

提示：在继续练习之前要做以下两件事。

1）在做此步骤之前，把机床文件"3x_Generic"（文件路径在：电子资源\参考文档\第 7 章参考文档\机床模型和后处理参考文件）放到固定的 Cimatron 下的 MachineWorks 文件夹下，具体路径为：

ProgramData ▶ 3D Systems ▶ Cimatron ▶ 13.0 ▶ Data ▶ NC ▶ MachineWorks ▶

2）同时，把机床模拟用到的两个后处理文件"SimTest_3X_Generic.df2"和"SimTest_3X_Generic.dx2"（此两个文件路径在：电子资源\参考文档\第 7 章参考文档\机床模型和后处理参考文件）放到 Cimatron 下的固定的 post2 文件夹下，具体路径为：

ProgramData ▸ 3D Systems ▸ Cimatron ▸ 13.0 ▸ Data ▸ IT ▸ var ▸ Post2 ▸。

Cimatron 机床模拟时采用的是反读 G 代码模拟，因此需要指定模拟用到的后处理。

8）单击图 7-9 上的"机床"按钮，在打开的对话框中选中"使用机床"选项，并选择机床"3x_Generic"，把原点设置 Z 为"140"，如图 7-10 所示。单击"确定"按钮，可以看到机床和对应的后处理显示在 "修改 NC 设置"对话框了，如图 7-11 所示。

提示：图 7-10 里的"原点设置"Z 为"140"，是因为工作台面相对于 MODEL 坐标系原点 Z 向距离为 140，模拟时，系统使零件底面和机床工作台面接触，必须给出准确值，否则模拟将不正确。

这里设置好后，后面进入机床模拟会自动选择上面设置的机床以及和机床配套的后处理。

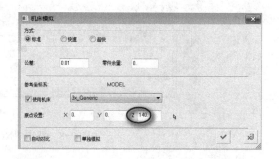

图 7-9 "修改 NC 设置"对话框　　　　图 7-10 "机床模拟"参数设置

9）单击图 7-11 中"修改 NC 设置"对话框中"确定"按钮，完成"NC_Setup"设置，读者也可以对其他项进行设置练习。

10）双击"NC 程序管理器"上的"目标零件_2"，如图 7-12 所示，在弹出的"零件"选择对话框系统默认为选择所有的零件面，单击"确定"按钮，如图 7-13 所示。完成零件的创建时，注意确保整个零件在对话框右边显示。

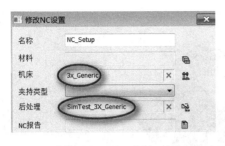

图 7-11　显示参数

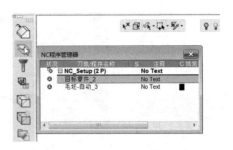

图 7-12　双击目标零件_2

11）双击图 7-12 中"NC 程序管理器"上的"毛坯-自动_3"，打开"初始毛坯"创建对话框，采用系统默认的"矩形盒"选项并单击"确定"按钮，如图 7-14 所示。

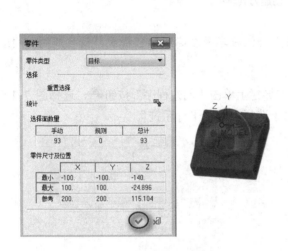

图 7-13　完成零件的创建

图 7-14　创建毛坯

此时注意到"NC 程序管理器"中"状况"显示绿色对号旗标，如图 7-15 所示，这说明零件和毛坯被成功创建。

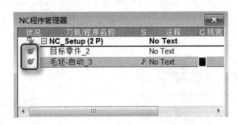

图 7-15　显示零件和毛坯被创建

12）创建刀轨：从图 7-2 中编程向导栏上单击"刀轨"按钮，打开"创建刀轨"对话框，系统默认刀轨类型为三轴，刀轨"坐标系"为"MODEL"，"Z（安全高度）"改为"50"，如图 7-16 所示。最后单击"确定"按钮，可以发现"NC 程序管理器"出现了"TP_MODEL（3X）"，如图 7-17 所示。

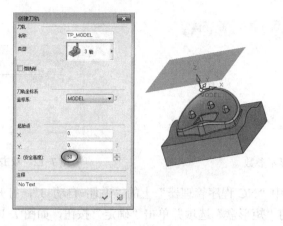

图 7-16　创建刀具轨迹

提示：此练习使用高级编程模式，如果上面练习不是在高级编程模式，请按照图 7-18 进行切换，选择箭头所指的按钮。

13）创建粗加工程序：从图 7-2 中编程向导栏上单击"创建程序"按钮 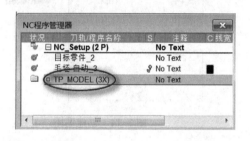，选择图 7-19 所示的加工工艺，"主选项"选"体积铣"，"子选择"为"平行粗铣"。

图 7-17　所创建的刀轨出现在 NC 程序管理器中

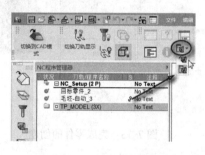

图 7-18　切换编程模式

14）单击图 7-19 中"导入首先值"按钮 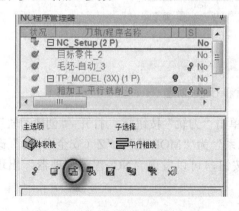，在弹出的图 7-20 所示的对话框里单击"是"按钮，系统自动会为这个程序导入加工参数，如图 7-21 所示，系统已经加载了公差、余量和步距等加工参数。

图 7-19　单击"导入首选值"按钮

图 7-20　单击"是"按钮

15）单击参数对话框中的"刀具及夹持"右侧按钮，如图 7-22 所示，打开"刀具及夹持"对话框，选择刀具"BN20R4"，如图 7-23 所示，再单击"确定"按钮退出刀具的修改。

图 7-21　加载了加工参数

图 7-22　单击"刀具及夹持"右侧按钮

图 7-23　选择刀具名为 BN20R4

16）在刀路参数中的几何参数面板，单击"零件曲面"参数右侧按钮，在弹出的对话框上单击"选择所有显示的曲面"按钮，如图 7-24 所示。接着单击鼠标中键确认选择，此时在图 7-25 中"零件曲面"右侧显示有 93 张曲面被选择。

图 7-24　"选择所有显示曲面"

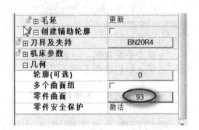

图 7-25　93 张曲面被选择

17）单击参数设置对话框上的"保存并计算"按钮 ，或者在空白区右击选择"保存并计算"命令，使系统计算粗加工程序的刀具轨迹，结果如图 7-26 所示。

> 提示：图 7-26 中蓝色是 G01 刀具切削轨迹，红色是 G00 刀具快速运动轨迹。这些颜色可以在"预设定"部分设定默认值，切削轨迹颜色可以在"NC 程序管理器"中即时修改，快速运动颜色可以通过图 7-2 中向导栏"全局过滤"命令 来修改。

18）单击图 7-27 箭头所指的灯泡，可以查看剩余毛坯情况，单击图 7-2 中编程向导栏上的"残留毛坯"按钮 ，同样可以显示毛坯情况，同时还可以调整毛坯的透明度。

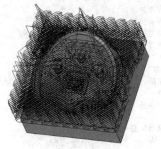

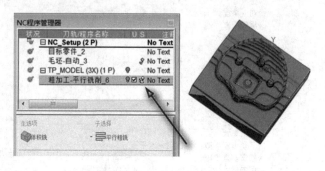

图 7-26　粗加工程序的刀具轨迹　　　　　　　　图 7-27　查看毛坯情况

19）上面粗加工轨迹是平行铣削的，现在换成环绕粗铣。关闭上面的毛坯显示，双击粗加工程序进入编辑状态，程序类型选择"环绕粗铣"，如图 7-28 所示。

20）单击图 7-28 上的"导入预定义的值"按钮 ，按照图 7-29 修改参数，再单击"保存并计算"按钮 ，计算的刀路轨迹如图 7-30 所示。

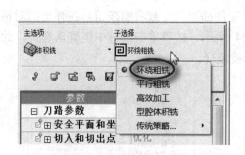

图 7-28　环绕粗铣方式

图 7-29　参数设置（一）

21）模拟程序：单击图 7-2 中编程向导栏上的"机床模拟"按钮 ，弹出"机床模拟"对话框，按照图 7-31 设置各项参数，注意选择的程序会被自动拷贝到"机床模拟"对话框中模拟的程序序列里。

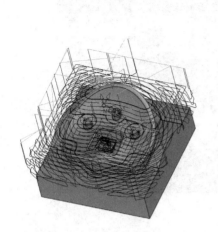

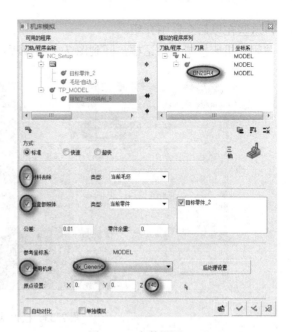

图 7-30 刀具轨迹（一）   图 7-31 参数设置（二）

提示： 图 7-31 中很多选项会被自动选中，是因为在开始 NC_SETUP 里已经做了设置。

22）单击"机床模拟"对话框上的"确定"按钮 ✓，进入到模拟环境。确认"模拟控制"对话框被打开，如图 7-32 所示，单击图中箭头所指的"模拟"按钮，开始进行模拟，模拟结果如图 7-33 所示。

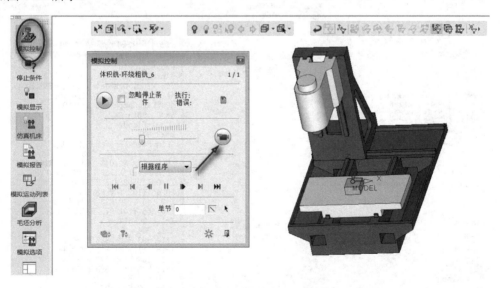

图 7-32 打开"模拟控制"功能

读者可以按照以前介绍的方法在编程环境窗口浏览剩余毛坯，对比载有机床的模拟结果，可以发现剩余毛坯基本是一样的。机床模拟还可以模拟出碰撞和过切，以及最后的加工结果，这些在以后会详细介绍。

关闭"机床模拟"对话框，回到图 7-1 的编程环境窗口。

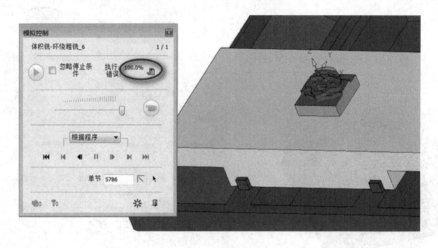

图 7-33　模拟结果

23）单击图 7-2 中编程向导栏上的"后处理"按钮 ，弹出"后处理"对话框，选择 "SimTest_3X_Generic"，选中"显示 G 代码"选项，如图 7-34 所示。再单击"确定"按 钮，弹出 G 代码文件，如图 7-35 所示。

图 7-34　后处理设置

图 7-35　G 代码文件

提示：上面 21）~ 23）步介绍的是编完一个程序就进入模拟环境，没有问题就出程序 代码的操作，实际生产中经常这样操作，以减少机床的等待时间。

24）关闭"后处理"对话框，接下来创建一个二次开粗程序。在图 7-2 中编程向导栏单击"创建程序"按钮 ⬚，"子选择"选择"环绕粗铣"，如图 7-36 所示，单击其中"导入预先定义的值"按钮 ⬚，在弹出的对话框中选择"是"，如图 7-37 所示。

图 7-36 参数设置（三）

图 7-37 准备导入预先定义的值

25）在图 7-2 中编程向导栏中单击"刀具"按钮，打开"刀具及夹持"对话框，把原来的刀具"BN20R4"改成"BN12R4"，如图 7-38 所示。再单击"刀具及夹持"对话框上的"确定"按钮，完成刀具的修改。

图 7-38 刀具修改

26）按照图 7-39 和图 7-40 所示修改加工参数，再单击图 7-36 中"保存并计算"按钮 ⬚。

图 7-39 参数设置（四）

图 7-40 参数设置（五）

27）第 2 个程序被计算完后，单击图 7-41 中箭头所指的灯泡，隐藏第 1 个程序轨迹，显示第 2 个程序轨迹，结果如图 7-42 所示。从轨迹可以发现，刀具只是在有残料的地方进行加工，而没有残料的地方没有切削轨迹，这里体现了软件是基于毛坯残留信息进行加工的理念。

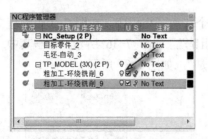

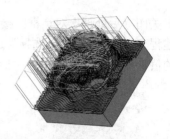

图 7-41 选中箭头处复选框　　　　图 7-42 隐藏第 1 个程序轨迹并显示第 2 个程序轨迹

> **提示：工艺上一般是先使用直径大的刀具开粗，然后使用直径小一点刀具继续开粗，这样可以去掉大刀进不去的区域，以保证各个区域留量均匀，为精加工创造条件。**

28）创建精加工程序，在图 7-2 编程向导栏上单击创建程序按钮 📝，在"主选项"选择"曲面铣削""子选择""根据角度精铣"，如图 7-43 所示。

29）单击图 7-43 中"导入预先定义的值"按钮 📇，为精加工导入系统默认的参数，然后再单击"刀具"按钮，选择刀具"Ball 8"，如图 7-44 所示，确定精加工程序用的是球刀。

图 7-43 参数设置（六）　　　　　　　图 7-44 参数设置（七）

30）在图 7-25 中"几何"参数面板上，单击"轮廓（可选）"右侧参数按钮，打开"轮廓管理器"对话框，选择图 7-45 箭头所指的底面，"刀具位置"默认为"轮廓上"。单击鼠标中键确认轮廓的选择，再单击鼠标中键关闭"轮廓管理器"对话框。

31）按照图 7-46、图 7-47 和图 7-48 修改刀路参数和机床参数。

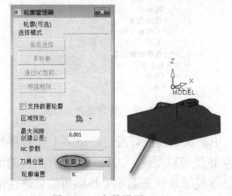

图 7-45 参数设置（八）　　　　　　　图 7-46 参数设置（九）

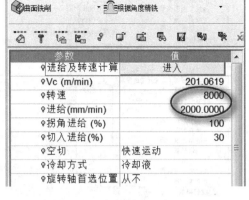

参数	值
♀电极加工	否
♀⊟刀路轨迹	高级
♀平坦区域	
♀平坦区域加工方法	环切
♀平坦区域铣削模式	顺铣
♀平坦区域铣削方向	由外往内
♀可变水平步距	☐
♀平坦区域步距	0.5000
♀真环切	☐
♀陡峭区域	☑
♀陡峭区域铣削方式	混合铣
♀陡峭区域步距	0.5000
♀尖锐边直接连接	从不
♀垂直区域允许刀具	☐
♀刀轨光顺	标准的
♀斜率限制角度	45.0000

图 7-47　参数设置（十）

参数	值
♀进给及转速计算	进入
♀Vc (m/min)	201.0619
♀转速	8000
♀进给(mm/min)	2000.0000
♀拐角进给 (%)	100
♀切入进给(%)	30
♀空切	快速运动
♀冷却方式	冷却液
♀旋转轴首选位置	从不

图 7-48　参数设置（十一）

32）保存并计算，刀路轨迹如图 7-49 所示。隐藏所有程序刀路轨迹。

因为精加工使用直径"8"的"球刀"，而根部圆角是直径"4"，因此需要清根程序才能彻底清掉残余毛坯，继续下面的清根程序编制。

33）单击图 7-2 中编程向导栏上的"创建程序"按钮，"主选项"中选"清角"，"子选择"中选"清根"，如图 7-50 所示。

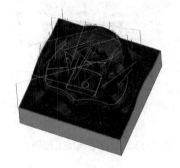

图 7-49　刀具轨迹（二）

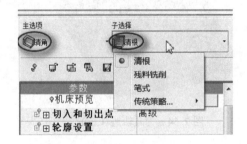

图 7-50　参数设置（十二）

34）单击图 7-48 中"导入预先定义的值"按钮，为清角导入系统默认的切削参数，按照前面介绍的方法为本程序更改刀具为"Ball4"，如图 7-51 所示。

状	刀	刀具名	刀号	使用中	工艺	尖部/类型	拔模	刀柄1	刀柄2	直径	夹持	小夹持	锥角	尖角角度
▼		▼ (A11)	▼ (A: ▼	(A11 ▼	(A1 ▼	(A11)	(A ▼	(A1 ▼	(A1 ▼	(A ▼	(A ▼	(A ▼	(A ▼	(A11)
		NO NAME	1		铣削	平底刀				10....				
		BALL4	2		铣削	球刀				4.000				
		BALL8	1	+	铣削	球刀				8.000				
		BN12R4	32	+	铣削	牛鼻刀				12....				
		BN20R4	25	+	铣削	牛鼻刀				20....				

图 7-51　参数设置（十三）

35）按照图 7-52 和图 7-53 修改切削参数，再保存并计算，结果如图 7-54 所示。

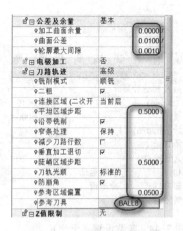

图7-52　参数设置（十四）

图7-53　参数设置（十五）

36）创建一个笔试加工程序：在图 7-55 箭头所指的清根程序上右击，选择 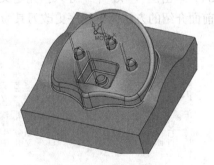 复制程序 命令，再在相同位置右击选择 粘贴程序 命令，即可在清根程序下面复制一条程序。

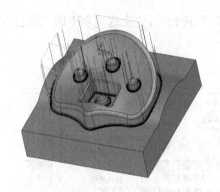

图7-54　刀具轨迹（三）

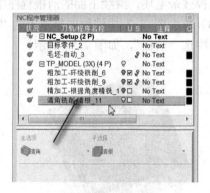

图7-55　创建笔试加工程序

37）双击上面 36）中复制的程序，将"子选择"改成"笔式"，如图 7-56 所示。保存并计算，结果得到一条轨迹。把轨迹变宽，结果如图 7-57 所示。

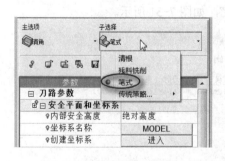

图7-56　参数设置（十六）

图7-57　刀具轨迹（四）

提示：此零件的笔试铣不是必须要做的，但使用它可以加工出非常清晰的根部圆角轮廓。

38）练习导航器的使用，在图 7-2 中编程向导栏上单击"导航器"按钮 ，打开"导航器"对话框，单击图 7-58 中的"向前播放"按钮 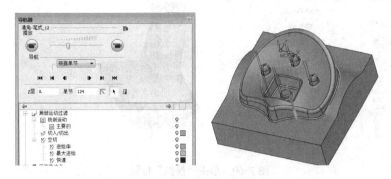，对笔式程序进行查看，再单击此按钮可以停止查看。最后单击图 7-58 上"退出"按钮 。

图 7-58 用导航器查看笔式程序

> **提示：** 可以通过导航器功能查看下刀点和切削速度等，在实际应用中，结合机床模拟发现的问题可以准确分析过切和碰撞位置，是非常实用的功能。

39）模拟整个程序：单击图 7-2 中编程向导栏"机床模拟"按钮 ，打开"机床模拟"对话框，如图 7-59 所示，单击"增加所有"按钮 ，选中 "材料去除"和 "检查参照体"选项，选中"使用机床"，单击"确定"按钮进入到机床模拟环境。

图 7-59 打开"机床模拟"对话框

40）单击图 7-60"模拟控制"对话框中"模拟"按钮 ，当"模拟控制"对话框上的"执行"提示为"100%"，并有绿色对号出现时，如图 7-61 所示，说明程序都已经模拟完毕，没有发生过切和碰撞。

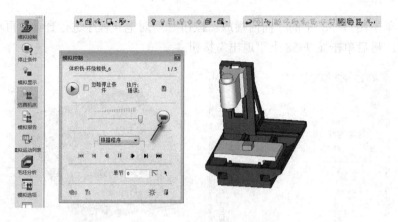

图 7-60　单击"模拟"按钮

提示：上面 40）介绍的模拟完毕，如果不出现绿色对号这个状态显示，说明程序有问题（例如过切、碰撞和超程等），具体问题可以在模拟报告里被显示。

41）校验加工结果：单击图 7-62 中模拟工具栏上"毛坯分析"按钮，弹出"毛坯分析"对话框，选择 "零件偏差距离"选项，并单击"应用"按钮 ✎，如图 7-62 所示。过几秒钟后软件显示各个部位毛坯剩余情况，如图 7-63 所示。在"毛坯分析"对话框，可以定义用不同颜色来代表偏差大小，也就是加工精度。

图 7-61　模拟结果显示

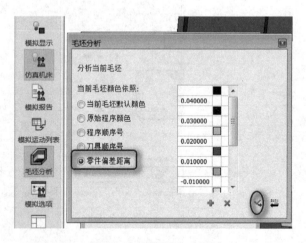

图 7-62　参数设置（十七）

提示：图 7-63 中系统默认 ±0.01 公差带是绿色，通过模拟比较后零件面显示的绿色部位表明均在此公差范围内，这个也是根据实际要求在编程时给的曲面公差数值。

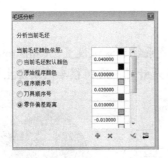
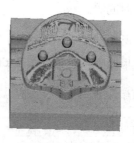

图 7-63　分析加工偏差

42）生成加工报告：单击图 7-2 中编程向导栏上的 "创建 NC 报告"按钮 📄，打开 "NC 报告"对话框，如图 7-64 所示。先拖动零件至矩形框中间，复制图片，再单击"增加所有"按钮 ⚬，系统对整个程序给出加工报告。输出格式为 "Excel"，模板名称为 "Demo"，再单击"确定"按钮，即可弹出加工报告程序单，图 7-65 是报告的一部分。

图 7-64　打开"NC 报告"对话框

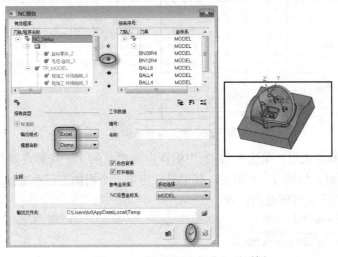

图 7-65　加工报告

报告中含有编程零件图片、零件名称、报告日期、每个程序采用的刀具和切削参数信息、每个程序的加工时间等。

图 7-66 加工报告示例

43）工作管理器的应用：单击图 7-2 中编程向导栏上的"工作管理器"按钮 ，弹出"工作管理器"对话框，如图 7-67 所示，其中显示出第一个粗加工已经进行了后处理、采用的后处理名称、G 代码文件所处的位置。

图 7-67 "工作管理器"中参数的显示

提示：工作管理器可以记录一些编程工作，以备以后可以查看已经做了哪些工作，例如对哪些程序做了后处理、使用的后处理名称、生成的 G 代码位置等，这对于复杂零件编程以及车间管理很有用。

44）保存文件，此练习结束。参考答案文档路径在：电子资源\练习结果\第 7 章练习结果，文件名为"凸模编程结果"。

7.2 全国数控大赛零件编程综合练习

本练习用到的凹模零件是高职院校全国决赛题目，通过练习可以掌握以下内容：

粗加工重点参数、快速预览的应用、二次开粗重点参数、残料铣削的应用。根据角度精铣重点参数、清根重点参数通过规则选取曲面、后处理坐标系的指定。

7.2.1 工艺规划

零件加工信息：

1）三维模型如图 7-68 所示，零件材质为 45#钢，零件毛坯尺寸和状态为 130×90×40.05mm，上、下面和四周已经加工到尺寸，上下面已经磨平。

2）采用夹具为虎钳，实际加工结果如图 7-69 所示，加工程序参数说明见表 7-2，客户机床最大转速是 6000r/min。

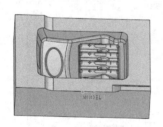

图 7-68　三维模型

图 7-69　实际加工结果

表 7-2　程序参数表

程序序号	使用刀具类型	刀具直径/mm	刀尖圆角/°	刀具长度/mm	刀号	垂直步距/mm	转速/(r/min)	进给/(mm/min)	余量/mm	注释
粗加工	H12R0.5	12	0.5	45	2	0.5	5000	3000	0.25	整体粗加工
二次开粗	H6R0.5	6	0.5	25	3	0.35	5500	2000	0.25	清掉残余毛坯
残料铣削	Q4-20	4	2	20	5	0.2	5500	1500	0.25	进一步清掉残余
精加工水平面	H12R0.5	12	0.5	45	2		5000	2000	0	精加工所有水平面
根据角度精铣	Q4-20	4	2	20	5	0.15	5500	1500	0	里腔精加工
精铣所有	Q4-20	4	2	20	5		5500	1200	0	局部圆角精加工
清角	Q2-10	2	1	10	7	0.1	5500	1000	0	槽清根

7.2.2 程序编制

练习使用的 CAD 模型文件路径在：电子资源\参考文档\第 7 章参考文档，练习答案文档路径在：电子资源\练习结果\第 7 章练习结果。

1）打开软件初始窗口，单击"新 NC（mm）"按钮 ，如图 7-70 所示，进入到编程环境窗口。

图 7-70　单击"新 NC（mm）"按钮

2）单击图 7-2 中编程向导栏上的 "导入模型"按钮 ，打开"Cimatron 浏览器"对话框，找到文件（文件路径在"电子资源\参考文档\第 7 章参考文档）"大赛零件-凹模.elt"，如图 7-71 所示。单击浏览器上的 "选择"按钮，进入到编程环境窗口。再单击"确定"按钮，如图 7-72 所示，完成编程模型的加载。

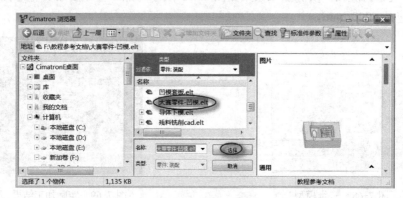

图 7-71　找到文件

图 7-72　进入编程环境

3）创建刀具，单击图 7-2 中编程向导栏上的 "刀具"按钮 ，打开图 7-73 所示的"刀具及夹持"对话框，单击其中"刀具新建"按钮 ，创建一把直径"12"的"牛鼻刀"，刀具名称为"H12R0.5"。具体参数设置见图 7-73，单击"应用"按钮 ，完成第一把刀具的创建。

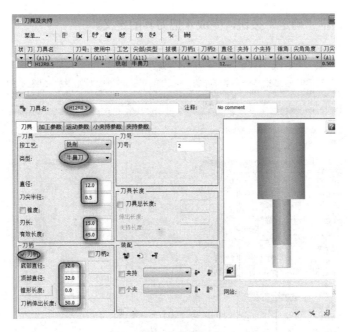

图 7-73　参数设置（十八）

重新单击图 7-73 中"刀具新建"按钮 📄 ，创建一把直径"6"的"牛鼻刀"，刀具名称为"H6R0.5"，具体参数设置见图 7-74。

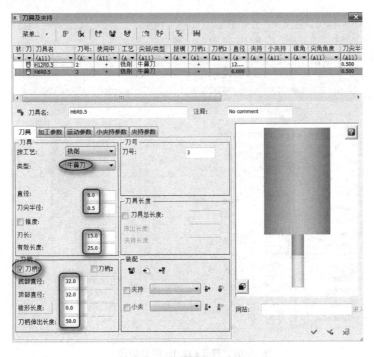

图 7-74　参数设置（十九）

按照同样方法，继续创建两把球刀，一把直径设置为"4"，另一把直径设置为"2"，刀具名称分别是"Q4-20""Q2-10"，两把刀具的具体参数分别见图 7-75 和图 7-76，最后单击

267

"刀具及夹持"对话框"确定"按钮,完成4把刀具的定义。

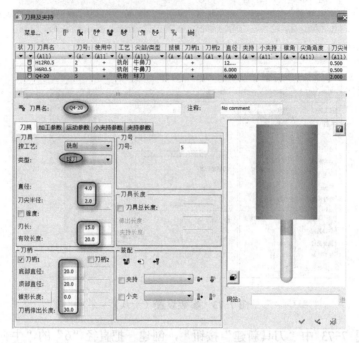

图 7-75　刀具 Q4-20 的参数设置

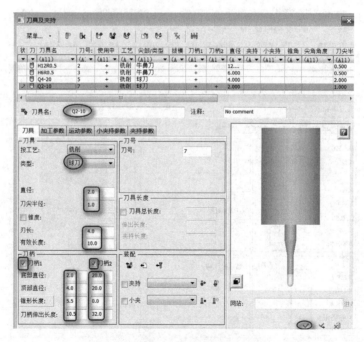

图 7-76　刀具 Q2-10 的参数设置

4)双击"NC 程序管理器"上的"NC_Setup(2P)",如图 7-77 所示,打开"修改 NC 设置"对话框,如图 7-78 所示。

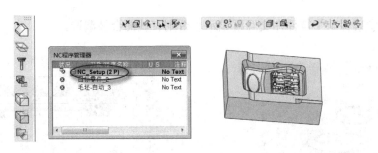

图 7-77　双击 NC_Setup（2P）

提示： 在继续练习之前要做以下两件事（如果第一个练习已经按照下面做了，此步可以跳过）：

1）把机床 3x_Generic 文件(此文件路径在：电子资源\参考文档\第 7 章参考文档\机床模型和后处理参考文件)放到固定的 Cimatron 下的 MachineWorks 文件夹下，具体路径为：

ProgramData ▸ 3D Systems ▸ Cimatron ▸ 13.0 ▸ Data ▸ NC ▸ MachineWorks ▸

2）同时，把机床模拟用到的两个后处理文件 "SimTest_3X_Generic.df2" 和 "SimTest_3X_Generic.dx2"（此两个文件路径在：电子资源\参考文档\第 7 章参考文档\机床模型和后处理参考文件）放到 Cimatron 下的固定的 post2 文件夹下，具体路径为：

ProgramData ▸ 3D Systems ▸ Cimatron ▸ 13.0 ▸ Data ▸ IT ▸ var ▸ Post2 ▸

5）单击图 7-78 上的"机床"按钮 ，在打开的对话框中选中"使用机床"选项，并选择机床"3x_Generic"，原点设置"Z"为"40"，如图 7-79 所示，单击"确定"按钮，可以看到"机床"和对应的"后处理"在"修改 NC 设置"对话框中显示了，如图 7-80 所示，单击图 7-81 上的"确定"按钮，完成 NC 的设置。

图 7-78　打开"修改 NC 设置"对话框

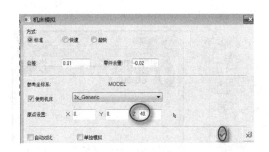

图 7-79　参数设置（二十）

6）双击"NC 程序管理器"上的"目标零件_2"，如图 7-81 所示，在弹出的"零件"对话框采用系统默认设置的选择所有的零件面，单击"确定"按钮，如图 7-82 所示，完成零件的创建，注意确保整个零件在交互区显示，否则有些面会被漏选。

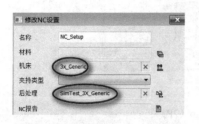

图 7-80　显示机床和后处理设置

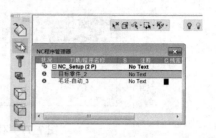

图 7-81　双击目标零件_2

7）双击"NC 程序管理器"上的"毛坯-自动_3"，如图 7-81 所示，打开"初始毛坯"对话框，采用系统默认设置为"矩形盒"选项，并单击"确定"按钮，如图 7-83 所示。

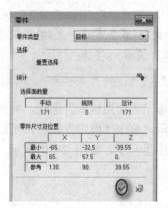

图 7-82　完成零件的创建

图 7-83　参数设置（二十一）

注意："NC 程序管理器"中的"状况"显示绿色对号旗标，如图 7-84 所示，说明零件和毛坯被成功创建。

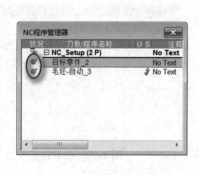
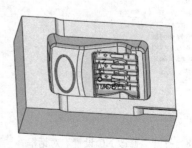

图 7-84　零件和毛坯被创建

8）创建刀轨：从图 7-2 中编程向导栏上单击"创建刀轨"按钮 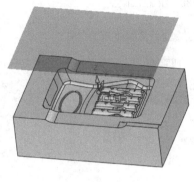，打开"创建刀轨"对话框，系统默认设置的刀轨"类型"为"3 轴"，"刀轨坐标系"为"MODEL"，"Z（安全高度）"为"50"，如图 7-85 所示。

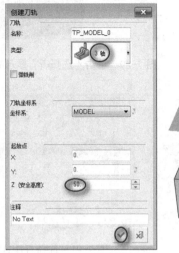

图 7-85　创建刀轨

最后单击图 7-85 上的"确定"按钮，可以发现"NC 程序管理器"中出现了"TP_MODEL（3X）"，如图 7-86 所示。

提示：此练习使用向导编程模式，如果上面 8）介绍的练习不是在向导编程模式，请按照图 7-87 所示进行切换，选择箭头所指的按钮。

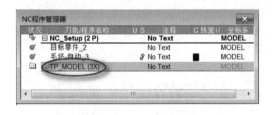

图 7-86　显示刀轨被创建

图 7-87　切换为向导编程模式

9）创建粗加工程序：从图 7-2 编程向导栏上单击 "创建程序"按钮 ，选择图 7-88 所示的加工工艺，"主选项"为"体积铣"，"子选择"为"环绕粗铣"。

10）单击图 7-88"零件曲面"参数右侧按钮，在弹出的对话框中单击"选择所有显示的曲面"按钮，如图 7-89 所示，接着单击鼠标中键确认选择，此时在图 7-90"零件曲面"右侧按钮上显示有 170 张曲面被选择，如图 7-90 所示。

11）单击图 7-90 上的"刀具"按钮 ，打开 "刀具及夹持"对话框，选择刀具"H12R0.5"，如图 7-91 所示，单击 "刀具及夹持"对话框上的"确定"按钮 ，完成刀具的选择。

图 7-88　粗加工工艺

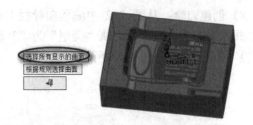

图 7-89　单击"选择所有显示的曲面"

图 7-90　170 张曲面被选择

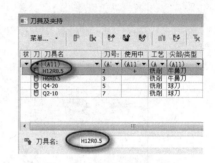

图 7-91　选择刀具 H12R0.5

12）单击图 7-90 上的"刀路参数"按钮 ，设置各项参数。

①"安全平面和坐标系"以及 "切入和切出点"参数按照图 7-92 进行设置。

②"公差及余量"和 "刀路轨迹"参数按照图 7-93 进行设置。其余参数使用系统默认设置。

图 7-92　参数设置（二十二）

图 7-93　参数设置（二十三）

13）单击图 7-90 上的"机床参数"按钮 ，按照图 7-94 设置机床参数。

14）单击图 7-94 中"保存并计算"按钮 ，或者右击选择 "保存并计算"命令，系

272

统计算粗加工程序，轨迹如图 7-95 所示。

图 7-94 参数设置（二十四）

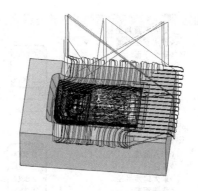

图 7-95 刀具轨迹（五）

提示： 通过导航器查看可以并发现，开放区域刀具会从外面进刀，封闭区域采用螺旋下刀，螺旋角度是编程设定的角度。

15）创建二次粗加工程序：从图 7-2 中编程向导栏上单击"创建程序"按钮 ，选择图 7-96 所示的加工工艺，"主选项"为"体积铣"，"子选择"为"环绕粗铣"，和第一个程序选择的加工方式一样。

注意： 因为软件具有自动保存上次设置功能，此次的加工几何（也就是加工对象）不需要重新选择，软件默认上次的设置。图 7-96 显示系统已经选择了 170 张面。

如果因为某种操作，创建的程序中没有零件曲面被选择，请按照编制第一个程序选择加工对象的方法进行选择。

16）单击"程序向导"对话框上的"刀具"按钮 ，打开"刀具及夹持"对话框，选择刀具"H6R0.5"，如图 7-97 所示，单击"刀具及夹持"对话框上的"确定"按钮 ，完成刀具的选择。

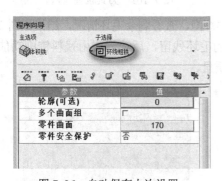

图 7-96 自动保存上次设置

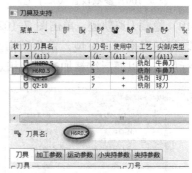

图 7-97 选择刀具 H6R0.5

17）单击"程序向导"对话框上的"刀路参数"按钮 ，设置各项参数。

① "安全平面和坐标系"以及"切入和切出点"参数按照图 7-98 进行设置。注意，"内

273

部安全高度"采用"优化"选项。

②"公差及余量"和"刀路轨迹"参数按照图 7-99 进行设置，其余参数使用系统默认设置。

图 7-98　参数设置（二十五）

图 7-99　参数设置（二十六）

18）单击图 7-96"程序向导"对话框上的"机床参数"按钮 📠，按照图 7-100 设置机床参数。

单击图 7-96"保存并计算"按钮 🐾，或者右击选择"保存并计算"命令，系统计算二次开粗程序轨迹，结果如图 7-101 所示。

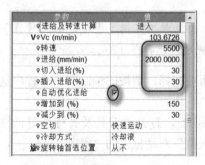

图 7-100　参数设置（二十七）

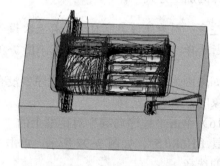

图 7-101　刀具轨迹（六）

19）隐藏刀路轨迹，单击图 7-102 箭头所指的灯泡，查看剩余毛坯情况，结果如图 7-103 所示。仔细观察可以发现，箭头所指区域还有大的毛坯残留，后续需要用残料铣削功能进一步进行加工，以便后续精加工得到相对好的表面质量。

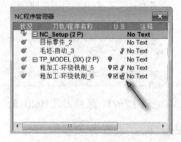

图 7-102　选择隐藏刀路轨迹

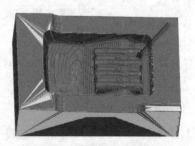

图 7-103　查看毛坯剩余情况

274

20）创建第三个残料铣削程序：从图 7-2 编程向导栏上单击 "创建程序"按钮 ，选择图 7-104 所示的加工工艺，"主选项"为"清角"，"子选择"为"残料铣削"。

同样，因为软件具有自动保存上次设置的功能，此次的加工几何（也就是加工对象）不需要重新选择，软件默认上次的设置。

21）单击图 7-104 上的"刀具"按钮 ，打开 "刀具及夹持"对话框，选择刀具"Q4-20"，如图 7-105 所示，单击 "刀具及夹持"对话框上的"确定"按钮 ，完成刀具的选择。

图 7-104　参数设置（二十八）

图 7-105　选择刀具"Q4-20"

22）单击图 7-104 上的"刀路参数"按钮 ，设置各项加工参数。

①"安全平面和坐标系"以及 "切入和切出点"参数按照图 7-106 进行设置。注意，图 7-106 中"内部安全高度"同样采用"优化"选项。

②"公差及余量"和 "刀路轨迹"参数按照图 7-107 进行设置。其余参数使用系统默认设置。

> **提示：** 参考刀具要选择上个程序用的刀具"H6R0.5"，系统会根据这把刀具剩余的残料计算刀路轨迹。

图 7-106　参数设置（二十九）

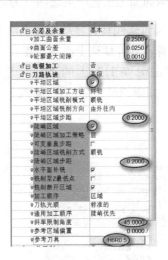

图 7-107　参数设置（三十）

23）单击图 7-106 上的"机床参数"按钮 ，按照图 7-108 设置机床参数。

24）单击图 7-108 中"保存并计算"按钮 🖰 ，或者右击选择 "保存并计算"命令，系统计算残料铣削程序轨迹，结果如图 7-109 所示。

图 7-108　参数设置（三十一）

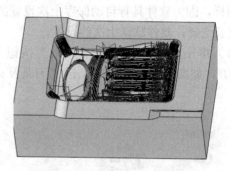

图 7-109　刀具轨迹（七）

25）隐藏刀路轨迹，单击图 7-110 箭头所指的灯泡，查看此程序剩余毛坯情况，结果如图 7-111 所示，仔细观察可以发现各个部位毛坯残余量基本一致，这为后面的精加工创造好了条件。

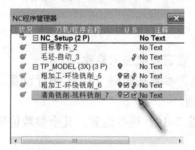

图 7-110　隐藏刀路轨迹

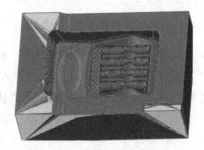

图 7-111　查看剩余毛坯情况

26）创建加工水平面的程序：从图 7-2 中编程向导栏上单击"创建程序"按钮 📎 ，选择图 7-112 所示的加工工艺"主选项"为"曲面铣削"，"子选项"为"精铣水平面"。

同样，因为软件具有自动保存上次设置的功能，此次的加工几何（也就是加工对象）不需要重新选择，软件默认上次的设置。

27）单击图 7-112 上的"刀具"按钮 📐 ，打开"刀具及夹持"对话框，选择刀具"H12R0.5"，如图 7-113 所示，单击"刀具及夹持"对话框上的"确定"按钮 ✓ ，完成刀具的选择。

图 7-112　参数设置（三十二）

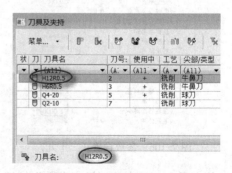

图 7-113　选择刀具 H12R0.5

28）单击图 7-112 上的"刀路参数"按钮 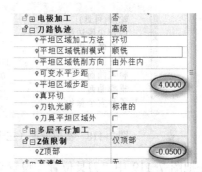，设置各项加工参数。

①"安全平面和坐标系"以及"切入和切出点"参数按照图 7-114 进行设置。注意，图 7-114 中"内部安全高度"同样采用"优化"选项，以降低抬刀高度。

②"公差及余量"和"刀路轨迹"参数按照图 7-115 所示进行设置，其余参数使用系统默认设置。

> 提示：图 7-115 中"Z 值限制"选择"仅顶部"，参数输入"-0.05"，目的是把最上面的轨迹裁减掉，因为顶面不需要加工，这样就减少了不需要的轨迹。

图 7-114　参数设置（三十三）　　　　　　图 7-115　参数设置（三十四）

29）单击图 7-112 上的"机床参数"按钮 ，按照图 7-116 设置机床参数。

30）单击图 7-116 中"保存并计算"按钮 ，或者右击选择 "保存并计算"命令，系统计算精铣水平面程序轨迹，结果如图 7-117 所示。

图 7-116　参数设置（三十五）

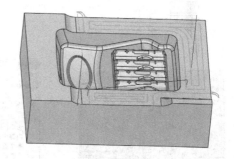

图 7-117　刀具轨迹（八）

从上面程序可以看出，精铣水平面功能仅仅加工零件上的纯水平区域，可以识别所有的水平面。

31）创建里腔精加工程序：从图 7-2 中编程向导栏上单击"创建程序"按钮 ，选择图 7-118 所示的加工工艺"主选项"为"曲面铣削"，"子选择"为"根据角度精铣"。

32）单击图 7-118 上的"轮廓（可选）"右侧按钮，打开"轮廓管理器"对话框，如图 7-119 所示。

图 7-118　参数设置（三十六）

图 7-119　打开"轮廓管理器"对话框

先把图 7-119 中"刀具位置"设置为 "轮廓内"，单击"高级选择"按钮，再通过"串连"方式选择图 7-120 所示的槽顶部轮廓线，单击鼠标中键确认，回到图 7-119 所示的对话框，再单击"确定"按钮，或者单击鼠标中键退出轮廓的选择，结果显示有一条限制加工范围的轮廓被选择，如图 7-121 箭头所指区域。

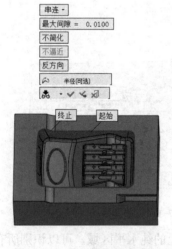

图 7-120　选择槽顶轮廓线

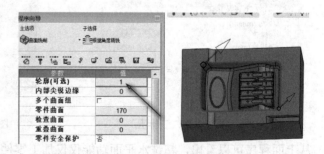

图 7-121　显示一条限制加工范围的轮廓被选择

33）单击图 7-118 上的"刀具"按钮 ，打开 "刀具及夹持"对话框，选择刀具

278

"Q4-20"，如图 7-122 所示，单击 "刀具及夹持"对话框上的"确定"按钮 ✔，完成刀具的选择。

图 7-122　选择刀具"Q4-20"

34）单击图 7-118 上的"刀路参数"按钮 🔧，设置各项加工参数。

①"安全平面和坐标系"以及"切入和切出点"参数按照图 7-123 进行设置。注意，图 7-123 中"内部安全高度"同样采用"优化"选项。

②"公差及余量"和"刀路轨迹"参数按照图 7-124 进行设置，注意要选中"平坦区域"和"陡峭区域"选项。

图 7-123　参数设置（三十七）

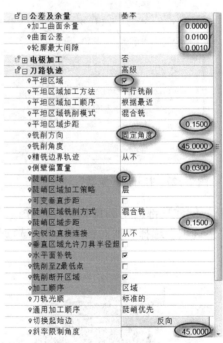

图 7-124　参数设置（三十八）

35）单击图 7-123 上的"机床参数"按钮 📷，按照图 7-125 设置机床参数。

36）单击图 7-125 中"保存并计算"按钮 🔧，或者右击选择"保存并计算"命令，系统计算里腔精加工程序轨迹，结果如图 7-126 所示。

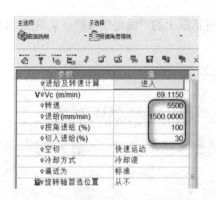

图 7-125　参数设置（三十九）

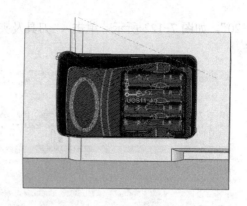

图 7-126　刀具轨迹（九）

37）单击图 7-2 中编程向导栏上的"导航器"按钮，打开"导航器"对话框，如图 7-127 所示，"高级运动过滤"选择"陡峭/平坦"，系统显示陡峭轨迹，如图 7-128 所示。隐藏陡峭区域轨迹，显示平坦刀路轨迹，结果如图 7-129 所示。

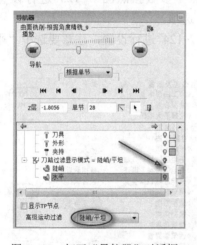

图 7-127　打开"导航器"对话框

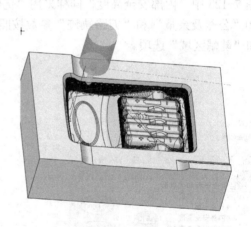

图 7-128　陡峭轨迹

38）创建顶部局部圆角精加工程序：从图 7-2 中编程向导栏上单击"创建程序"按钮，"主选项"选择"曲面铣削"，"子选项"为"精铣所有"，如图 7-130 所示。

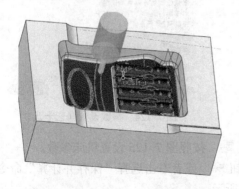

图 7-129　平坦刀路轨迹

图 7-130　参数设置（四十）

39）选择加工对象：系统默认上个程序加工轮廓的选择，因此先取消掉默认选择的轮廓再进行加工对象选择的步骤如下。

① 单击图 7-130 所示"程序向导"对话框上的"轮廓（可选）"参数右侧按钮，打开"轮廓管理器"对话框，如图 7-131 所示，单击对话框上的箭头所指的命令，再单击"确定"按钮，即可取消轮廓的选择。

② 单击图 7-130 所示"程序向导"对话框上的 "零件曲面"参数右侧按钮，在弹出的对话框选择"开启自动边界"选项，然后在空白处右击在弹出的对话框选择"重置所有"命令，如图 7-132 所示，再选择图 7-133 所示的 5 张圆角面（单击要选择的面），单击鼠标中键确认选择。可以看到在"零件曲面"右侧按钮上显示已经有 5 张加工面被选择，如图 7-134 所示。

图 7-131 "轮廓管理器"对话框

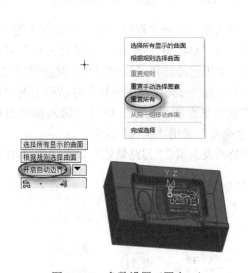

图 7-132 参数设置（四十一）

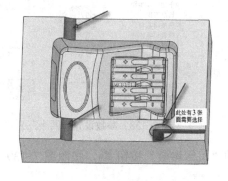

图 7-133 选择 5 张圆角面

图 7-134 显示 5 张面被选择

③ 单击图 7-134 中"检查曲面"右侧按钮，在弹出的对话框单击"选择所有显示曲

面"命令，如图 7-135 所示，单击鼠标中键确认，结果如图 7-136 所示，可以发现有 165 张检查面（检查面就是不会被加工但会被保护的面）被选择。

图 7-135　单击"选择所有显示的曲面"　　　　图 7-136　被选中曲面数的显示

40）单击图 7-136"程序向导"对话框上的"刀具"按钮 ，打开"刀具及夹持"对话框，选择刀具"Q4-20"，单击"刀具及夹持"对话框上的"确定"按钮 ，完成刀具的选择。注意，如果已经选择了这把刀具，此步骤可以跳过。

41）单击图 7-136"程序向导"对话框上的"参数"按钮 ，设置各项加工参数。

①"安全平面和坐标系"以及"切入和切出点"参数按照图 7-137 进行设置。注意，"内部安全高度"采用"优化"选项。

②"公差及余量""刀路轨迹"以及"平行加工延伸"参数按照图 7-138 进行设置。

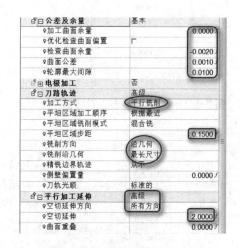

图 7-137　参数设置（四十二）　　　　图 7-138　参数设置（四十三）

42）单击图 7-136"程序向导"对话框上的"机床参数"按钮 ，按照图 7-139 设置机床参数。

43）单击图 7-139 中"保存并计算"按钮 ，或者右击选择"保存并计算"命令，系统计算顶部局部圆角精加工程序轨迹，结果如图 7-140 所示。

图 7-139　参数设置（四十四）

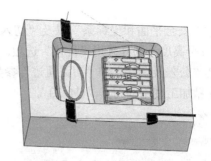

图 7-140　刀具轨迹（十）

44）创建最后的清根程序：从图 7-2 中编程向导栏上单击"创建程序"按钮，选择图 7-141 所示加工工艺，"主选项"为"清角"，"子选择"为"清根"。

45）单击图 7-141 中"检查曲面"参数右侧按钮，然后在空白处右击，如图 7-142 所示，在弹出的对话框选择"重置所有"命令，再单击鼠标中键确认，取消上个程序对于检查面的选择。

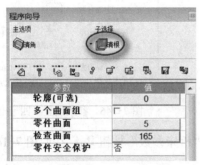

图 7-141　参数设置（四十五）

图 7-142　选择"重置所有"

接着单击"零件曲面"参数右侧按钮，在弹出的对话框单击"选择所有显示的曲面"，如图 7-143 所示，单击鼠标中键退出，完成零件曲面的指定。

46）单击图 7-141"程序向导"对话框上的"刀具"按钮，打开"刀具及夹持"对话框，选择刀具"Q2-10"，如图 7-144 所示，单击"刀具及夹持"对话框上的"确定"按钮，完成刀具的选择。

图 7-143　单击"选择所有显示的曲面"

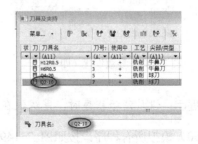

图 7-144　选择刀具 Q2-10

47）单击图 7-145 "程序向导" 对话框上的 "刀路参数" 按钮 🔧，设置各项加工参数。

①"安全平面和坐标系" 以及 "切入和切出点" 参数按照图 7-145 进行设置。注意，"内部安全高度" 同样采用 "优化" 选项。

②"公差及余量" 和 "刀路轨迹" 参数按照图 7-146 进行设置，注意参考刀具选择上一个程序精加工使用的刀具 "Q4-20"。

图 7-145　参数设置（四十六）

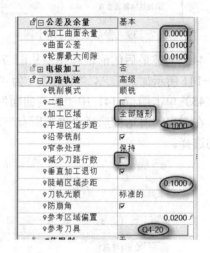

图 7-146　参数设置（四十七）

48）单击图 7-145 "程序向导" 对话框上的 "机床参数" 按钮 🔧，按照图 7-147 设置机床参数。

49）单击图 7-145 "保存并计算" 按钮 🔧，或者右击选择 "保存并计算" 命令，系统计算清根程序轨迹，结果如图 7-148 所示。

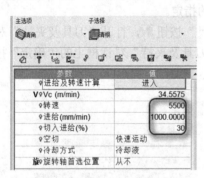

图 7-147　参数设置（四十八）

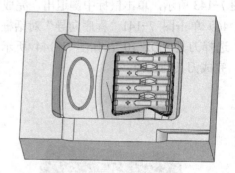

图 7-148　刀具轨迹（十一）

提示： 设计清根程序时，系统仅在上个程序刀具加工不到的区域生成刀路轨迹。

50）模拟所有程序：按照图 7-149 进行操作，单击 "TP_MODEL(3X)"，然后单击编程向导栏上"机床模拟"按钮 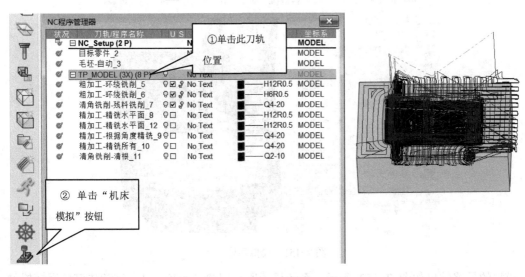，如图 7-149 所示。

图 7-149　选择模拟程序

进入"机床模拟"对话框，确认按照图 7-150 中所示进行设置后，单击"确定"按钮，进入图 7-151 所示的模拟环境。

图 7-150　参数设置（四十九）

单击图 7-151 中"模拟"按钮 ，对这个程序进行模拟，模拟过程中，可以对零件放大和缩小，中途也可以暂停。

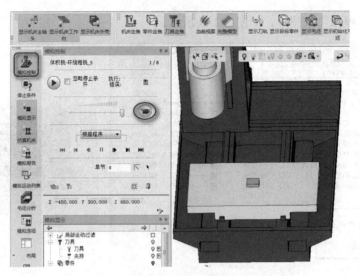

图 7-151　模拟环境

模拟的最终结果如图 7-152 所示，系统显示所有程序 100%通过，这意味着使用模拟的机床加工没有发生任何碰撞、过切和超程等情况。

如果打算查看最终加工效果，可以单击图 7-151 上的"毛坯分析"按钮 ，打开"毛坯分析"对话框，如图 7-153 所示。选择"零件偏差距离"选项，再单击箭头所指的"应用"按钮，过几秒就可以看到各个面的加工偏差结果，如图 7-154 所示，可见大部分加工误差在0.02mm 左右，在所设计程序的公差范围内。

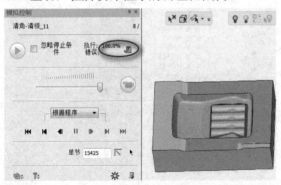

图 7-152　模拟的结果

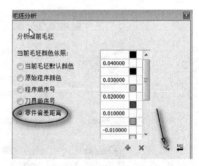

图 7-153　"毛坯分析"对话框

51）查看加工时间：模拟过程中或者模拟完毕以后，在图 7-155 中工具栏上，展开"布局"下拉菜单，选择"加工时间"，可以看到总的加工时间和当前程序加工用的时间，如图 7-156 所示。

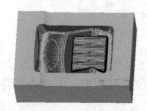

图 7-154　显示各面的加工偏差

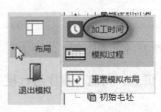

图 7-155　选择"加工时间"

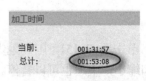

图 7-156　加工时间显示

52）保存文件，练习结束。

练习答案文档路径在：电子资源第 7 章加工结果，文件名是"大赛零件编程结果"。

7.2.3 练习点评

1. 粗加工阶段

- 粗加工时，对于开放区域的加工，系统会控制刀具自动从外部进刀，不走螺旋，对于封闭区域采用了螺旋下刀，保证了加工安全。
- 采用"固定+水平面"下切步距类型，可以保证零件在任何水平面的加工余量与预期一致。
- 采用"混合铣+顺铣边"的加工工艺，既保证了很少的抬刀，又保证了最终粗加工的加工质量，为精加工做好工艺上的准备。
- 二次开粗：系统基于毛坯计算，采用小直径刀具自动寻找上把刀具加工后在角落所剩的毛坯，进刀点既安全，又没有空切，优化了加工轨迹，节省了加工时间。

2. 残料铣削

实际也属于开粗阶段，也叫半精加工阶段，它采用斜率分析技术，进一步清理残料，保证给精加工留出一致的加工余量，是非常实用的加工技术。

3. 精加工阶段

- 精铣水平面功能：软件可以把零件任何部位的水平面识别出来，并生成加工轨迹，被识别的水平面还可以自动生成一个集合供选择。
- 精加工里腔曲面：软件基于斜率分析技术，用一个程序就可以完成对里腔陡峭区域和平坦区域的加工，不同区域采用不同加工工艺，通过修改"斜率限制角度"来划分陡峭区域和平坦区域的大小。

4. 清根阶段

- 自动寻找并清理精加工剩余的残料。
- 因为清根刀具直径小，为了提高刀具强度，采用了带有阶梯刀柄的刀具。提醒读者编程定义的刀具要和实际吻合，否则会出现严重的加工问题。
- 由于零件根部比较平坦，采用了"全部随形"加工工艺，轨迹流畅。
- 不选中"减少刀路行数"功能，可以让清根轨迹只有一个进刀和一个退刀，中间没有任何抬刀，这是很多车间需要的理想轨迹。

5. 模拟阶段

- 通过毛坯分析工具快速查看编程结果和理论模型的偏差，通过颜色区别偏差大小，为实际加工提供理论依据。
- 模拟完毕可以显示加工所需要的时间，注意，加工时间也可以通过后处理和加工报告自动生成。

7.3 客户零件——电闸导体模具编程综合练习

本练习用到的是客户的实际零件，通过练习用于掌握以下知识：

进一步学习粗加工参数、二次开粗参数、不同面留出不同余量、残料铣削参数、根据角度精铣工艺参数、编程辅助工具应用、清根参数、局部铣削应用、高速铣参数、导航器在实际加工中的应用、通过规则高级方式选取曲面、后处理坐标系选择、结果的校验、模拟时设置停止条件。

7.3.1 工艺规划

零件加工信息：三维模型如图 7-157 所示；零件材质为 Al；零件毛坯尺寸和状态为 200×118×53.5mm，上面有 1mm 加工量，其余 5 面已经加工到尺寸。

采用虎钳装夹，在车间加工结果如图 7-158 所示；加工使用设备为德玛吉 DMU65，海德汉 640 系统；加工地点为辽宁省交通高等专科学校；加工程序具体参数见表 7-3。

注意：零件被标记的蓝色面有尖角，粗加工后使用放电工艺进行加工，实际模具材料是模具钢，此零件在车间加工时使用铝料。

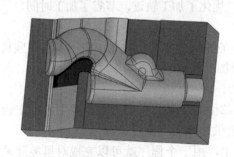

图 7-157　三维模型

图 7-158　加工结果

表 7-3　程序参数列表

程序名	使用刀具名称	直径/mm	刀尖圆角/°	刀长/mm	刀号	垂直步距/mm	转速/(r/min)	进给/(mm/min)	余量/mm	注释
环绕粗铣	H20R1	20	2	52	1	1.5	8000	5000	1	整体粗加工
二次开粗	Q10	10	5	45	5	0.5	15000	3500	1	清掉角落毛坯
曲面铣削	Q10	10	5	45	5	0.5	15000	2000	0	精加工工作曲面
清角	Q5	5	2.5	23	7	0.3	15000	1200	0	根部精加工
局部铣削	Q10	10	5	45	5	0.5	12000	2000	0	圆角精加工
水平面加工	P12	12	0	38	4		8000	1500	0	精加工所有水平面

7.3.2 程序编制

练习使用的 CAD 模型文档路径在：电子资源\参考文档\第 7 章参考文档，练习答案文档路径在：电子资源\练习结果\第 7 章练习结果。

1）打开软件初始窗口，单击"新 NC（mm）"按钮 ，如图 7-159 所示，进入到编程环境窗口。

图 7-159　单击"新 NC（mm）按钮"

2）单击图 7-2 中编程向导栏上"导入模型"按钮 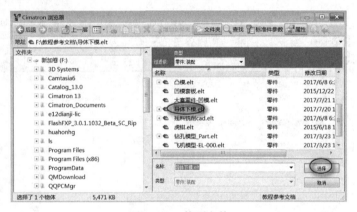，打开"Cimatron 浏览器"，找到文件"导体下模.elt"（文档路径在：电子资源\参考文档\第 7 章参考文档），如图 7-160 所示，单击浏览器上的"选择"按钮，进入到编程环境窗口，再单击"确定"按钮，如图 7-161 所示，完成编程模型的加载。

图 7-160　找到文件

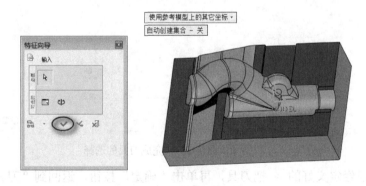

图 7-161　完成模型的加载

3）创建刀具，单击图 7-2 中编程向导栏上的"刀具"按钮，打开"刀具及夹持"对话框，单击对话框中"从 Cimtron 文件里添加文件"按钮，打开"Cimatron 浏览器"，如图 7-162 所示。

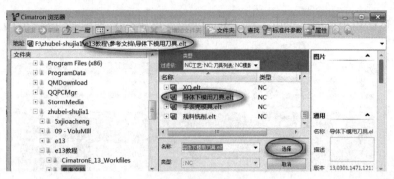

图 7-162　打开"Cimatron 浏览器"

从浏览器里选择文件"导体下模用刀具.elt"（文档路径在：电子资源\参考文档\第 7 章参考文档），再单击图 7-62"Cimatron 浏览器"上的"选择"按钮，打开的"增加刀具"对话框，如图 7-163 所示。

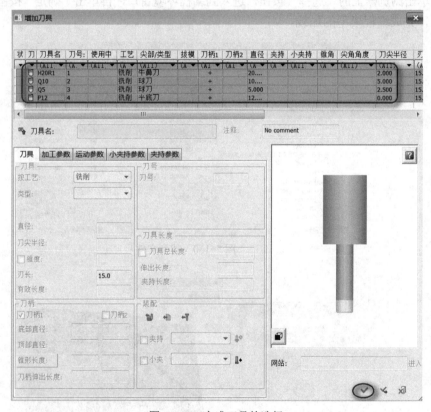

图 7-163　完成刀具的选择

选择文件已经定义好的 4 把刀具，再单击"确定"按钮，返回到"刀具及夹持"对话框，注意，此时对话框已经存在已选择的 4 把刀具，再单击对话框上的"确定"按钮，完成刀具的选择。

4）双击"NC 程序管理器"上的"NC_Setup（2P）"，如图 7-164 所示，打开"修改 NC 设置"对话框，如图 7-165 所示。首先把最高转速设为"18000r/min"，最大进给设为"15000"。

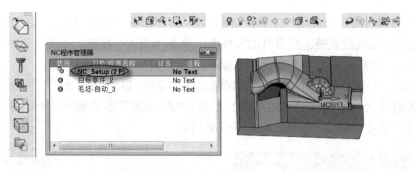

图 7-164　双击"NC_Setup（2P）"

> **提示**：如果编程设置的机床参数超过给定的值，系统会报警，提醒编程者给定参数超过了机床极限。

在继续下面练习之前，确认所需要的机床和后处理文件是否在规定的文件夹下（参考上面 7.1 节介绍的那个练习，不在下面规定的文件夹下，机床模拟就不能用了）。

① 机床文件"3x_Generic"应该放置的路径：

ProgramData ▶ 3D Systems ▶ Cimatron ▶ 13.0 ▶ Data ▶ NC ▶ MachineWorks ▶

② 机床模拟用到的两个后处理文件"SimTest_3X_Generic.df2"和"SimTest_3X_Generic.dx2"应该放置的路径：

ProgramData ▶ 3D Systems ▶ Cimatron ▶ 13.0 ▶ Data ▶ IT ▶ var ▶ Post2 ▶

5）单击图 7-165 上的"机床"按钮 ⁂，在打开的对话框中选中"使用机床"选项，并选择机床"3x_Generic"，原点设置"Z"为"52.5"，如图 7-166 所示。单击"确定"按钮，可以看到"机床"和对应的"后处理"在"修改 NC 设置"对话框被显示了出来，如图 7-167 所示，单击"确定"按钮，完成 NC 的设置。

图 7-165　参数设置（五十）

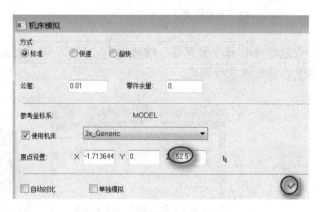

图 7-166　参数设置（五十一）

6）双击"NC 程序管理器"上的"目标零件_2"，如图 7-168 所示，在弹出的"零件"对话框采用系统默认设置的选择所有的零件面，单击"确认"按钮，如图 7-169 所示，完成零件的创建，注意确保整个零件在交互区显示。

7）双击图 7-168 所示 NC 程序管理器上的"毛坯-自动_3"，打开"初始毛坯"对话框，采用系统默认设置选择的"矩形盒"选项，"Z+偏置"参数输入"1"，也就是顶面有1mm 加工量，单击"确定"按钮，如图 7-170 所示。

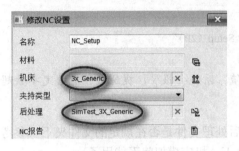

图 7-167　参数显示

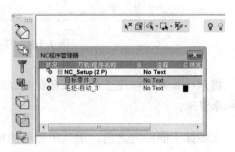

图 7-168　双击"目标零件_2"

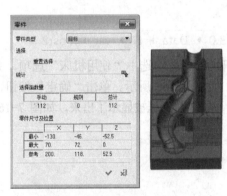

图 7-169　参数设置（五十二）

图 7-170　参数设置（五十三）

注意："NC 程序管理器"对话框中"状况"显示绿色对号旗标，如图 7-171 所示，说明零件和毛坯已被成功创建。

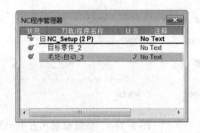

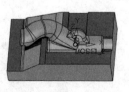

图 7-171　显示零件和毛坯被成功创建

8）创建刀轨：从图 7-2 中编程向导栏上单击"创建刀轨"按钮，打开"修改刀轨"对话框，系统默认设置刀轨"类型"为"3 轴"，"刀轨坐标系"为"MODEL"，"Z（安全高度）"为"50"，如图 7-172 所示。

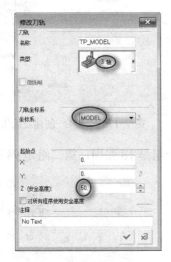

图 7-172　参数设置（五十四）

最后单击图 7-172 上的"确定"按钮，可以发现"NC 程序管理器"中出现了"TP_MODEL（3X）"，如图 7-173 所示。

提示： 此练习使用向导编程模式，如果上面 8）介绍的练习不是在向导编程模式，按照图 7-174 进行切换，选择箭头所指的按钮。

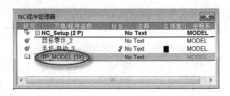

图 7-173　TP_MODEL（3X）显示出来

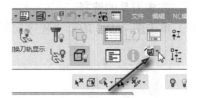

图 7-174　切换为向导编程模式

9）创建粗加工程序：从图 7-2 中编程向导栏上单击"创建程序"按钮，在弹出的图 7-175 中选择加工工艺，"主选项"为"体积铣"，"子选择"为"环绕铣削"，选中"多个曲面组"选项，"加工曲面组数量"选择"2"，如图 7-175 所示。

10）单击图 7-175 中"加工曲面#1"参数右侧按钮，在弹出的对话框单击"根据规则选择曲面"按钮，弹出"集合-创建及编辑"对话框，如图 7-176 所示。

单击"颜色"选择按钮，选择蓝色，单击"确定"按钮，此时可以看到图 7-177 箭头所指的槽里的蓝色面全部被选中，再单击鼠标中键完成"加工曲面#1"的选择。

接着单击图 7-175 中"加工曲面#2"参数右侧按钮，在弹出的图 7-177 中同样单击"选择所有显示的曲面"按钮，单击鼠标中键确认，此时系统会自动选择除了"加工曲面#1"以外其他还没有被选择的曲面。

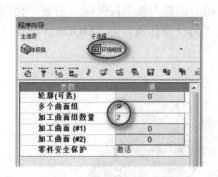

图 7-175　参数设置（五十五）

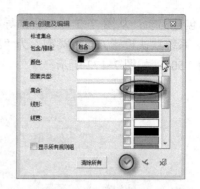

图 7-176　"集合-创建及编辑"对话框

选择两组曲面的结果如图 7-178 所示，第一组是 18 张面，第二组是 94 张面。

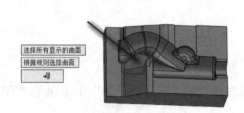

图 7-177　选择"加工曲面#1"

图 7-178　两组曲面的选择结果

11）单击图 7-178 所示"程序向导"对话框上的"刀具"按钮 ，打开"刀具及夹持"对话框，选择刀具"H20R1"，如图 7-179 所示，单击 "刀具及夹持"对话框上的"确定"按钮 ，完成刀具的选择。

12）单击图 7-180 所示"程序向导"对话框上的"参数"按钮 ，设置各项参数。

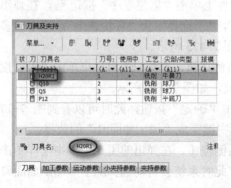

图 7-179　选择刀具 H20R1

图 7-180　参数设置（五十六）

① "安全平面和坐标系"以及 "切入和切出点"参数按照图 7-180 进行设置。

② "公差及余量"和 "刀路轨迹"参数按照图 7-181 进行设置，其余参数使用系统默认设置。

13）单击图 7-182 所示"程序向导"对话框上的"机床参数"按钮 ，按照图 7-182 设置机床参数。

图 7-181　参数设置（五十七）

图 7-182　参数设置（五十八）

14）单击图 7-182 上"保存并计算"按钮 ，或者右击选择"保存并计算"命令，系统对粗加工程序进行计算，轨迹如图 7-183 所示。

15）隐藏刀路轨迹，再单击图 7-184 中箭头所指的"毛坯状态"按钮，系统显示此剩余毛坯状态，结果如图 7-185 所示，可以看到箭头所指区域有过多的毛坯残余，需要再次进行粗加工清理。

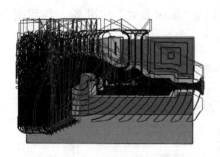

图 7-183　刀具轨迹（十二）

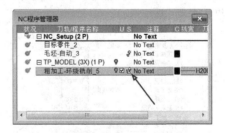

图 7-184　单击"毛坯状态"按钮

16）创建二次粗加工程序：在图 7-2 编程向导栏上单击"创建程序"按钮 ，选择图 7-186 所示的与第 1 个程序一样的加工工艺，"主选项"为"体积铣"，"子选择"为"环绕粗铣"。

17）加工几何不需要设置，默认第一个程序的选择。

图 7-185　显示剩余毛坯状态

图 7-186　参数设置（五十九）

18）单击图 7-186 所示"程序向导"对话框上的"刀具"按钮 ，打开"刀具及夹持"对话框，选择刀具"Q10"，如图 7-187 所示，单击"刀具及夹持"对话框上的"确定"按钮 ，完成刀具的选择。

19）单击图 7-186 所示"程序向导"对话框上的"刀路参数"按钮 ，设置各项参数。

①"安全平面和坐标系"以及 "切入和切出点"参数按照图 7-188 进行设置。

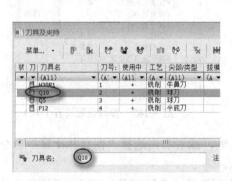

图 7-187　选择刀具

图 7-188　参数设置（六十）

②"公差及余量"和"刀路轨迹"参数按照图 7-189 进行设置，其余参数使用系统默认设置。

20）单击图 7-186 所示"程序向导"对话框上的"机床参数"按钮 ，按照图 7-190 设置机床参数。

图 7-189　参数设置（六十一）

图 7-190　参数设置（六十二）

21）单击图 7-186 上"保存并计算"按钮 🔧 ，或者右击选择 "保存并计算"命令，系统对二次粗加工程序进行计算，轨迹如图 7-191 所示。

22）隐藏刀路轨迹，单击此程序毛坯状态显示灯泡，查看剩余毛坯情况，结果如图 7-192 所示，和第一个程序的剩余毛坯相比，整个零件剩余毛坯基本上均匀分布了，下一步可以编制精加工程序了。

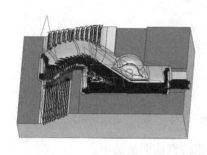 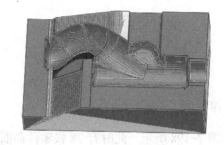

图 7-191　刀具轨迹（十三）　　　　　　图 7-192　查看毛坯剩余情况

23）创建加工里腔精加工程序：从图 7-2 编程向导栏上单击"创建程序"按钮 🖋，选择图 7-193 所示的加工工艺，"主选项"为"曲面铣削"，"子选择"为"根据角度精铣"。

24）因为精加工区域和粗加工的不同，因此首先要取消粗加工选择的几何区域，重新设置精加工的加工对象，操作方法如下：

① 先把图 7-193 "加工曲面组数量"改成"1"，再不勾选"多个曲面组"选项，如图 7-194 所示，此时仅有 18 张零件曲面被选择。

图 7-193　参数设置（六十三）　　　　　图 7-194　选择 18 张零件曲面

② 单击图 7-194 中"零件曲面"参数右侧按钮，弹出选择零件曲面对话框，先选择"开启自动边界"选项，再单击"根据规则选择曲面"按钮，如图 7-195 所示，弹出"集合-创建及编辑"对话框，把颜色切换成绿色，再单击"确定"按钮，如图 7-196 所示。这时零件上所有绿色曲面被选中，单击鼠标中键确认退出零件曲面选择。

③ 单击图 7-194 中"检查曲面"参数右侧按钮，在弹出的对话框单击"选择所有显示的曲面"按钮，如图 7-197 所示，单击鼠标中键确认，此时除了上面已经被选择的面，剩余

的面全部被选择了。

图 7-195 选择"开启自动边界"　　　　图 7-196 "集合-创建及编辑"对话框

如图 7-198 所示,此时有 78 张零件曲面和 34 张检查曲面被选中。

图 7-197 单击"选择所有显示的曲面"

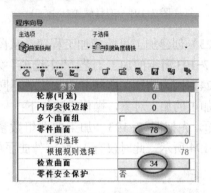

图 7-198 曲面被选中的情况

25) 单击图 7-194 所示"程序向导"对话框上的"刀具"按钮 ，打开"刀具及夹持"对话框,选择刀具"Q10",如图 7-199 所示,单击"刀具及夹持"对话框上的"确定"按钮 ，完成刀具的选择。

> **注意**：因为上面二次开粗程序选择的就是"Q10""球刀",系统默认刀具还是上面程序中选择的刀具,此步实际上可以忽略。

图 7-199 选择刀具 Q10

26) 单击图 7-194 所示"程序向导"对话框上的"刀路参数"按钮 ，设置各项加工参数。

①"安全平面和坐标系""切入和切出点"以及"公差余量"参数按照图 7-200 进行设置。

②"刀路轨迹"和 "平行加工延伸"参数按照图 7-201 进行设置,尤其注意要选中"平坦区域"和"陡峭区域",不选中它们有些参数不会被显示,其余参数使用系统默认设置。

③"高速铣"选项切换到 "高级",并按照图 7-202 进行设置。

图 7-200　参数设置(六十四)

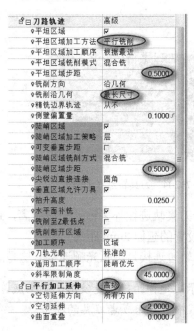

图 7-201　参数设置(六十五)

27)单击图 7-200 所示"程序向导"对话框上的"机床参数"按钮 ，按照图 7-203 设置机床参数。

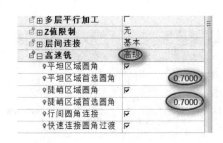

图 7-202　参数设置(六十六)

图 7-203　参数设置(六十七)

28)单击图 7-203 中"保存并计算"按钮 ，或者右击选择"保存并计算"命令,其轨迹如图 7-204 所示。

29）单击图 7-2 中编程向导栏上的"导航器"按钮❀，打开"导航器"对话框，如图 7-205 所示，模拟方式改为"根据陡峭/平坦"，可以显示平坦区域轨迹，把刀具放到图中所示最边上位置，图 7-206 是图 7-205 刀具所在位置的放大图，仔细观察可以发现：

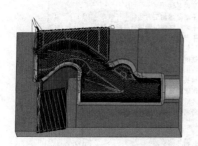

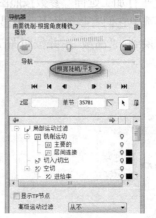

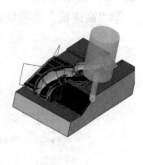

图 7-204　刀具轨迹（十四）　　　　　　　　图 7-205　参数设置（六十八）

① 刀具轨迹往外多移动一段距离，这个距离就是在上面 26）介绍的"平行加工延伸"参数中设置的延伸 2mm 距离。

② 轨迹连接是圆弧光顺连接，这是因为打开了"高速铣"选项。

提示：延伸的好处是使加工更彻底，使加工质量更好。圆角连接会使加工更光顺，避免加工过程中对机床或者刀具的冲击。

单击图 7-205 上的"关闭"按钮，退出"导航器"对话框。

30）单击工具栏上"曲率图"按钮，或者选择主菜单"分析"|"曲率图"命令，如图 7-207 所示，再框选整个零件面，然后单击鼠标中键确认，结果如图 7-208 所示。可以发现有多处根部圆角小于 R5 的地方，这时因为上个精加工程序（使用刀具"Q10""球刀"，刀具半径为"5"的程序）并没有把根部加工到要求的尺寸，下面继续编制清根程序来解决此问题。

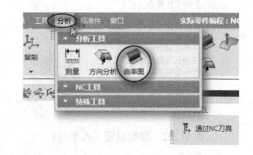

图 7-206　刀具所在位置的放大图　　　　　　　图 7-207　参数设置（六十九）

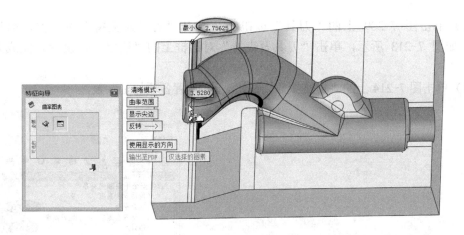

图 7-208　曲率图

31）创建清根程序：从图 7-2 中编程向导栏上单击"创建程序"按钮 ，选择图 7-209 所示的加工工艺，"主选项"为"清角"，"子选择"为"清根"。

32）单击图 7-209 中"轮廓（可选）"参数右侧按钮，在弹出的"轮廓管理器"上默认刀具位置为"轮廓上"。旋转零件，选择零件底部面，如图 7-210 所示，单击鼠标中键确认；再旋转零件，选择图 7-211 所示槽的底面，单击鼠标中键确认。这样就选择了两条轮廓，最后再单击鼠标中键退出"轮廓管理器"对话框。

图 7-209　参数设置（七十）

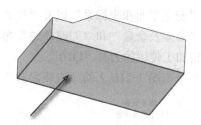

图 7-210　选择零件底部

此时可以发现在"轮廓（可选）"参数右侧按钮区域有数量 2 显示，如图 7-212 所示。加工曲面不需要修改，默认上次的设置即可。

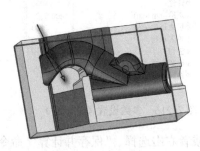

图 7-211　选择槽底面

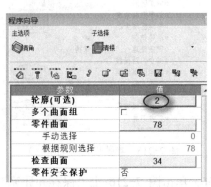

图 7-212　参数设置（七十一）

33）单击图 7-209 上的"刀具"按钮 🔻，打开"刀具及夹持"对话框，选择刀具
"Q5"，如图 7-213 所示，单击"刀具及夹持"对话框上的"确定"按钮 ✓，完成刀具的
选择。

34）单击图 7-214 上的"刀路参数"按钮 🖼，设置各项加工参数。

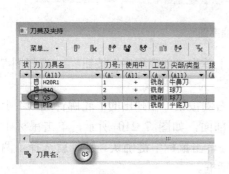

图 7-213　选择刀具 Q5

图 7-214　参数设置（七十二）

①"安全平面和坐标系"以及"切入和切出点"参数按照图 7-214 进行设置。

②"公差及余量"和"刀路轨迹"参数按照图 7-215 进行设置，注意参考刀具选择上一
个程序精加工使用的刀具"Q10"。

35）单击图 7-216 上的"机床参数"按钮 🖳，按照图 7-216 设置机床参数。

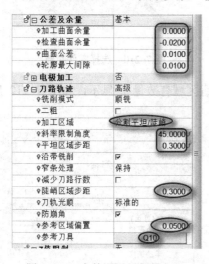

图 7-215　参数设置（七十三）

图 7-216　参数设置（七十四）

36）单击图 7-216 上"保存并计算"按钮 🐝，或者右击选择 "保存并计算"命令，系

统计算程序轨迹，结果如图 7-217 所示。

下面练习使用局部铣削对模具右部半圆部位进行精加工。

37）创建局部精加工程序：在图 7-2 中编程向导栏上单击"创建程序"按钮 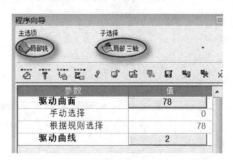，选择图 7-218 所示的加工工艺，"主选项"为"局部铣"，"子选择"为"局部三轴"。

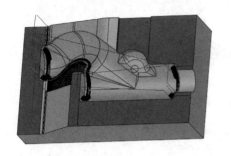

图 7-217　刀具轨迹（十五）

图 7-218　参数设置（七十五）

38）单击图 7-218 所示"程序向导"对话框上的"刀具"按钮 ，打开"刀具及夹持"对话框，选择刀具"Q10"，如图 7-219 所示，单击"刀具及夹持"对话框上的"确定"按钮 ，完成刀具的选择。

39）单击图 7-218"程序向导"对话框上的"刀路参数"按钮 ，在弹出的对话框上单击"进入"按钮，如图 7-220 所示。打开"三轴局部加工"对话框，如图 7-221 所示。

提示：局部三轴编程设置和上面介绍的不同，加工参数包括加工对象的选择，需要在另一个完全不同的对话框中设置，具体见第 4 章的介绍。

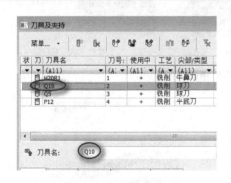

图 7-219　选择刀具 Q10

图 7-220　参数设置（七十六）

40）把图 7-221 中"模式"切换成"两曲线之间仿形"，此步骤需要设置参数有：

① 加工对象。

● 单击"编辑曲线"下的按钮 第一... ，选择图 7-222a 箭头所指的棱线。

● 单击"编辑曲线"下的按钮 第二... ，选择图 7-222b 箭头所指的棱线。

● 单击按钮 驱动曲面 ，选择图 7-222c 箭头所指的半圆柱面。

● "驱动曲面余量"为系统默认数值"0"。

② 区域。

● "类型"切换到"完全，曲面起始边和最终边加工"。

● "延伸/修剪"再单击按钮 延伸/修剪 ，打开"延伸/修剪"对话框，并按照图 7-223 设置，设置好后单击对话框上的"确定"按钮。

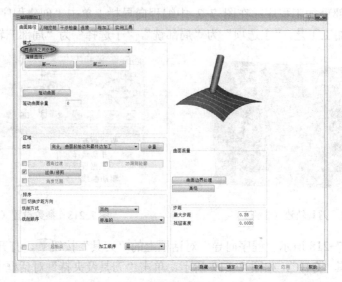

图 7-221　参数设置（七十七）

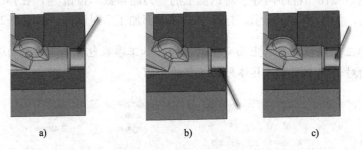

a)　　　　　　　　　　　b)　　　　　　　　　　　c)

图 7-222　选择箭头所指的线或面

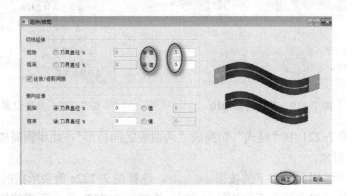

图 7-223　参数设置（七十八）

③ 排序和"曲面质量"参数采用系统默认设置即可。

④ "步距"设置如图 7-221 所示。

"最大步距"改成"0.35"，因为上面图 7-219 中设置的刀具是球刀，残留高度系统会自动根据步距改变。

41）单击"三轴局部加工"对话框上的"连接"标签，打开"连接"设置选项卡，并按照图7-224 进行设置，这样的设置避免了加工过程中的抬刀，单击"确定"按钮，完成三轴局部加工参数设置。

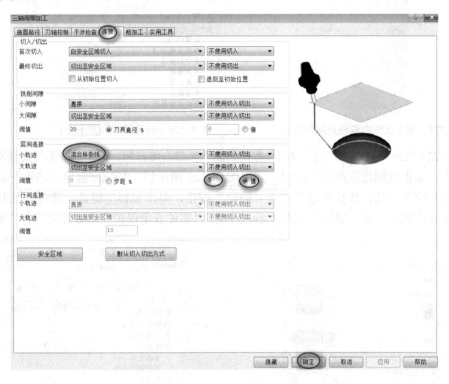

图 7-224　参数设置（七十九）

42）单击"程序向导"对话框上的"机床参数"按钮，按照图 7-225 设置机床参数。

43）单击图 7-225 中"保存并计算"按钮，或者右击选择"保存并计算"命令，系统计算程序轨迹，结果如图 7-226 所示。图 7-227 是图 7-226 中右侧轨迹放大的情形，可以发现其路径是混合样条线光顺连接，这样可以满足高速加工的需求。

图 7-225　参数设置（八十）

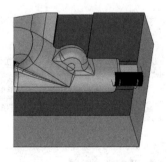

图 7-226　刀具轨迹（十六）

44）创建精加工所有水平面程序：在图 7-2 中编程向导栏上单击"创建程序"按钮 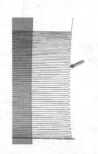，选择图 7-228 所示的加工工艺，"主选项"为"曲面铣削"，"子选择"为"精铣水平面"。

图 7-227　图 7-226 右侧轨迹局部放大　　　　图 7-228　参数设置（八十一）

45）加工几何设置，单击图 7-228"零件曲面"参数右侧按钮，弹出选择零件曲面对话框。

单击"根据规则选取曲面"按钮，弹出图 7-229 所示的"集合-创建及编辑"对话框，按照前面介绍的方法，选择粉色并单击"确定"按钮，单击鼠标中键确认选择。此时可以看到有 9 张零件面被选择，如图 7-230 所示。注意，"零件安全保护"参数需要选择"激活"。

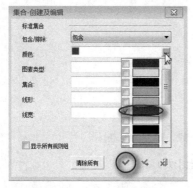

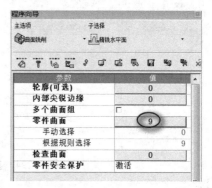

图 7-229　参数设置（八十二）　　　　　　图 7-230　9 张曲面被选择

46）单击图 7-230 所示"程序向导"对话框上的"刀具"按钮 ，打开"刀具及夹持"对话框，选择刀具"P12"，如图 7-231 所示，单击"刀具及夹持"对话框上的"确定"按钮 ，完成刀具的选择。

47）单击图 7-232 所示"程序向导"对话框上的"刀路参数"按钮 ，设置各项参数。

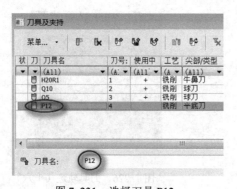

图 7-231　选择刀具 P12　　　　　　　　图 7-232　参数设置（八十三）

① "安全平面和坐标系"以及"切入和切出点"参数按照图 7-232 进行设置。

② "公差及余量"和"刀路轨迹"参数按照图 7-233 进行设置。其余参数使用系统默认设置。

48）单击图 7-232 所示"程序向导"对话框上的"机床参数"按钮 ，按照图 7-234 设置机床参数。

图 7-233　参数设置（八十四）

图 7-234　参数设置（八十五）

49）单击图 7-234 中"保存并计算"按钮 🔧，或者右击选择"保存并计算"命令，系统计算程序轨迹，结果如图 7-235 所示。

50）单击图 7-2 中编程向导栏中"机床模拟"按钮 🔧，打开"机床模拟"对话框，如图 7-236 所示，单击图中"增加所有"按钮 🔧，此次不选中"使用机床"，其他参数采用系统默认设置，单击"确定"按钮进入到机床模拟窗口。

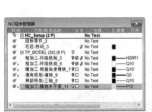

图 7-235　刀具轨迹（十七）

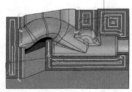

图 7-236　参数设置（八十六）

51）在模拟窗口里，单击左边工具栏上的"停止条件"按钮，打开"模拟终止条件"对话框，如图 7-237 所示，选中"换刀"选项，这样模拟过程中遇到换刀时程序模拟会停止。

52）开启"模拟控制"对话框，如图 7-238 所示，单击"播放"按钮 ⏺开始模拟，当程序模拟到换刀时会有图 7-239 所示的提示，单击"是"按钮，模拟下一个使用不同刀具的程序。最终模拟结果如图 7-240 所示，单击模拟窗口上的"关闭：按钮，退出机床模拟。

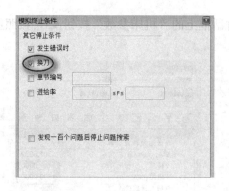

图 7-237　选中"换刀"

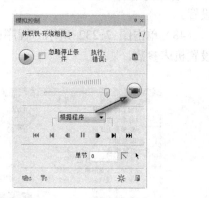

图 7-238　单击"播放"按钮

图 7-239　换刀提示

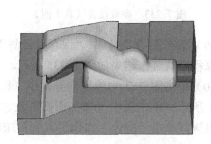

图 7-240　模拟结果

提示： 模拟采用上面 51）、52）介绍的选择性停止，这样便于查看每一把刀具的加工情况。

53）后处理坐标系的选择练习：这样从"基准&曲线"菜单下的坐标系功能选择"几何中心坐标系"，如图 7-241 所示。

框选零件上的所有面，单击鼠标中键确认，在出现的特征点里选择图 7-242 所示顶面中心点，并把坐标系名称修改成"G54"，如图 7-243 所示，单击"特征向导"对话框中的"确定"按钮，完成坐标系的创建。

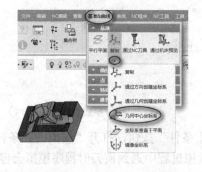

图 7-241　选择"几何中心坐标系"

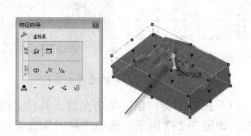

图 7-242　选择顶面中心点

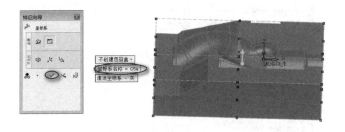

图 7-243　改坐标系名称

> 提示：实际加工中，程序已经编完，但是编程用的坐标系和工件坐标系（G54）不一致，上面 53）介绍的练习步骤就解决这个问题。

54）G 代码输出：单击图 7-2 中编程向导栏"后处理"按钮 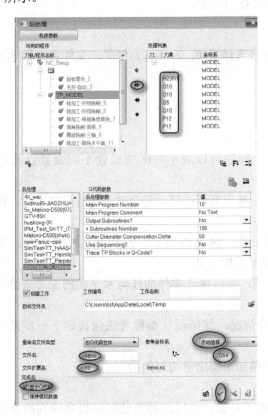，弹出的"后处理"对话框如图 7-244 所示，此时后处理自动选择 NC 设置的处理器，单击图 7-244 中"增加所有程序"按钮，对所有程序进行后处理。"参考坐标系"切换到"手动选择"，并选择上面 53）生成的坐标系"G54"，G 代码"文件名"改成"lianxi"，"文件扩展名"为"nc"。

单击"确定"按钮，弹出图 7-245 所示的信息。单击"是"按钮，弹出的 G 代码如图 7-246 所示。

图 7-244　参数设置（八十七）

图 7-245　提示信息

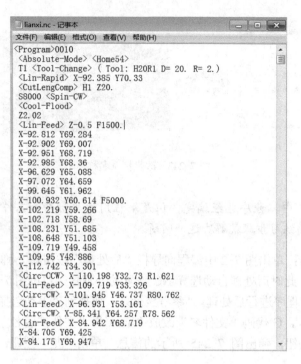

图 7-246　G 代码

55）保存文件，练习结束。

练习答案文档路径在：教程电子资源\练习结果\第 7 章练习结果，文件名"导体下模编程结果"。

7.3.3　练习点评

1. 粗加工阶段

● 定义了两组曲面的加工余量，一个程序可以对不同区域设置不同余量以满足实际需要。

● 毛坯顶面有 1mm 加工余量，软件是基于毛坯计算，是会对顶面进行加工的，以保证加工后的顶面是绝对准确的基准面。

● 和上面练习一样，粗加工时，对于开放区域的加工，刀具会从外部进刀，不走螺旋，封闭区域采用了螺旋下刀，保证了加工安全。

● 采用"固定+水平面"下切步距类型，可以保证零件的任何水平面的加工余量与预期一致。

● 程序计算完随时可以观察毛坯剩余情况，这可以让编程者快速决定下一步采用何种工艺继续编程。

● 采用球刀进行二次开粗，目的是给精加工留出更均匀的加工余量。

2. 精加工阶段

● 精加工里腔曲面：通过规则拾取加工对象，使用这种方法可以提高编程的准确性和速度。

● 选择精加工曲面时开启了边界功能，可以更好地控制刀路轨迹的加工范围。

- 精加工时，对于平坦区域采用了平行铣，为了加工出更好的结果，对平行铣轨迹采用了延伸功能，并通过导航器功能进行查看。
- 精加工打开了高速铣功能，使加工轨迹顺畅，不但提高了加工质量，而且能减少对刀具和机床的冲击。
- 精铣水平面功能：软件有能力把零件任何部位的水平面识别出来。
- 精加工还采用了局部铣削：通过局部铣削功能对零件局部单独编程，通过设置参数可以得到更优的加工轨迹，在实际加工中会经常用到该功能，尤其是在产品零件的加工中。

3. 清根阶段

- 和上面练习不同，由于零件比较复杂，平坦面和陡峭面斜率差得多，工艺上采用"分割平坦/陡峭"加工工艺。
- 设定参考区域偏置为 0.05，目的是清根程序和上一个精加工程序接刀有重叠，这样可以使加工更彻底，加工效果更好。
- 清根包括上面的程序里很多加工参数，很多采用系统默认设置，不需要编程者额外设置，这样不但提高编程效率，也能减少人为错误。

4. 模拟阶段

- 可以增加停止条件，本练习通过选中"换刀"这一停止条件，可以查看每一把刀具的加工情况，例如粗加工毛坯残留的情况，精加工进刀情况等，这在实际加工中经常会用到。
- 当发生错误时，例如出现过切和碰撞，系统默认模拟就会停止，也可以取消模拟停止条件，全部模拟完成后，通过模拟报告去查找问题所在。

5. 后处理阶段

实际编程者使用的坐标系经常和操作者采用的机床工件坐标系不一致，此时对程序后处理使用的坐标系就要格外注意，因为加工要求对程序后处理使用的坐标系必须要和机床上的工件坐标系一致，否则就会出错。

Cimatron 软件在后处理时，有选择坐标系选项，通过此选项保证了生成 G 代码的坐标系和工件坐标系一致，因此在实际加工中不会出现问题。

参 考 文 献

[1] 胡志林.CimatronE 数控加工教程[M]. 北京：机械工业出版社，2012